何　扩　编著

化学工业出版社
·北京·

本书介绍了白酒、啤酒、葡萄酒、黄酒、配制酒等酒类发酵产品加工、生产工艺以及新型发酵技术成果。本书内容结合生产实际，将食品发酵理论知识与必要的工程技术知识进行了有机结合，并积极反映近年来食品发酵行业的新技术、新成果。

本书可供从事酒类生产专业的研究及技术人员、企事业单位相关管理人员阅读参考。

图书在版编目（CIP）数据

酒类生产工艺与配方/何扩编著．—北京：化学工业出版社，2015.7（2024.5 重印）
（食品加工新技术丛书）
ISBN 978-7-122-24082-8

Ⅰ．酒…　Ⅱ．①何…　Ⅲ．①酿酒-生产工艺②酿酒-配方　Ⅳ．①TS261.4

中国版本图书馆 CIP 数据核字（2015）第 111260 号

责任编辑：张　彦　　　　装帧设计：孙远博
责任校对：采　玮

出版发行：化学工业出版社
（北京市东城区青年湖南街 13 号　邮政编码 100011）
印　　装：北京七彩京通数码快印有限公司
850mm×1168mm　1/32　印张 8¾　字数 234 千字
2024 年 5 月北京第 1 版第 12 次印刷

购书咨询：010-64518888
售后服务：010-64518899
网　　址：http://www.cip.com.cn
凡购买本书，如有缺损质量问题，本社销售中心负责调换。

定　　价：39.00 元

版权所有　违者必究

《食品加工新技术丛书》编委会

主　　任：兰凤英

编委会成员：

崔培雪　陈　一　郭　龙　何　扩　纪春明
吕俊丽　吕宏立　兰凤英　李秀梅　李育峰
刘　贺　刘　媛　莎　娜　汪　磊　王　健
王丽霞　叶淑芳　游新勇　张秀媛　朱丹实
张向东

前言

人类利用微生物进行发酵生产已有数千年的历史，传统发酵食品起源于食品保藏，几千年前，人类就懂得利用传统生物技术制造酱油、醋、酒、面包、酸奶及其他传统发酵食品。随着科学和技术的发展，发酵所包含的含义越来越广，利用微生物发酵技术生产发酵食品的种类越来越多，尽管人们今天享用的许多产品还离不开传统的发酵工业，但现代生物技术对沿用传统技术的发酵食品行业形成了猛烈的冲击，现代发酵技术给人们带来了一些以前不曾存在的新型发酵产品，如各类新型酒、新型酱油、新型发酵奶、真菌多糖、细菌多糖、发酵饮料、微生物油脂、生物活性物质、单细胞蛋白等。本书对酒类产品发酵技术作了较详细的阐述，广泛吸纳了同行的建议，结合生产实际，丰富生产应用开发实例，将食品发酵专业必需的基础理论知识与必要的工程技术知识进行了有机结合，并积极反映近年来的酒类产品发酵的新技术、新成果。本书共分绪论、白酒、啤酒、葡萄酒、黄酒、配制酒、中国少数民族酒与洋酒七章内容。

本书可供从事酒类生产人员、科研人员作参考，也可供高等院校作为教材。

本书在编书过程中查阅了大量相关文献，在此特向文献作者表示衷心的感谢。由于编者水平有限，书中难免有不妥之处，恳请读者提出宝贵意见，以便今后进一步修正提高。

编著者

2015 年 6 月

目 录

第一章　绪　论

第一节　酒的起源和发展

中国酒，一般是指由中国人自己发明创造，或在技术上兼收并蓄，经过长期改进发展，且由具有中国民族特色的独特酿造工艺酿制而成的，含较高酒精浓度的一大类饮料酒。包括黄酒、曲酒以及果酒等其他酒类。典型的中国酒主要是指以酒曲作为糖化发酵剂，以粮谷类为原料酿制而成的黄酒和曲酒。中国酒有时也可泛指在中国生产的各类饮料酒。传统中国酒中，黄酒和曲酒长期以来处于优势地位，而果酒等其他酒类影响较小，发展相对比较缓慢。

一、酒的起源

据考古学家证实，在近现代出土的新石器时代的陶器制品中已有了专用的酒器，这说明在原始社会，我国酿酒已很盛行。以后经过夏、商两代，饮酒的器具也越来越多。在出土的殷商文物中，青铜器占相当大的比重，说明当时饮酒的风气确实很盛。自此以后的文字记载中，关于酒的起源的记载虽然不多，但关于酒的记述却不胜枚举。

二、我国的酒在各个历史时期的发展情况

中国酒文化的起源是多源的，不仅北方有，南方亦有。陕西省眉县杨家村在 1983 年 10 月出土了一组陶器，据专家鉴定后确认是原始社会新石器时代仰韶文化早期偏晚的遗物，眉县仰韶酒器的出土，进一步提高了我国在世界酒文化中的地位。仰韶酒器有 6000 年的悠久历史，它不但将我国酒文化只有四五千年历史的研究结论

向前推溯了1000年，而且使我国进入了世界三大酒文化古国的行列，证明中国水酒也是世界上最古老的酒种之一。谷物酿酒的两个先决条件是酿酒原料和酿酒容器。考古学家通过考古发现：裴李岗文化时期（公元前5000—6000年）、河姆渡文化时期（公元前4000—500年）和磁山文化时期（距今7355—7235年）有发达的农业经济，谷物酿酒的可能性是很大的；三星堆遗址（公元前4800年—公元前2870年）中出土了大量的陶器和青铜酒器；大汶口文化（山东莒县陵阴河）时期墓葬中发掘到大量的酒器，现已出土的最早成套酿酒器考古现场是在山东大汶口文化时期。龙山文化时期，酒器就更多了，国内学者普遍认为龙山文化时期酿酒是较为发达的行业。近来在陕西临潼白家村遗址，考古工作者又发现了距今约8000年以前的新石器时代的酿酒工具"滤缸"。这又说明我国8000年前，就已经发明了酿酒法。

在几千年漫长的历史发展过程中，中国传统酒呈段落性发展。

（一）初创期

公元前4000年～公元前2000年，即由新石器时代的仰韶文化早期到夏朝初年，历时漫长2000年，是我国传统酒的启蒙期。用发酵的谷物来泡制水酒是当时酿酒的主要形式。此时属原始社会晚期，先民们无不把酒看做是一种含有极大魔力的饮料。

（二）成长期

从公元前2000年的夏王朝到公元前200年的秦王朝，历时1800年，在这个时期，由于有了火，出现了五谷六畜，加之曲蘖的发明，我国成为世界上最早用曲酿酒的国家。醴、酒、鬯等品种的产出，特别是仪狄、杜康的出现，更为中国酒的发展奠定了基础。此时，酿酒业受到重视，官府专门设置了酿酒的机构，酒由官府控制，成为帝王及诸侯的享乐品。商纣王帝辛开设肉林酒池，令男女3000人裸逐于肉林，牛饮于酒池，"肉林酒池"成为奴隶主生活的写照。且此豪饮之风还波及远离中原的吴国，吴王夫差在姑苏山构筑姑苏台，造九曲路，"宫妓千人，台上别立春宵宫，为长夜之饮。造千石酒钟，又作天池，池中造青龙舟，舟中盛致妓乐，日与西施为嬉。”（见《洞冥记》）此饮酒方式与纣王何其相似。结果，商纣王好酒淫乐，导致了商朝的灭亡；夫差纵饮无度，也败于勾践。

此阶段，酒虽有所兴，但并未大兴。中国人独创的酒曲复式发酵酿酒法在此时已完成，发酵的阶段性理论也已提出，并且创立了被后世奉为圣典的“古遗六法”等。但饮酒范围主要局限在上层社会，而且还往往存有戒心，因为商、周时期皆有以酒色乱政、亡国、灭室者。酒被引入政治斗争，这使酒业的发展受到一定影响。

（三）成熟期

从公元前 200 年的秦王朝到公元 1000 年的北宋，历时 1200 年，是我国传统酒的成熟期。此时期《齐民要术》、《酒诰》等科技著作问世，特色名酒开始涌现，黄酒、果酒、药酒及葡萄酒等有了发展，特别是李白、杜甫、白居易、杜牧、苏东坡等酒文化名人辈出，各方面的因素促使中国酒的发展进入灿烂的黄金时代。酒之大兴，始自东汉末年到魏晋南北朝时期，由于长达两个多世纪的战乱，统治阶级内部产生了不少失意者，文人墨客，崇尚空谈，不问政事，借酒消愁，狂饮无度，使酒业大兴。魏晋时，饮酒不仅盛于上层社会，而且普及到民间，此时期欧、亚、非洲陆地上贸易开始兴起，使得中西酒文化开始相互渗透，为中国白酒的发展奠定了基础。

（四）提高期

从公元 1000 年的北宋到公元 1840 年的晚清时期，历时 840 年，是我国传统酒的提高期。此时由于西域的蒸馏器传入我国，从而导致了举世闻名的中国白酒的发明。明代李时珍在《本草纲目》中说：“烧酒非古法也，自元时起始创其法。”在属于此时期的出土文物中，已普遍勺型酒器，这说明当时已迅速普及了酒度较高的白酒。从此，白、黄、果、葡萄、药五类酒竞相发展，成为人们能普遍接受的饮料佳品。

此阶段名酒辈出，酿酒都会（江苏省）会馆开始设立，南北技艺交融，品质更臻完善。“闻香下马，知味停车”，“酒味冲天，飞鸟闻香化凤；糟糟入水，游鱼得味成龙”，是对此时期名酒的赞赏。

（五）变革期

自公元1840年至今，历时160多年，西方先进的酿酒技术与我国传统的酿造技术争放异彩，使我国酒苑百花争艳，春色满园，啤酒、白兰地、威士忌、伏特加及日本清酒在我国立足生根，传统的黄酒、白酒琳琅满目，各显特色。新中国成立以后，全面发展了饮料酒的生产，开辟了酿酒的新原料，利用非粮食原料酿的酒已达几百个品种；改革了酿酒设备，大量使用自动化和半自动化设备生产，提高了效率；另外还培养了大批专业技术人员，建立了专门的科研机构，中国酿酒业进入空前繁荣时代。目前年产白酒已过800万吨，居世界首位，占世界烈性酒总量的40%以上。

第二节 中国酒和酒文化的基本概念

一、中国酒的基本概念

（一）中国酒的定义

中国酒是指由中国人自己发明创造，或在技术上兼收并蓄并长期改进发展，具有中华民族特色的独特酿造工艺酿制而成的一大类酒精饮料，包括曲酒、黄酒以及露酒等。

由于长期以来黄酒和曲酒在传统中国酒中处于优势地位，因此典型的中国酒一般是指以酒曲作为糖化发酵剂，以粮谷类为原料酿制而成的黄酒和曲酒以及以其为酒基生产的露酒。而从广义上讲，中国酒也可泛指在中国生产的其他各类饮料酒。

（二）中国酒的基本分类方法

与世界其他国家的饮料酒分类方式一样，中国酒也可按照酿造方法和酒的特性进行基本分类，即划分为发酵酒、蒸馏酒、配制酒三大类别。

1. 发酵酒

发酵酒是指酿酒原料被微生物糖化发酵或直接发酵后，利用压榨或过滤的方式获取酒液，经储存调配后所制得的饮料酒。发酵酒的酒精度相对较低，一般为3%～18%左右，其中除酒精之外，还富含糖、氨基酸、多肽、有机酸、维生素、核酸和矿物质等营养物质。

根据我国最新的饮料酒分类国家标准GB/T 17204—2008规定，发酵酒是以粮谷、水果、乳类等为主要原料，经发酵或部分发酵酿制而成的饮料酒，包括啤酒、葡萄酒、果酒（发酵型）、黄酒、奶酒（发酵型）及其他发酵酒等。

2. 蒸馏酒

蒸馏酒是指酿酒原料被微生物糖化发酵或直接发酵后，利用蒸馏的方式获取酒液，经储存勾兑后所制得的饮料酒，酒精度相对较高，最高为62%左右，低度白酒为28%～38%。酒中除酒精之外，其他成分为易挥发的醇、醛、酸、酯等呈香、呈味组分，几乎不含人体所必需的营养成分。

根据我国最新的饮料酒分类国家标准GB/T 17204—2008规定，蒸馏酒是以粮谷、薯类、水果、乳类为主要原料，经发酵、蒸馏、勾兑而成的饮料酒，包括白酒的全部类别（如大曲酒、小曲酒、麸曲酒、混合曲酒）、洋酒（如白兰地、威士忌、伏特加、朗姆酒、金酒）以及奶酒（蒸馏型）和其他蒸馏酒等。

3. 配制酒

配制酒是指利用发酵酒、蒸馏酒或食用酒精作为基酒，直接配以多种动植物汁液或食品添加剂，或用多种动植物药材在基酒中经浸泡、蒸煮、蒸馏等方式制得的饮料酒。酒精度相对较高，一般为18%～38%左右，是风味、营养、疗效强化的酒类。

根据我国最新的饮料酒分类国家标准GB/T 17204—2008规定，配制酒是以发酵酒、蒸馏酒或食用酒精为酒基，加入可食用或药食两用的辅料或食品添加剂，进行调配、混合或再加工制成的、已改变了其原酒基风格的饮料酒，包括露酒的全部类别，如植物类配制酒、动物类配制酒、动植物类配制酒和其他类配制酒（营养保健酒、饮用药酒、调配鸡尾酒）等。

二、中国酒文化的基本概念

（一）酒文化的定义及主要内容

酒是一种特殊的饮料，它既能使人兴奋，也能使人麻醉，因此饮酒就成为有别于其他饮食行为的特殊行为。饮酒行为受到政治、经济、习俗、道德等特定条件的制约，并表现出人类精神活动的特点。酒文化现象就是与酒有关的人类精神生活的反映。

酒文化是指人类在酿酒和饮酒实践中所展示的各种社会生活，以及反映这种社会生活的各种意识形态，它包括物质和精神两个方面的内容。酒文化的物质方面包括酿酒技术的发展，色、香、味不同的各种类型的酒，以及酒具的产生与演化等；酒文化的精神方面包括酿酒理论，饮酒的风俗习惯，以及宗教、伦理、政治、法律、文学和艺术等诸领域的文化现象。

（二）中国酒文化与中华历史文化的关系

酒文化的产生与发展是一个历史的过程，受到许多因素的影响。如农业发展在酒文化演进中的基础作用、科技进步对酿酒工艺的促进，手工业发展对酒具质地和形状、制式的制约，自然地理条件对酿酒业的微妙作用等，都反映出酒文化是人类历史的一部分，受到其他文化的影响，并与之相互交融。

作为一种特殊的文化形式，酒文化在中国传统文化中有其独特的地位。在几千年的文明史中，酒文化几乎渗透到社会生活中的各个领域。

中国酒文化的形成和发展，可以说与中华民族传统文化的发展是同步的。中国酒文化所折射出的，是中华民族悠久的历史。中国的酒文化始终伴随着灿烂的中华文明的发展而发展。

第三节 中国酒的生产概况

我国是世界人口大国，也是酒的生产大国，酒的产量很大，但人均消费并不高，这主要是受人均消费粮食数量低的限制。1986年10月，我国原轻工业部宣布，我国酿酒工业发展战略实行重大转变，酿酒工业的发展必须符合“四个转变”，即高度酒向低度酒的转变、蒸馏酒向酿造酒的转变、粮食酒向果露酒的转变、普通酒向高档酒的转变。这为中国酒业的进一步发展指明了方向。

一、中国酒的生产概况

行业报告的不完全统计（见表 1-1）显示，1949 年以来中国酿酒工业发生了巨大的变化，尤其是改革开放以后，中国酿酒工业无论在产量、产值还是税利方面，都取得了长足的发展。

表 1-1　我国历年饮料酒的生产情况　　单位：万吨

年度	啤酒	白酒	黄酒	葡萄酒	果露酒	总产量	总产值/亿元	税利/亿元
1953						34.47		
1962						72.00		
1970						121.29		
1979						309.83		
1981	91	245.7	55.3	11.1	43.5	446.6		
1985	310.4	337.9	65.7	23.3	114	851.3	93.22	
1988	662.77	467.41	85.9	30.85	109.23	1356.16		
1991	838.37	524.48	80.64	24.19	71.24	1538.92	388.5	108.8
1993	1190.1	593.67	103.61	23.62	56.45	1967.43		
1996	1631.7	801		17.03				
1999	2054.3			25.00				
2000		510	130	27.00				
2002	2386.8		140	28.81				
2004	2540	323	160	36.73				
2005	3061.6		200	43.43				
2006	3515.15	404		49.75				
2007	3931.4	493.95	230	66.50				

续表

年度	啤酒	白酒	黄酒	葡萄酒	果露酒	总产量	总产值/亿元	税利/亿元
2008	4103	572					2874	625
2009	4236.38	706.93		96		5188.56	4250	864
2010	4483	890.8	134.1	108.9				
2011	4898.8	1025.6	157.6	115.7	50	6269.7	4779	903.4
2012	4902	1153	160	120.3	43.7	6380		
2013	5061.3	1226.2		117.8	47.3	6600.3		

注：表中空白处是由于统计资料有限，数据未获得。

1. 啤酒行业

啤酒业是进步最快的产业，2002 年我国的啤酒年产量达到 2386.8 万吨，是当年世界的最高水平，此后我国一直保持世界啤酒第一产销大国的地位。近几年来，啤酒产量每年的增幅均在 10%左右。2009 年我国啤酒产量为 4236.38 万吨。中国啤酒行业向集团化、规模化，啤酒企业向现代化、信息化迈进；除产品制造外，品牌和资本运作越来越显现其重要性；外资对中国啤酒行业的影响向纵深发展，表现出积极的作用，中国啤酒业正在加快与国际接轨的步伐。

2. 白酒行业

白酒产量逐年上升，在 1996 年达到高峰之后有所下降，近几年又逐步回升，白酒消费量持续五年保持 20%以上增幅，销售收入与利润的增长更是达到了 30%左右。白酒产量稳中有增，低度白酒有较大的市场空间，品质稳定的优良白酒越来越受到消费者的青睐。

3. 黄酒行业

在健康消费理念的驱动下，近年来黄酒的产量基本呈稳定增长态势，2007 年黄酒产量同比增长为 230 万吨，2011～2013 年比 2007 年黄酒产量有所降低。黄酒产品通过科研开发、设备改造，提高了机械化生产水平。但相比较而言，黄酒的发展滞后于啤酒、葡萄酒和白酒。

4. 葡萄酒行业

葡萄酒生产在经历了20世纪80年代末伪劣酒泛滥的影响后，90年代开始逐渐复苏，产量呈持续上升趋势，2009年全国葡萄酒产量为96万吨。近几年来，葡萄酒产量保持两位数的快速增长，干型葡萄酒占到总产量的一半以上。

5. 果露酒行业

果露酒产量自20世纪80年代中期达到顶峰后，一直呈下降趋势。尽管在整个酿酒行业中所占份额较小，但近年来果露酒行业发展势头良好，各类型果酒不断推陈出新，露酒企业也在尝试从产品色、香等方面着手进行调整。

二、中国酒的销售概况

1. 白酒

我国酒类消费中，白酒是消费主力。目前全国白酒产量在饮料酒中居第二位，平均每人年消费量4～5kg。但国家名优酒仅占白酒总量的10%左右，其中名酒的产量更低。近年来，白酒年产量逐年增加，2009年已超过706万吨。从销售情况看，国家名酒供不应求，国家名酒中，又以浓香型白酒最为畅销。货真价实的优质酒和一般中低档的酒销售较畅，人们的消费习惯已经逐渐从高度酒转向低度酒。目前，国内的十七家名酒厂都推出了各自的低度酒，而且在产量上低度酒已超过了高度酒。据估计，低度酒所占比重已超过60%。由于酒类品种丰富多彩，消费者有了更多的选择余地。近年来，白酒行业景气继续高位运行，知名品牌的销售额稳步上升，一部分中小企业的市场空间被挤占，白酒行业的竞争愈演愈烈。此外，由于近年来税费增加，粮食及其他原料涨价，流通费用上涨等因素，使白酒企业生产经营成本不断升高，为增加盈利，白酒企业加快推出中高档产品步伐，如水井坊、国窖1573等高价位产品目前都已成功进入市场。

目前中国白酒业，高档酒和低档酒市场中都已经拥有了强势的现有竞争品牌，如茅台、五粮液、剑南春、红星二锅头、尖庄酒等，这些品牌在消费群体认同上有着很高的品牌美誉度和忠诚度。中档白酒市场，也有着强大的市场消费量，是新生品牌发展的一片乐土。

2. 黄酒

继葡萄酒之后，黄酒行业也将时尚化、高档化的概念融入产品中，加快开发高档次干型、半干型黄酒和低酒精度清爽型黄酒，开发功能型、保健型新品种，改进产品包装，淘汰简易大包装，实行精美小包装化，改变了传统黄酒产品保守、古板的形象，吸引了一批跟随潮流、消费潜力较大的年轻消费群体。黄酒的消费群体逐步由原本的低收入阶层向高收入阶层拓展。许多企业积极引导消费需求，全方位开拓国内市场（特别是北方市场），努力开拓国际市场，增加黄酒的出口量。

调查数据显示，目前国内黄酒的年度人均消费约为1.4L，与白酒和啤酒的年度人均消费量（分别为2.6L和21L）相比还有较大差距。这也从侧面反映出黄酒行业还有极大的发展空间。

3. 啤酒

啤酒从20世纪80年代开始进入高速发展阶段，1986年，啤酒产量首次超过了白酒，达到412.88万吨，在我国饮料酒中独占鳌头，到目前为止，啤酒仍然是产量和消费量最大的酒类。2002年，中国啤酒产量在持续9年居世界第二后，以2386.8万吨的产量超过美国的2200万吨，成为世界第一。2003年，国内啤酒消费量超过2400万吨，中国取代美国成为世界最大的啤酒消费市场。此后，中国继续保持“世界啤酒第一产销大国”的地位，目前啤酒仍然是我国产量和消费量最大的酒类。

尽管中国啤酒产量已连续数年位居世界第一，但人均啤酒年消费水平不高。2007年人均消费为28.9L，基本达到世界平均水平29L，但离排名前三位的捷克、爱尔兰、德国等年均110～160L的人均消费水平还有较大差距。我国不同地区差异也较大，地区发展的不平衡为行业发展提供了空间。此外，由于中国是农业大国，中国的农村市场仍有很大空间可以开发，如果城市居民和农村居民在日常消费品占有上的区别消除后，中国啤酒市场规模将还有很大的上升空间。

目前，瓶装啤酒仍是啤酒消费的主流；易拉罐包装主要在旅游、饮食餐馆业较有销路，产量平稳；散装啤酒和桶装啤酒以地产、地销为主；生啤最近几年来发展很快，基本上已得到了普及；其他品种的啤酒，如黑啤、干啤、无酒精啤酒和营养啤酒的销售也有上升的趋势。

啤酒行业主要通过改变产品包装结构，开发 PET 瓶包装形式，增加易拉罐、桶装酒比例，降低玻璃瓶装酒比例；减少瓶装酒容量，以逐步淘汰 640mL 瓶包装形式、增加 500mL 以下的瓶装酒比例；缩小包装体积，降低包装高度，方便消费，提高产品附加值和安全性；提高技术装备水平，扩大高档酒比例，不断提高行业的经济效益。

4. 葡萄酒

2004 年，烟台张裕集团有限公司以 6 亿元的利税总额进入当年度酿酒企业十强，是当中唯一一家葡萄酒企业。这意味着国产葡萄酒终于突破“小酒种”的角色，与白酒、啤酒形成了鼎足之势。近年来，葡萄酒在整个酒类消费中的比例呈上升趋势，鉴于目前人均葡萄酒消费量只有 0.38L，考虑到消费习惯的改变，未来提升空间很大，行业已进入快速成长期。由于中国葡萄酒经过十几年的运作，已具有一定的品牌影响力，其拥有的市场终端渠道网络，优势洋葡萄酒在短期内无法超越，但从长期看，洋葡萄酒也将对国内品牌形成竞争压力。

5. 果露酒

果露酒行业也在积极寻求自身发展道路，通过尝试性开发大众化新型产品，扩大消费人群。积极推动行业品牌建设，扩大产品知名度、提升行业整体形象、推动行业快速发展。来自中投顾问产业研究中心的数据显示：目前果露酒（保健酒）每年以 30%以上的速度增长，大大超过了白酒的市场增长，2008年市场消费规模突破100亿元。业内专家指出，保健酒消费规模虽然显著增加，但仅占我国酒类市场总量的0.5%，远低于2%的国际消费水平。因此，果露酒在国内市场仍有着巨大的成长空间。

前几年，许多企业看好露酒这个朝阳产业和高利润，一哄而上，没有注重培养自己的优良品质和品牌。一些保健酒厂刻意追求古方、民方，夸大功效，误导消费者，一度使露酒陷入了危机。近年来，随着GMP标准的实施，我国的果露酒企业已经开始意识到自身的不足，许多保健酒企业也逐步开始转向大众露酒产品市场，开始了品牌与品质的塑造。一些露酒企业已经在酒类行业形成了相当的知名度，在市场上也具有了较高的占有率。随着消费者自我消费意识和理性消费观念的增强，消费者在消费露酒时也更加关注产品的品质。

三、中国酒业对国民经济的贡献

酿酒业是国家税收和财政的重要支柱产业之一。到2009年为止，我国酿酒企业年产值已达4250亿元，利税864亿元。酿酒工业所创造的经济效益为社会主义市场经济建设发挥了重要作用。

(一) 啤酒

2009年，我国啤酒工业实现利税242.59亿元，比上年增长16.53%，千升啤酒利税比上年增长11.91%。2009年，我国啤酒行业经济指标呈现出较好的回升势头。近年来，啤酒出口量有了较大的增长，企业结构重组和外资投入力度不断加大，2007年产量接近4000万吨，2009年产量达到4236.38万吨，其利润贡献率仅次于白酒。有数据显示，啤酒消费人群占了全世界啤酒消费者的20%，全球啤酒量的增长有30%来自于中国，我国啤酒行业已成为全球瞩目的重点。国内啤酒17年的年消费量复合增长率达到了10.7%，啤酒行业收入、利润最近几年保持了稳定的增长，中国啤酒业显然已经是世界啤酒市场增长最快、产销量最大和中国大众消费品市场化程度最高、竞争最为激烈的产业。

（二）白酒

近年来，通过企业结构及产品结构的调整，白酒生产的技术水平和生产效率得到了很大提高；通过加强企业管理、降低能耗等途径，在控制总量的基础上，白酒企业的税金和利润得以同步增长。2008 年 1～12 月，全国白酒累计产量约为 572 万吨，比上年同期增长了 15.79%。2009 年 1～12 月，全国白酒 [折 65%（体积分数），商品量] 累计产量为 706.93 万吨，比上年同期约增长了 23.59%。2010 年 1～10 月，全国白酒 [折 65%（体积分数），商品量] 累计产量约为 694.70 万吨，比上年同期增长了 26.64%。2008～2010 年 8 月，我国白酒制造业行业规模不断扩大，2007～2009 年，白酒制造业销售收入总额三年间平均增长速度为 31.48%，高于工业三年平均增长速度（增长 19.70%），表明该行业 2007～2009 年总体销售增长速度较快，但近两年增速有所放缓。2009 年 1～11 月，行业销售规模达到 1858.101 亿元。2010 年 1～8 月，白酒制造业销售收入总额达到 1686.279 亿元，同比增长 35.04%，高于工业平均增长水平（增长 33.37%）。2011～2013 年白酒产量基本保持在一个稳定的趋势，年平均产量在 1100 万吨左右，白酒制造业销售收入总额达 3200 亿元。

预计未来 8～10 年，中国白酒行业整体将进入一个稳定发展期。短期来看，预计 2014～2015 年行业增长速度基本上比较稳健，总体上将比 2010 年有所回升，2015 年产值将达到 8688.4 亿元；收入年均增长率约为 27.7%，2015 年收入将达到 8712 亿元；利润年均增长率约为 34.2%，2015 年利润将达到 1550.8 亿元。

（三）黄酒

2000 年黄酒的利税达 6 亿元，2005 年黄酒出口创汇额比 2000 年增长 50%，仅绍兴酒的出口总量就达到 8 万吨以上。2007 年黄酒行业新产品产值同比增长 40.7%，不仅高于饮料酒其他行业该指标的增长，也明显高于本行业全年 27.6% 的工业总产值增长，说明黄酒行业产品结构调整开始提速，逐步摆脱黄酒产品传统的低档次困扰，并由此带动黄酒产品整体附加值的提高。

随着消费升级的深化和消费者对黄酒营养功效的进一步认识，以及黄酒企业对产品口味的不断改进，黄酒这一中华民族特有的古老酒种将迎来历史性发展机遇，进入新一轮增长周期。黄酒消费结构逐渐转向中档及中高档，产品与技术不断创新。

（四）葡萄酒

2007 年，全国葡萄酒产量的同比增长为饮料酒各行业中增幅最高。生产与消费向骨干企业集中，综合规模最大的 6 家企业合计产量与产值分别占行业的 39.8%和 51.1%，而合计收入与利润的增长也明显快于行业的增长。纵观葡萄酒行业，从政府管理到行业自身调节机制已比较完备，市场从感性消费正逐步向理性消费转化，品牌体系也开始从单一到更加丰富。特别是 2007 年新国家标准的出台、国际葡萄酒的规模化进入、国内企业自身的战略布局调整与国际化的深入，标志着中国葡萄酒已经与世界葡萄酒融为一体，从初级阶段进入了发展阶段。

第二章　白　酒

第一节　白酒概述

白酒因能点燃而又名烧酒。它是以曲类、酒母等为糖化发酵剂，利用粮谷或代用原料，经蒸煮、糖化发酵、蒸馏、储存、勾调而成的蒸馏酒。白酒与白兰地、威士忌、伏特加、朗姆酒、金酒并列为世界六大蒸馏酒之一。但白酒所用的制曲和制酒的原料、微生物体系，以及各种制曲工艺，平行或单行复式发酵形式和蒸馏、勾兑操作的复杂性，是其他蒸馏酒所无法比拟的。

一、白酒分类

（一）按原料分类

（1）谷物白酒　谷物白酒以高粱、玉米、稻米、麦类为原料。如茅台酒、五粮液等。

（2）薯类白酒　薯类白酒以鲜干薯类为原料，具有出酒率高、成本低的特点。

（3）代粮白酒　代粮白酒以含淀粉质野生块茎类植物、农副产品下脚料（如米、糠、淀粉渣）和含糖下脚料（如糖蜜）等为原料。该酒酒质低劣、杂质多，正在淘汰中。

（二）白酒依据其香型的不同分类

（1）酱香型白酒　以贵州茅台为代表，其口感风味特点是：酱香突出，幽雅细腻，酒体醇厚，余味悠长；酱香型白酒的风格：香而不艳，低而不淡，空杯留香持久。

（2）浓香型白酒　以四川泸州特曲/泸州老窖为代表。其口感风味特点是：窖香浓郁，绵甜甘洌，香味协调，尾净余长。浓香型白酒的风格：香气浓，口味净，主体香为己酸乙酯。

（3）清香型白酒　以山西杏花村汾酒为代表。其口感风味特点是：清香纯正，诸味协调，醇甜柔和，余味爽净。主体香为乙酸乙酯和乳酸乙酯。

（4）米香型白酒　以桂林三花酒为代表。其口感风味特点是：蜜香清雅，入口柔绵，落口爽净，回味怡畅。主体香为：β-苯乙醇和乳酸乙酯。

（5）其他香型白酒　凡不属于以上四大香型的白酒统属此类。其风味特点是：以酒论酒，以绵柔、醇和、味正余长、风格突出为佳品。如贵州董酒、广东的五冰烧、陕西的西凤酒均属此类。

（三）依据白酒的糖化发酵剂的不同分类

（1）大曲酒　以高粱、豌豆为主料，适量辅配小麦、大麦，制成块状大曲，并以此为糖化发酵剂，经过 45～120 天的固态发酵，再经蒸馏、3 个月～3 年的陈酿，最后经勾兑与调味即成大曲白酒。

（2）小曲白酒　以大米为原料，适量辅以中草药，制成球形或块状，经过发酵制成小曲（又名酒药、酒饼），再以大米或高粱为原料，以小曲为糖化发酵剂，采用半故态发酵、蒸馏而得。小曲酒主要流行于我国的广东、广西、云南、贵州和江西等地。

（3）麸曲白酒　以黑曲霉 3.4309 菌株接种于麸皮上制成麸曲作糖化剂，以纯种酵母作发酵剂，采用固态发酵或液态发酵（4～8 天），再经蒸馏而得。

（4）新工艺白酒（液态法白酒）　主指以液态法生产的白酒，经过串香蒸馏、调香、勾兑与调味制得。主要的特点：劳动强度低，出酒率高，生产成本低。缺点是：口感风味欠佳。

（四）按酒度分类

白酒的高低度之分与其他酒品不同，标准较高。我国多数传统白酒为中高度白酒，近年来白酒出现低度化的趋势。目前，酒度为 60%（体积分数）以上的白酒已经很少见。据统计，我国高度白酒约占 20%，中度白酒约占 40%，低度白酒约占 40%。

（1）高度白酒　酒度一般为 50%～60%（体积分数），我国许多名优白酒属于此类。

（2）中度白酒 在传统白酒的基础上采用降度工艺，酒度为40%～50%（体积分数）。

（3）低度白酒 因满足了新的消费需求，低度白酒具有可观的国内外市场前景。酒度一般在40%（体积分数）以下，甚至低至25%（体积分数）。

二、中国白酒的命名

（1）以原料命名 以原料命名在中国白酒中十分普遍。如高粱酒、大曲酒、瓜干酒就是以高粱、大曲、瓜干为原料生产出来的酒。

（2）以产地命名 以产地命名白酒，具有方便、易于消费者识别的特点，我国许多名优白酒用这种方法命名，如茅台、汾酒、景芝白干、曲阜老窖、兰陵大曲等。

（3）以名人命名 以历史上或传说中的人物命名，具有增加白酒文化内涵，提高品牌附加值的作用，如杜康酒、范公特曲等。

（4）按发酵、储存时间长短命名 一些传统白酒以发酵、储存时间为命名依据，易于区分白酒的品质与价格。如泸州老窖分为特曲、陈曲、头曲、二曲等，价格也各不相同。

（5）以生产工艺的特点命名 一些传统白酒以生产工艺特点命名，直接明了，如二锅头、回龙酒等。二锅头是我国北方固态法白酒的一种古老的名称，现在有的酒仍叫二锅头。现在的二锅头是在蒸酒时，掐头去尾取中间蒸馏出的酒。真正的二锅头是指制酒工艺中在使用冷却器之前，以古老的固体蒸馏酒方法，即以锅为冷却器，二次换水后而蒸出的酒。

三、白酒功效

白酒的主要成分是水和酒精，酒精在人体内吸收极快，氧化放热也很快，适量饮用白酒可以加快血液循环，所以饮酒御寒能收到立竿见影的效果。酒精进入血液后使血液中的酒精浓度大大超过生理酒精浓度时，会刺激心率加快，血管扩张，所以它有活血、增加吸氧量、促进新陈代谢的功能。酒精本身还是一种麻醉剂和杀菌剂，所以对失眠、慢性消化道疾病有一定的治疗作用。同时，白酒所含微量成分中的亚油酸乙酯具有降低胆固醇和血脂的作用，可以防治粥样动脉硬化症；所含丙三醇是一种泻药，用于通便、渗透性利尿药；所含苯甲醇在医药中用作局麻药，有杀菌、止痒作用。

第二节 白酒生产原料与辅料

一、主要原料

高粱、玉米、大米，是粮谷原料中用于酿造白酒的主要原料，有些名优白酒除使用上述原料外，还搭配一些其他粮谷类。例如，五粮液就是用高粱、玉米、小麦、大米、糯米五种原料搭配酿制的。各地产的优质白酒，在选择酿酒原料时也采取多品种搭配，但多以高粱为主。

（1）高粱 高粱是最常用的生产主原料，淀粉含量高，蛋白质含量适中，富含单宁（单宁的衍生物可赋予白酒特有的香气）。不过，单宁不应过量，过量可导致白酒苦涩，并可造成酵母菌生长迟缓。

（2）玉米 玉米富含植酸，植酸在发酵过程中可分解为环己六醇和磷酸。环己六醇：成品酒的甜味物质；磷酸：可促进发酵过程甘油的形成，而甘油可使成品酒有甜味，并增加酒的浓厚感。

（3）甘薯 用甘薯酿酒，由于淀粉含量高、脂肪和蛋白质含量适中，因此，出酒率高，斜杂味小。缺点是：甘薯中含有3.6%的果胶，是白酒中甲醇的主要来源。此外，生黑斑的甘薯片常含有甘薯酮而导致成品酒带有较重的辛辣味。

（4）含糖类原料 糖厂的废蜜、伊拉克枣及其他野生果实，含有丰富的糖分，都可作为酿酒的原料。糖厂的废蜜含糖量很高，甘蔗糖蜜含总糖49%～53%，其中蔗糖占32%～33%、还原糖占17%～19%；甜菜糖蜜含总糖45%左右，其中主要是蔗糖，还有少量棉子糖。用含糖原料酿酒时，要选用发酵蔗糖能力强的酵母。

二、主要辅料

白酒中使用的辅料，主要用于调整酒醅的淀粉浓度、酸度、水分、发酵温度，使酒醅疏松不腻，有一定的含氧量，保证正常的发酵和提供蒸馏效率。

（1）稻壳　稻壳质地疏松，吸水性强，具有用量少、使发酵界面增大的特点。稻壳中含有多缩戊糖和果胶质，在酿酒过程中生成糠醛和甲醇等物质。使用前必须清蒸20～30min，以除去异杂味和减少在酿酒中可能产生的有害物质。稻壳是酿制大曲酒的主要辅料，也是麸曲酒的上等辅料，是一种优良的填充剂，生产中用量的多少和质量的优劣，对产品的产量、质量影响很大。一般要求2～4瓣的粗壳，不用细壳。

（2）谷糠　谷糠是指小米或黍米的外壳，酿酒中用的是粗谷糠。粗谷糠的疏松度和吸水性均较好，作酿酒生产的辅料比其他辅料用量少，疏松酒醅的性能好，发酵界面大；在小米产区酿制的优质白酒多选用谷糠为辅料。用清蒸的谷糠酿酒，能赋予白酒特有的醇香和糟香。普通麸曲酒用谷糠作辅料，产出的酒较纯净。细谷糠中含有小米的皮较多，脂肪成分高，不适于酿制优质白酒。

（3）高粱壳　高粱壳质地疏松，仅次于稻壳，吸水性差，入窖水分不宜过大。高粱壳中的单宁含量较高，会给酒带来涩味。

第三节　大曲白酒生产工艺

一、大曲制备

大曲是以小麦或大麦和豌豆为原料，经粉碎加水压成砖块形状的曲坯，再由人工控制温度培育而成，所以又叫“块曲”，是一种含有较多根霉、毛霉、念珠霉以及乳酸菌、醋酸菌、芽孢杆菌等多菌种的混合曲种。既是糖化剂又是发酵剂。因可长期存放备用，故也有“陈曲”之名。

大曲作为配制大曲白酒的糖化发酵剂，在制作过程中依靠原料本身活化的一部分酶及自然界带入的各种野生菌种（包括霉菌、酵母菌和细菌三大类），在淀粉质原料中进行富集，扩大培养，并保存了各种菌酒用的有益微生物。再经过风干、储藏，即成为成品大曲。每块大曲的重量为2～3kg。一般要求储存三个月以上，才予使用。

（一）大曲的特点

（1）大曲是用生料制作，这样利用保存原料中的丰富的水解酶类，特有利于大曲酒配制过程中淀粉的糖化作用及其他物质的降解。

（2）大曲是多种微生物的混合体系，制大曲的原料和操作是一种粗放的微生物选择培养过程，在严格控制温度、湿度及水分的情况下，让空气、原料和水中的自然曲菌孢子在曲坯上生长繁殖，既有利于多种有益微生物发育旺盛，同时又防止一切有害杂菌的生长。从而提供了酿酒所需的丰富的微生物混合体系，它们在曲坯上分泌各种水解酶类，使大曲具有一定的液化力、糖化力和蛋白质分解力等。大曲中还含有多种酵母菌，使之具有发酵力及产酒力。

（3）大曲成品中原料成分已部分降解，并含有大量微生物的代谢产物，如氨基酸、阿魏酸等，它们形成大曲酒特有香味前体物质，对成品酒的香型风格起着重要作用。

（4）大曲成品便于保藏和运输。由于大曲具有上述特点，全国名酒和优质酒均采用大曲进行生产。此外，由于制作大曲粮食耗用大，生产方法还依赖于经验，劳动生产率低，质量也不够稳定，大曲的糖化力、发酵力相应均比纯种培养的麸曲、酒母为低，因此许多酒厂已将大部分大曲酒改为麸曲酒。

（二）大曲的类型

根据制曲过程中对控制曲坯最高温度的不同，大致分为中温曲（品温最高不超过50℃）及高温曲（品温最高达60℃以上）两种类型。除汾酒大曲和室酒麦曲外，绝大多数名优酒厂都倾向于高温制曲，以提高曲香。制曲品温控制的最高温度，如茅台酒为60～65℃；西凤酒58～60℃；泸州特曲55～60℃。

（三）高温曲的生产

1. 工艺流程（图2-1）

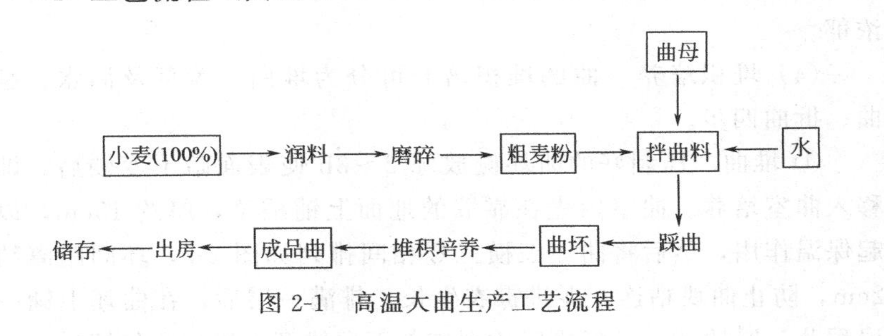

图2-1 高温大曲生产工艺流程

2. 生产工艺

（1）小麦磨碎 茅台酒、五粮液采用纯小麦制曲，原料要进行除霉除杂操作。在粉碎前应加入5%～10%温水拌匀（夏季60℃，冬季70℃），润料3～4h后，再用钢磨粉碎，使麦皮压成薄片而麦心成细粉的粗麦粉，麦皮在曲料中起疏松作用。

粉碎度要求：未通过20目筛的粗粒及麦皮占50%～60%，通过20目筛的细粉占40%～50%。如果粉碎过细，发热量大，曲坯中热量和水分不易散失。

（2）拌曲料 将粗麦粉运送到压曲房（踩曲室），按一定比例的曲料（及曲母）和水连续进入搅拌机，搅均后送入压曲设备进行成型。

拌曲料时，加水量一般为粗麦粉重量的37%～40%，加水量过多，曲坯压制密实，不利于有益微生物向曲坯内部生长，而表面则容易长毛霉和黑曲霉等，且曲坯升温快，易引起酸败细菌繁殖，使原料受损失并降低成品曲质量。加水量过少，则曲坯不易粘合，增加碎曲数量；并会迅速干燥，致使有益微生物没有充分繁殖机会，从而影响成品的质量。

拌曲时接入曲母，使用量夏季为麦粉的4%～5%，冬季为

5%～8%。以选用去年生产的含菌种类和数量较多的白色曲作曲母为好。

（3）踩曲（曲坯成型） 用踩曲机（压曲机）压成砖状型。踩曲时以能形成松而不散的曲坯为最好，这样黄色曲块多，曲香浓郁。

（4）堆积培养 曲的堆积培养可分为堆曲、盖草及洒水、翻曲、拆曲四步。

① 堆曲 压制好的曲坯侧放晾2～3h使表面暗干变硬后，即移入曲室培养。曲室内先在靠墙的地面上铺稻草，厚约15cm，以起保温作用，然后将曲坯三横三竖相间排列如图2-2，坯间距离约2cm，防止曲块粘连，促进霉衣生长。排满一层后，在曲坯上铺一层稻草，厚约7cm，但横竖排列应与下层错开，以便空气流通。一般以4～5层为宜，再排第二行，最后留1～2行空位置，以便翻曲。

图2-2 堆曲

② 盖草及洒水 曲坯堆放好后，即用乱稻草盖上，进行保温保湿，可对盖草层洒水，洒水量夏季较冬季多些，但应以洒水不流入曲堆为度。

③ 翻曲 曲堆经盖草及洒水后，立即关闭门窗，微生物开始在表面繁殖，品温逐渐上升，夏季经5～6天，冬季经7～9天，曲

坯堆内温度可达63℃左右。曲坯表面霉已长出，即行第一次翻曲，上下倒换。七天后进行第二次翻曲，使曲坯干得快些。曲的干燥过程就是霉菌菌丝体向内生长的过程，翻曲可以调节湿温度，使每块曲坯均匀成熟，加速霉菌生长速度。应严格掌握翻曲时间，翻曲过早，曲坯最高品温会偏低，成曲中白色曲多，过迟则黑色曲增多，生产上要求黄色曲多。一般在曲坯中层品温达60℃左右并具甜香味时，即可进行翻曲（如图2-3）。

图2-3　翻曲

④ 拆曲　翻曲后，品温下降7～12℃，大约在翻曲后6～7天，温度又回升至最高点，以后又下降，曲块逐渐干燥。翻曲后15天，可略开窗换气。到40天以后（冬季要50天），曲温接近室温，曲块干操至15%含水量，即可拆曲出房。

⑤ 成品曲的储存　制成的高温曲分红、白、黑三种颜色。习惯上是以金黄色、具菊花心、红心的曲为最好，酱香气浓。白曲的糖化力强，但生产上多以金黄色曲为好。在曲块拆出后，应储存3～4个月，称陈曲（如图2-4），然后再使用。陈曲在干燥储存中可减少在制曲时潜入的大量产酸细菌，用来酿酒时酸度会比较低，另外，陈曲的酶活力降低，酵母数减少，所以酿酒时，发酵温度上

图 2-4 陈曲储存

升比较慢，酿出酒的香气较好。

（四）中温曲生产

1. 工艺流程

中温曲制作（清香型酒用曲）以汾酒为代表，工艺流程如图 2-5所示。

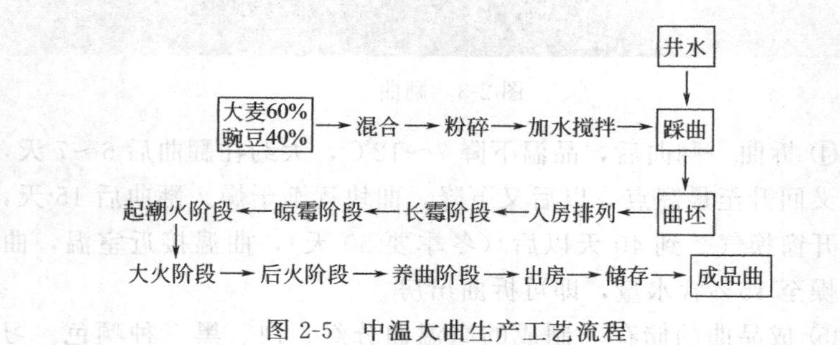

图 2-5 中温大曲生产工艺流程

2. 生产工艺

（1）原料粉碎 将大麦、豌豆按配比混合、粉碎，要求未通过20 目筛的粗粉冬季 80%，夏季占 70%，通过筛目的细粉冬季占20%，夏季占 30%。感官检查，颗粒不可大于糜子粒，掰开来看，色白而不显灰麻色为宜。

（2）踩曲（压曲）　将拌入水的曲料装入曲模后压制成曲坯，曲坯含水量在36%～38%，每块重3.2～3.5kg。要求制好曲坯外形平整，四角饱满无缺，厚薄一致。

（3）入房排列　曲室温度调节至15～20℃，夏季越低越好。曲室地面铺上稻皮或谷糠，将曲坯排列成行（侧放），曲坯间隔2～3cm。每层曲上放置苇秆或竹竿，上面再放一层曲坯，共放三层，使成“品”字形。

（4）曲房管理

① 长霉（上霉）阶段　入室曲坯稍风干后，即盖上草席或麻袋保温，夏季蒸发快，可在上面洒些凉水，然后关门窗，使温度逐渐上升。一天后即开始“生衣”，即曲坯表面有白色霉菌菌丝斑点出现。夏季约36h，冬季约72h，即可升温至38～39℃。在操作上应控制品温上升，使上霉良好。此时曲坯表面出现根霉菌丝和拟内孢霉的粉状霉点，还有比针稍大一点的乳白色或乳黄色的酵母菌落。若品温上升至指定温度，而曲坯表面菌丝体尚未长好，可揭去部分草席，进行散热，但应注意保湿，适当延长数小时，使菌丝体良好。

② 晾霉阶段　品温升高至38～39℃，必须打开曲室门窗，排潮降温。并进行第一次翻曲，拉开曲坯间排列的间距，以降低曲坯的水分和温度，达到控制曲坯表面微生物的生长，勿使菌丝过厚，令其表面干燥，使曲块固定成形。在制曲操作上称为晾霉。晾霉应及时，如果晾霉太迟，菌丝长得太厚，曲皮起皱，会使曲坯部分水不易挥发。如过早，菌丛长得长，会影响曲坯中微生物进一步繁殖，曲不发松。

晾霉开始温度为28～32℃，不允许有较大的对流风，防止曲皮干裂。陈酿期为2～3天，每天翻曲一次，第一次翻曲，由三层增到四层，第二次增至五层。

③ 起潮火　晾霉后，曲不粘手时，即封闭门窗而进入潮火阶段，入房后第5～6天起，曲坯开始升温，品温上升到36～38℃后，进行翻曲，曲坯增至六层，曲坯排成“人”字形，每1～2天翻曲一次，此时每日放潮两次，昼夜窗户两封两启，品温两起两

落，曲坯品温由38℃渐升到45～46℃，这大约需要4～5天，此后即进入大火阶段，这时曲坯已增高至七层。

④ 大火（高温）阶段　这阶段微生物生长仍然旺盛，菌丝由曲坯表面向里生长，水分及热量由里向外散发，通过开闭门窗来调节曲坯品温，使保持44～46℃高温（大火）条件下7～8天，不许超过48℃，不能低于28～30℃。在大火阶段每天翻曲一次。大火阶段结束时，基本上60%～70%曲块已成熟。

⑤ 后火阶段　这阶段曲坯日渐干燥，品温逐渐下降，由44～46℃降到32～33℃，直至曲块不热为止，进入后火阶段关门窗进行收火保温，后火期3～5天，曲心水分继续蒸发干燥。

⑥ 养曲阶段　后火期后还有10%～20%曲坯的曲心部位尚有余火，宜用微湿来蒸发，这时曲坯本身已不能发热，采用外温保持32℃，品温为30℃，把曲心的残余水分蒸发干净。养曲期7～8天。

⑦ 出房　叠放成堆，曲间距离1cm，总培养期为24～25天。成品储存一般为半年。

3. 大曲的质量

根据经验，好曲是皮薄、包白、渣青发亮，质地坚硬，气味清香，无杂色，称为“麦仁青曲”；麦仁青曲经存放后，内部呈黄色，称“槐瓤曲”，另一种是内有桃红、黄、浅棕色、麦仁青色和白色的皮，共有五种颜色，称为“五花曲”，也都是上曲。

曲坯内由于在曲菌发育有停水现象，水分挥发不出来；温度急剧上升或下降，曲内有水圈或火圈；或者在曲房管理时晾霉过早，曲坯表现呈棕色无霉，属于次曲。

曲内有生心未熟透或空心质松为劣曲。如曲料过粗，或制曲前期温度过高，致使曲内水分蒸发而干涸，或后期温度过低，微生物不能继续繁殖，均会产生曲坯中心不生霉的生心，故制曲经验有“前火不可过大，后火不可过小”。

（五）大曲中的微生物群

由于大曲中微生物群是依靠自然界带入的，而且制曲原料、工艺和制曲车间等的自然条件不同，因而各酒厂新制大曲的菌系极其复杂。了解大曲制作中微生物群的种类及其消长规律，有助于控制工艺条件，促进酿酒有益菌的生长，提高产品的质量和产量。

1. 制曲过程中微生物群的消长规律

大曲中的微生物数量和组成变化，与曲坯的水分温度、通气等情况有关。在低温期各种条件适宜微生物繁殖，菌数出现高峰，到高温期，随着水分的蒸发，品温逐渐升高达55～60℃，大部分菌类为高温所淘汰，使微生物数量显著降低；此外，曲料的粗细度、曲坯的孔限度及水分含量不同，通气状态也不同，对好气性、嫌气性菌类也有直接影响。

从大曲微生物优势类群变化来看，低温期以细菌占绝对优势，其次是酵母菌，再次为霉菌。酵母菌及霉菌主要分布在曲坯表层。高温期后，细菌大量衰亡，霉菌中的少数耐热种类保留而逐渐成为优势类型，同时嗜热芽孢杆菌仍有明显增加，主要分布在曲心部位，因而曲皮的糖化力远高于曲心。

2. 汾酒大曲中的主要微生物

轻工部发酵所进行分离鉴定，主要有以下几种。

（1）酵母菌

① 酵母菌属　在汾酒发酵中起主要作用，酒精发潜力强，在大曲中含量较少，通常大曲中心较多。

② 汉逊酵母属　在汾酒大曲中具有较强的发酵力，仅次于或接近于酒精酵母（酵母菌属），多数种类产生香味，同样在曲块中心较多。

③ 假丝酵母和拟内孢霉属　是大曲中数量最多的酵母，曲皮多于曲心。

（2）霉菌

① 根霉菌　在曲块表面形成网状菌丝体，这些气生菌丝呈白色、灰色至黑色，产生明显的孢子囊，在制曲期间生长在曲的表面，后期则以营养菌丝形式深入到基质中去。

② 犁头霉属　在大曲中含量最多，但糖化力不高，网状菌丝

呈青灰白色，纤细，孢子囊小。

③ 毛霉属　有一定糖化力，蛋白分解力较强。与根霉、犁头霉的区别是气生菌丝整齐，菌丝短，淡黄至黄褐色。

④ 黄米曲霉群　是汾酒大曲的主要糖化菌，糖化力和蛋白分解力都较强。曲块表面可观察到黄色或绿色的分生孢子。

⑤ 黑曲霉群　作用与黄曲霉相似，在曲中含量较少。

⑥ 红曲霉属　有较强的糖化力，一般在曲心部分较多。

⑦ 白地霉　是一种近似酵母的霉菌，菌落呈白色茸毛状或极状。

（3）细菌

① 乳酸菌　包括乳杆菌属和乳球菌属（主要是片球菌，另外有乳链球菌）。乳酸菌和醋酸菌在一般白酒生产中均作为主要有害菌，而在大曲中少量存在，认为对大曲酒中酯的形成有利。

② 醋酸菌　在大曲中含量很少，但生酸能力很强，据认为有助于汾酒形成乙酸乙酯为主体的香味物质。

③ 芽孢杆菌　大曲中含量不多，但在高温、高湿、曲块发软部位，芽孢杆菌繁殖迅速，其中枯草杆菌有水解淀粉和蛋白质的能力，是大曲所含细菌中最多的一种。有的芽孢杆菌形成白酒芳香成分双乙酰。

3. 茅台酒大曲中的主要微生物

根据贵州省轻工科研所的分离，共有细菌 47 株，霉菌 29 株，酵母 19 株。

（1）酵母菌　有拟内孢霉属、地霉属、汉逊酵母菌、毕赤酵母属、红酵母等。

（2）细菌　多数属于芽孢杆菌，是茅台大曲中的主要微生物，数量很大，这些嗜热芽孢杆菌使成品具有酱香气，纸上层析可见到香草醛、阿魏酸及丁香酸的斑点，说明是茅台酒生产的有益菌。

（3）霉菌　有曲霉属、毛霉属、犁头霉属、红曲霉属、拟青霉属等。制曲前期主要是毛霉，后期是曲霉和红曲霉。总的来说，茅台大曲的糖化力较小。

二、大曲白酒生产工艺

大曲酒酿造工艺有续渣法和清渣法两种。续渣法是将渣子（指粉碎后的生原料）和酒醅（又称母糟，指已发酵的固态醅）混合，在甑桶内同时进行蒸酒和蒸料（这种操作方法称混烧）。蒸酒蒸料后，取出醅子，再加大曲，入窖（即发酵池）继续发酵，如此反复进行。由于生产过程中一直在加入新料及大曲，继续发酵、蒸酒，故称续边发酵法。续边法广泛应用于生产茅香型、泸香型和西凤型酒，此外麸曲白酒也普遍采用。清渣法工艺生产大曲酒数量少，其中以汾酒为典型，原料和酒醅都是单独蒸，酒醅不再加新料，采用“清蒸二次清”。

（一）续渣法大曲酒生产工艺流程（图 2-6）

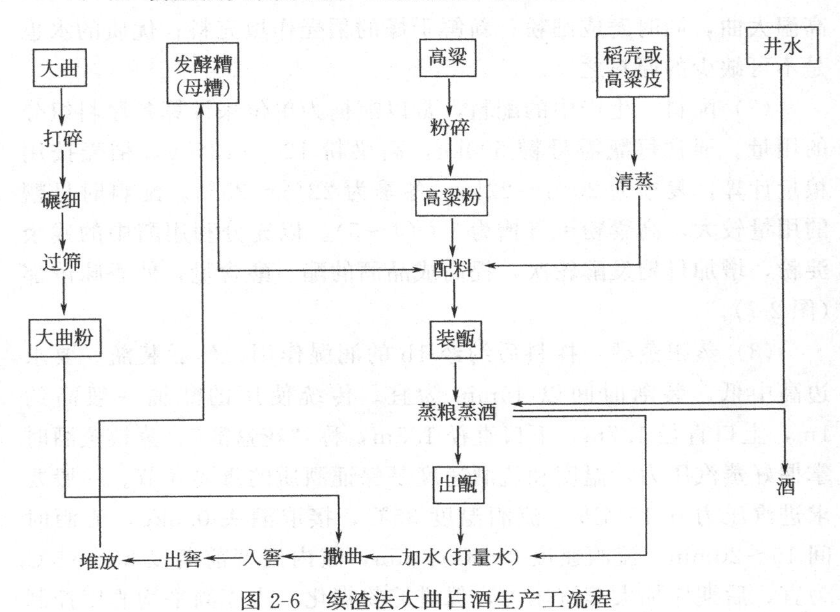

图 2-6　续渣法大曲白酒生产工流程

（二）续渣混烧法的优点

（1）各种粮食本身含有其特有的香味物质，如少量的酯类或某些芳香族酚类、香兰素等，在蒸酒和蒸料同时，会随酒蒸汽带入白酒中，对酒起增香作用，这香称“粮香”。

（2）原料和酒醅混合后，能吸收酒醅中的酸和水，有利于原料的糊化。

（3）在酒醅中混入新料，可减少蒸酒时加入填充料（高粱皮或稻壳）的用量，并可充分利用热能。

（4）原料经过多次反复发酵，可以提高淀粉利用率，酒糟残余淀粉低。

（5）有利于积累酒香味的前体物质。

（三）续渣法大曲生产工艺操作

（1）原料及原料处理　续渣法大曲酒的主要原料为优质糯种高粱，拌料前以粉碎成能通过 20 目筛，粗粒占 28%左右的料为佳；高温大曲，同时磨成细粉；新鲜干燥的稻壳作填充料；优质的水也是不可缺少的原料之一。

（2）配料　生产中的配料，常以甑桶为单位来计算各原料组分的用量。通常每甑需母糟 500kg，高粱粉 120～130kg，稻壳按用粮量计算，夏季为 20%～22%，冬季为 22%～25%。配料时母糟的用量较大，高粱粉∶母糟为 1∶(4～5)。以充分利用醅中的残余淀粉，增加母糟发酵轮次，提高成品酒的酯、酸含量，使香味浓郁（图 2-7）。

（3）蒸粮蒸酒　拌料后约经 1h 的润湿作用，然后装甑。要求边高中低，装甑时间以 45min 为宜。传统使用的甑桶一般高约 1m，上口直径 1.7m，下口直径 1.5m，称“花盆甑”。蒸粮蒸酒时掌握好蒸汽压力，温度和流酒速度是保证酒质的重要环节。一般要求进汽压力 0.15MPa，流酒温度 35℃，接取酒头 0.5kg，流酒时间 15～20min，流酒速度 3～4kg/min，甑内温度前期以 85～95℃为宜，后期应加大蒸汽压力，促进淀粉糊化。入库酒平均酒度控制在 61°。

（4）出甑加水撒曲　蒸粮蒸酒以后，从甑桶（图 2-8）内取出酒糟，泼加 80℃以上的热水。一般按 100kg 高粱粉加从甑桶淌出

图 2-7　配料

图 2-8　甑桶

的冷却水 70～80kg，使粮醅充分吸水保浆。此种操作称“打量水”。每窖底二甑不加水外，其余分层加水的量不同。一般粮甑的入窖水分控制在 53%～55%。已加高温水的醅放在帘子上，进行通风降温。当品温冬季降到 13℃，夏季降至气温时，加入大曲粉。大曲的用量，粮糟为高粱粉的 19%～21%，而回糟每甑加曲量为粮糟的一半，因回糟中不加入新料，用曲量要准确。

（5）入窖发酵　泥窖（图 2-9）是续渣法大曲酒生产的发酵设备，其容积为 $8\sim12m^3$，深度应保证 1.5～1.6m 以上，长：宽＝

图 2-9 泥窖

(2.0～2.2)∶1.0为宜。窖越老，白酒发酵的有益微生物及其代谢产物越多，产品品质也随之提高。新建窖发酵时，常用老窖泥或者老窖酒醅中流出的“黄水”接种。在白酒生产中，一向有“千年老窖万年糟”之说法，意思是窖龄越老越好。粮糟入窖时应控制的条件为：淀粉浓度，夏季为14%～16%，冬季为16%～17%；入窖温度，冬季为18～20℃，夏季比气温低1～2℃；入窖水分，夏季在57%～58%，冬季在53%～54%左右；酸度在夏季为2，冬季为1.4～1.8为宜。粮糟入窖时，每装完两甑应进行一次踩窖，使松紧适中。浓香型的名酒厂常采用回酒发酵，即从每甑取4～5kg酒尾，冲淡至2°左右，均匀地浇回到醅子上。有的厂还采用“双轮底”发酵技术，即在醅子起窖时，取约一甑半醅子放回窖底，进行再次发酵。当醅子装到一定高度，应用踩柔的黄泥封于窖顶，即“封窖”，冬季应加盖稻草保温。封窖后，应定时检查窖温，粮糟在发酵过程中大体升温幅度为10～15℃。发酵周期各厂控制不一，泸州曲酒厂规定为60天。

三、清渣法大曲酒

（一）生产特点

采用清渣法工艺生产大曲酒的数量较少，其中汾酒为典型，汾酒采用传统的“清蒸二次清”，地缸、固态、分离发酵法。所用高粱和辅料都经过清蒸处理，将经蒸煮后的高粱拌曲放入陶瓷缸，缸埋土中，发酵28天，取出蒸馏。蒸馏后的醅不再配入新料，只加曲进行二次发酵，仍发酵28天，糟不打回而直接丢糟。两次蒸馏得酒，经勾兑成汾酒。由此可见，原料和酒醅都是单独蒸，酒醅不再加入新料，与前述续渣法工艺是显著不同的。由于清渣法工艺中，设备用陶瓷缸，封口用石板，场地、晾堂用砖或水泥池，刷洗很干净，这就保证了清渣法大曲酒具有清香、纯正的明显特点。

（二）工艺流程（图2-10）

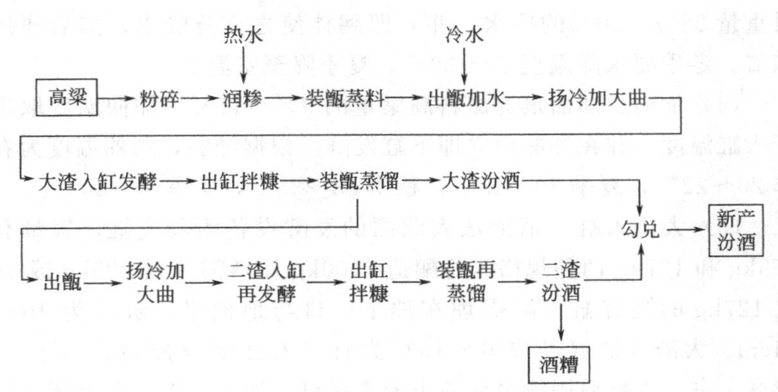

图2-10　清渣法大曲酒生产工艺流程

（三）清渣法大曲酒生产工艺操作

（1）原料及原料处理　清渣法大曲酒的主要原料为高粱、中温大曲和水。高粱使用前应经粉碎，一般要求每粒高粱粉碎成4～8瓣，细粉不超过20%。粉碎后的高粱称红糁，红糁在蒸料前要用热水进行润料。加水量为原料重量的55%～62%，夏季水温为75～80℃，冬季为80～90℃，称高温润糁。红糁加水后应堆积18～20h。此时品温上升，冬季达42～45℃，夏季达47～52℃。料堆上应加覆盖物，中间翻动2～3次。润糁后的质量要求：润透，不淋浆，无异味、无疙瘩、手搓成面；所使用的中温曲用前应经粉碎。第一次发酵用曲，要求粉碎成大者如豌豆，小者如绿豆，能通过1.2mm筛孔的细粉不超过55%。第二次发酵用大曲，要求大者如绿豆，小者如小米，能通过1.2mm筛孔的细粉为70%～75%；水对酒质影响很大，必须优质。

(2) 蒸料　蒸料使用活甑桶。先将底锅水煮沸，然后将500kg温润的红糁均匀撒入甑桶。待蒸汽上均后，泼上60℃的热水，加水量为原料的26%～30%。品温由初期98～99℃，逐渐上升，出甑时可达105℃。从装完即开始计时，蒸料时间需80min，出甑时要求"熟而不黏，内无生心，有高粱酒香味，无异杂味"。

(3) 加水和扬晾　蒸好的红糁应趁热从甑中取出，随即泼入原料重量28%～30%的冷水，并立即翻拌使之充分吸水，然后通风晾渣。冬季要求降温至20～30℃，夏季降至室温。

(4) 加曲　加曲量为原料高粱重的9%～11%。加曲温度取决于入缸温度，并在拌曲后立即下缸发酵。根据经验，加曲温度为春季20～22℃，夏季20～25℃，秋季23～25℃，冬季25～30℃。

(5) 大渣入缸　清渣法大曲酒的发酵设备为陶瓷缸，容量有255kg和127kg两种规格。每酿造1100kg原料需8只225kg或16只127kg的陶瓷缸。缸需埋在地下，口与地面平，缸距为10～24cm。大渣入缸温度以6～10℃为宜。入缸水分控制在52%～53%左右。入缸后用清蒸后的小米壳封口，加盖石板，盖上还可用稻壳保温。

(6) 发酵管理　整个发酵分前、中、后三个时期，历时28天。前期6～7天，品温缓慢上升到20～30℃，此期淀粉含量急剧下降，还原糖含量迅速增加，酒精开始形成；中期10天左右，此期发酵旺盛，淀粉含量下降迅速，酒精量增加显著，可达12°左右；后期11～12天，此期糖化作用微弱，酒精发酵基本终止，温度不再上升，但酸度增加快，认为这一个阶段主要是生成酒的香味物质的过程。

(7) 出缸蒸馏 酒醅出缸，加入原料量22%～25%的稻壳作辅料，其中稻壳：小米壳=3：10。蒸馏时，前期蒸汽宜小，后期宜大，最后大汽追尾。流酒时每甑约截酒头1kg，可回缸发酵。流酒温度控制在25～30℃，流酒速度为每分钟3～4kg。当流酒的酒度降至低于30°时为层酒，应于下次蒸馏时回入甑桶。

(8) 入缸再发酵 蒸馏完毕，视二渣的干湿情况泼加25～30kg 35℃的温水，所谓"蒙头浆"。然后出甑，迅速扬冷到30～38℃，加入大渣投料量10%的大曲，当二渣品温降至22～28℃，夏季18～23℃时，即可入缸，二渣入缸水分控制在59%～61%，二渣入缸时需适当压紧，并喷洒少量酒尾。加盖发酵28天，再次出缸蒸馏，所得的酒为二渣汾酒。二渣酒糟则作饲料用。

第四节 小曲白酒生产工艺

一、小曲制备

小曲是用米粉或米糠为原料，添加或不添加中草药，接种曲或纯粹根霉和酵母，然后培养而成。

小曲中常见的根霉有河内根霉、米根霉、爪哇根霉、白曲根霉、华根霉和黑根霉等。此外还可见到一些毛霉和曲霉。

小曲的种类很多，归纳起来可分为药小曲（酒曲丸）、酒曲饼、无药白曲、纯种混合曲及浓缩甜酒药等。其制作方法大同小异，现简介如下。

（一）药小曲

药小曲是以生米粉为培养基，添加草药及种曲和曲母，经培养而成。

1. 工艺流程（图 2-11）

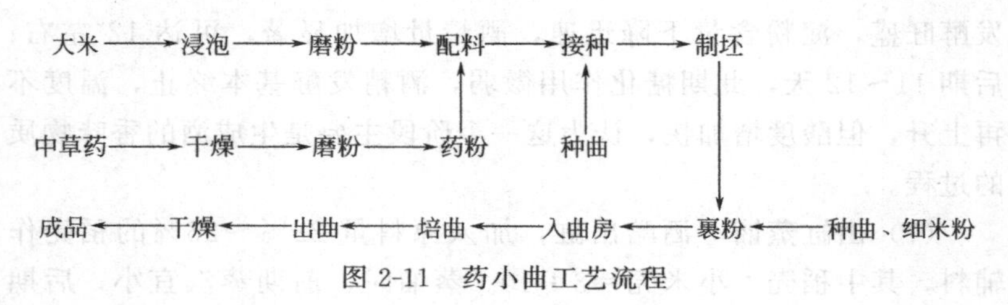

图 2-11 药小曲工艺流程

2. 制作过程

先将大米加水浸泡，夏天约 2～3h，冬天约 6h，沥干后磨成米粉，用 80 目分子筛筛出约占总量 1/4 的细米粉作裹粉用；每批取米粉 15kg 添加曲母 2%、水 60%，适量药粉，制成 2～3cm 大小的圆形曲坯；在 5kg 细粉中加入 0.2kg 曲母；先撒小部分于簸箕中，同时在曲坯上洒适量的水，然后将曲坯倒入簸箕中，振摇簸箕使裹粉一层，如此反复，直至裹粉用完；然后将曲坯分装于小竹筛内，扒平后入曲房培养。入房前曲坯含水量在 46%左右。曲房室温控制在 28～31℃，品温可由此温逐渐升高到 33～35℃，以后逐渐有所下降，约经 4 天培曲，小曲成熟，出房干燥至含水 12%～14%。

工艺过程中，若只加一种药粉，产品为单一药小曲；若接种物为纯粹培养的菌种，则为纯种药小曲，接种物应包括根霉和酵母两种纯粹培养物。

（二）酒曲饼

用大米 100kg，煎成米饭，大豆 20kg，用前蒸熬，曲种 1kg，药粉 10kg，白粘土泥 40kg，加大米量 80%～85%的水，在 36℃左右拌料，压成 20cm×20cm×3cm 的正方形酒曲饼，在品温为 29～30℃时入房培养，历时 7 天左右，然后出曲，于 60℃以下的烘房干燥 3 天，至含水量在 10%以下，即为成品，每块重约 0.5kg。

（三）无药白曲

用通过 40 目筛的新鲜米糠 80%，通过 40 目筛的新鲜米粉

20%，100℃下灭菌1h。晾冷后按原料量加入4%米粉面盆培养的根霉菌种、2%～3%米曲汁培养的酵母。拌匀后制成4cm大小的球形曲坯。摊平于竹筛上，入房保温培养80～90h。出房后于40℃左右烘房干燥至含水量10%以下，即可使用。

（四）浓缩甜酒药

本品是先将纯根霉在发酵罐内进行液体深层培养，然后在米粉中进行二次培养的根霉培养物，菌种为根霉。液体培养基配方为粗玉米粉7%，30%浓度黄豆饼盐酸水解物3%，pH自然。接种量16%。培养温度33℃±1℃，通气量1∶(0.35～0.4)，搅拌210 r/min（转/分），经18～20h培养后用70目孔筛收集菌体，洗涤后按重量加入2倍米粉，加模压成小方块，散放在竹筛上，在35～37℃中培养10～15h，品温可达40℃。转入48～50℃干燥房，至含水量在10%以下，经包装即为成品。

二、小曲白酒生产工艺

（一）先糖化后发酵工艺

1. 工艺流程（图2-12）

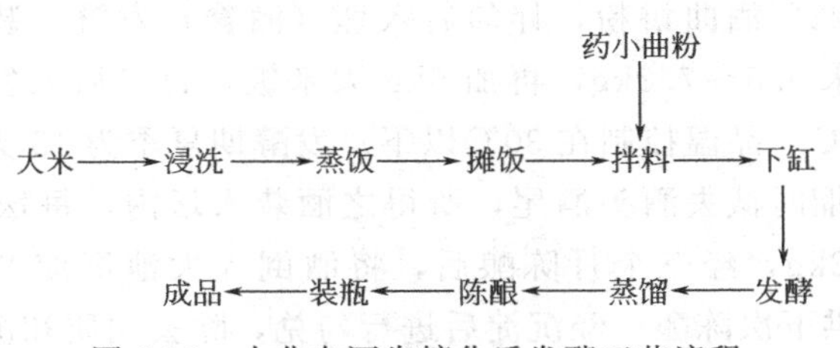

图2-12 小曲白酒先糖化后发酵工艺流程

2. 生产操作

大米浸泡浇洗后，蒸熟成饭，此时含水量为62%～63%，摊冷至36～37℃。加入原料量0.8%～1.0%的药小曲粉，拌匀后入缸。每缸约15～20kg原料，饭厚约10～13cm，中央挖一空洞。待品温降至32～34℃时加盖，使其进行培菌糖化，约经20～22h，品温达37～39℃。约经24h，糖化率达70%～80%左右即可加水使之进入发酵。加水量为原料量的120%～125%。此时醅料含糖量应为9%～10%，总酸0.7°以下，酒精2%～3%（体积分数）。在36℃左右发酵6～7天，残糖接近零，酒精含量为11%～12%（体积分数），总酸在1.5以下。蒸馏所得的酒，应进行品尝和检验，色、香、味及理化指标合格者，入库陈酿，陈酿期一年以上，最后勾兑装瓶才为成品。

（二）边糖化边发酵工艺

1. 工艺流程（图2-13）

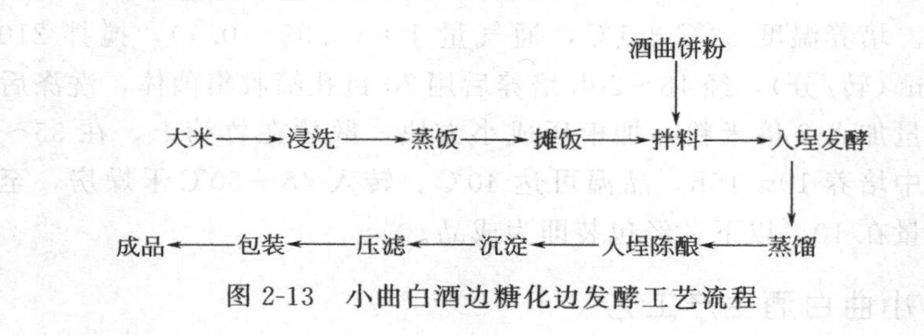

图2-13 小曲白酒边糖化边发酵工艺流程

2. 工艺操作

将大米浸洗，蒸熟，摊凉至夏天35℃，冬季40℃。按原料量加18%～22%酒曲饼粉，拌匀后入埕（酒瓮）发酵。装埕时先每只埕加清水6.5～7.0kg，再加5kg大米饭，封口后入发酵房。室温26～30℃。品温控制在30℃以下。发酵期夏季为15天，冬季为20天。蒸馏时截去酒头酒尾，所得之酒装入坛内，每坛20kg，并加肥猪肉2kg，经三个月陈酿后，将酒倒入大池沉淀20天以上，坛内肥肉供下次陈酿。经沉淀后进行勾兑，除去油质和沉淀物，将酒液压滤、包装，即为成品。

第五节 麸曲酒的生产工艺

一、麸曲的制备

（一）麸曲制造中常用的菌种

白酒生产除对糖化菌要求有较高的糖化力和一定的液化力之

外，还要求糖化菌能够产生一定量的香味物质，从而使成品白酒具有特有的风味，适宜人们饮用。目前使用的菌种都是经反复筛选出来的优良菌种，多数属于曲霉属菌种。20 世纪 60 年代多使用液化力较强的米曲霉 As. 3384、黄曲霉 As. 3800，以及糖化力较强的乌沙米曲霉 As. 3758 和甘薯霉菌 As. 3324 等，20 世纪 60 年代中后期多使用糖化力更高，且耐酸和耐高温的黑曲霉。目前广泛推广应用的 As. 3. 4309 是黑曲霉的变种，东酒 1 号、河内白曲和 B 曲是乌沙米曲霉的变种。米曲霉和黄曲霉除保留用来制作米曲汁糖液外，很少用作白酒生产的糖化菌。为提高麸曲白酒质量，可采用多菌种制作麸曲，除上述的曲霉外，还有根霉菌、毛霉菌、拟内孢霉、红曲霉等。选用什么菌株，应根据成品酒的风格来决定。

（二）麸曲生产工艺

制曲工艺主要有 4 个过程，即斜面试管菌种培养、三角瓶扩大曲种培养、种曲培养、机械通风制曲。前 3 个过程是以繁殖健壮曲霉为目的，后一个过程则是以产生和积蓄大量淀粉酶为目的，以下主要针对机械通风制曲来讲述制麸曲工艺。

1. 机械通风制曲工艺流程见图 2-14。

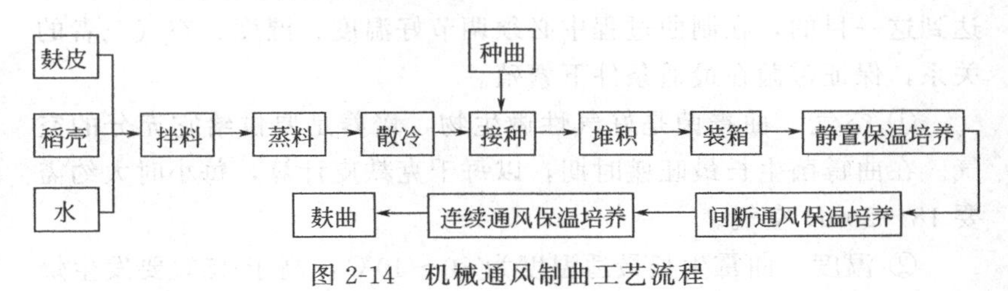

图 2-14　机械通风制曲工艺流程

2. 机械通风制曲工艺过程及条件

（1）配料　麸皮是理想的制曲原料，它能满足霉菌生长繁殖所需要的营养和生长素。为节约麸皮用量，降低成本，可利用新鲜酒糟代替部分麸皮作为制曲原料进行制曲。酒糟添加量应在 20%～30%为适宜，过多会使曲料酸度过高而造成制曲困难，同时容易感染杂菌，还会使酒糟的有害代谢物过多卷入制曲原料中而妨碍霉菌生长。

(2) 蒸料　起着糊化与杀菌作用，要求边投料边进汽，加热要均匀，防止蒸汽走短路。圆汽后蒸 40min。

(3) 接种　在麸曲白酒的生产中，使用黑曲或白曲作糖化剂出酒率较高，这是因为黑曲的糖化力强，持续性好并耐酸（pH＝4.5～5.5）。而黄曲液化快，不耐酸（最适 pH＝5.5～6.0），糖化持续性差，但黑曲霉所含酶系复杂，因此成品白酒口味较差。米曲霉蛋白质分解酶较多，使成品酒产香好。因此在白酒生产中，最好把黑曲和黄曲混合使用，但黑曲的用量不得低于 70%。

接种时料温不要超过 40℃，为防止孢子飞扬和使接种均匀，可先用少许冷却的曲料拌和种曲。接种量一般为原料的 0.25%～0.35%。

(4) 堆积、装箱　曲料接种后堆积 50cm 高度，时间 4～5h 左右，使孢子吸水膨胀，发芽。孢子发芽时不需要大量空气，也不产生热量，因此要注意保温。但堆积时间不要过长，避免孢子进入长菌丝阶段，招致窒息。

(5) 制曲的目的　制曲的目的是要得到酶活性高的糖化剂，为达到这一目的，在制曲过程中必须调节好温度、湿度、空气三者的关系，保证霉菌在最适条件下繁殖。

① 空气　曲霉菌是好气性微生物，培养是要供给它充分的空气。在曲霉菌生长最旺盛时期，以每千克麸皮计算，每小时大约需要 18～20m^3 空气。

② 温度　曲霉生长最适温度为 30～40℃，高于 45℃要发生烧曲现象，低于 30℃时，曲霉生长很慢。

③ 水分和湿度　曲霉喜潮湿，培养基中要有足够的水分，黑曲培养基水分控制在 53%～54%左右，黄曲在 50%～52%左右（均系堆积水分），曲室中相对湿度控制在 95%左右。

④ 酸度　曲霉菌培养时，曲料应略偏酸性，pH＝5 左右较适宜。

二、麸曲白酒生产

（一）麸曲白酒生产工艺流程

1. 续渣法混蒸老五甑工艺流程（图 2-15）

续渣法混蒸老五甑工艺操作特点是正常生产窖内有四甑酒醅，发酵结束后，配新料，做五甑活，即蒸五次酒，其中四甑入窖发酵，一甑做丢糟。

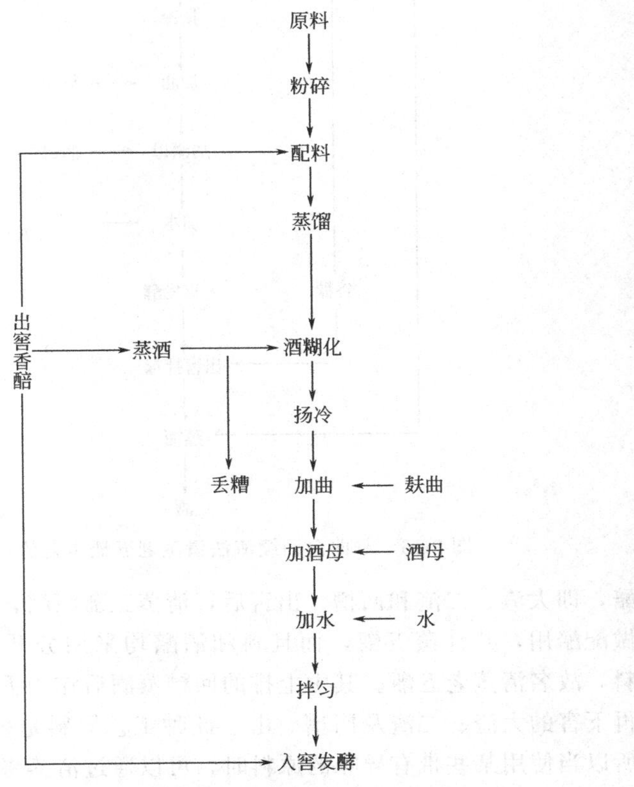

图 2-15　麸曲白酒续渣法混蒸老五甑工艺流程

2. 续渣法清蒸老五甑工艺流程（图 2-16）

续渣法清蒸老五甑工艺操作特点是正常生产时窖内有三甑酒

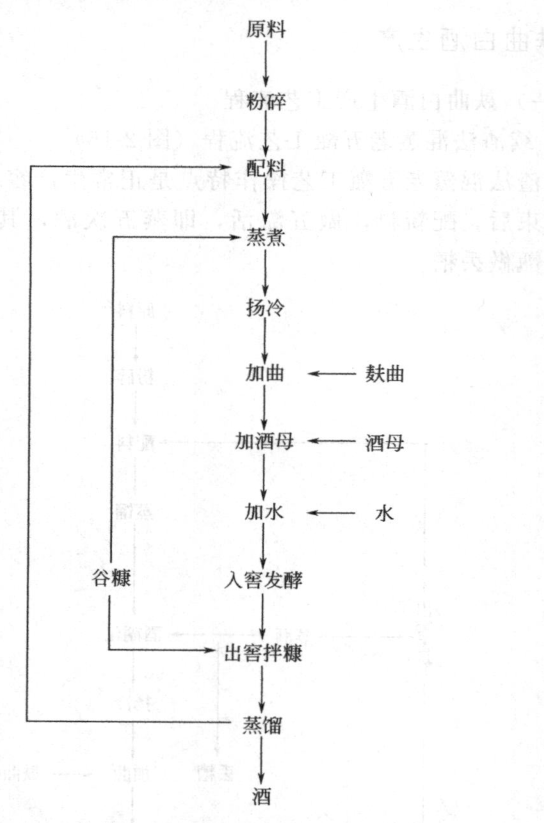

图 2-16 麸曲白酒续渣法清蒸老五甑工艺流程

醅，即大渣、二渣和回糟。出窖后，清蒸三甑酒醅，再蒸两甑新料做配醅用，共计蒸五甑，而且料和酒醅均采用分开单独蒸酒、蒸料，故名清蒸老五甑。其中上排的回糟蒸酒后作为丢糟，其余配成再下窖的大渣、二渣及回糟。由于此种工艺原料是采用单独清蒸，所以当使用某些带有异味的原料时，可以通过清蒸将异杂味排除出去。与续渣法清蒸老五甑工艺类似的还有清蒸混入四大甑操作法，此法在正常生产时，窖内有大渣、二渣及回糟三甑材料，出窖后做四甑活，即大渣、二渣、回糟各一甑下窖，上排回糟蒸酒后作为丢糟。由于本法投入原料大多只经过2次发酵，故适用于含淀粉45%以下的高粱糠等。

（二）麸曲白酒酿酒工艺条件

1. 原料粉碎

原料粉碎度应视原料的质量、工艺操作方法、发酵工艺条件要求等而决定，如质量较差的原料应粉碎得细些，发酵周期短可将原料粉碎得细些，发酵周期长可将原料粉碎得粗些。当采用高粱、玉米或薯干为原料时，其粉碎度可控制在能通过1.5～2.5mm的筛孔即可。

2. 配料

配料的目的是通过调节入窖淀粉浓度、酸度、水分，以创造白酒发酵微生物最适宜产酒生香的代谢环境，以利于发酵。其手段主要是控制粮醅比和粮糠比来进行调节。配料时，还要根据原料特性、气候条件和采取的工艺条件、糖化剂、发酵剂以及发酵设备等特点，综合进行考虑，做到合理配料。主要应考虑以下三个方面的因素。

（1）配料时的淀粉含量　白酒发酵要产生热量，由于窖壁和酒醅的传热系数很小，产生的热量很难散发出去，导致醅子温度的升高。为了控制发酵的适宜温度，不使醅温升得太高，就必须控制配料时的淀粉含量和入窖温度。根据酵母菌的生理特性，发酵最高品温控制在36℃以下为宜，如太高，酵母容易衰老，且产酸细菌繁殖，酸度升高，影响出酒率。如果将入窖温度控制在16～18℃，则发酵中升温幅度可允许在18～20℃。不管从理论上计算，还是从生产实践得知，每当酒醅中淀粉浓度下降1%时，酒醅升温约1.8℃，这样在发酵过程中可允许淀粉下降9～10℃左右，而醅中残余淀粉浓度一般为5%～7%，故入窖淀粉浓度可控制在14%～17%。因为麸曲白酒生产大都采用续渣法生产，可以多次循环发酵，入窖淀粉浓度大渣可控制在16%～18%，二渣控制在14%～17%。入窖淀粉的浓度可通过粮醅比与粮糠比加以控制。当使用高粱或薯干为原料时，粮醅比约在1∶(4～5)之间，粮糠比约在1∶

0.2 左右。

（2）配料时的水分　配料水分是以入窖醅子含水百分比表示。入窖水分应根据原、辅料吸水性质、气候条件而异。在一般情况下，入窖水分高，出酒率也高，但水分过高会造成酒醅发黏，发酵升温猛，升酸大，造成异常发酵，同时会产生淋浆现象，给蒸酒造成困难；水分过低又会导致发酵困难。当使用高粱原料时，水分可控制在 57%～58%左右；如使用薯干原料，可控制在 58%～62%之间。

（3）配料时的酸度　通常发酵的最适 pH 在 4.5～5.0 左右，酸度过高或过低均不好。适宜的酸度既有利于糖化和发酵的进行，也有利于酯化生香。入窖酸度的控制因原料、酒质以及生产工艺不同而有所不同。如生产优质酒，入窖酸度稍高，在 1.2 以上；生产普通酒，入窖酸度 0.5～0.8。酸度高低可用配醅量大小来调节。

3. 蒸馏糊化

按生产工艺的不同，原料的蒸煮和酒醅的蒸馏可分为清蒸和混蒸两种方式。普通白酒蒸馏糊化，既可采用普通甑桶，也可采用连续蒸馏机；优质白酒则采用甑桶蒸馏糊化，其操作特点基本上与大曲酒蒸馏相同。由于采用常压蒸馏糊化，蒸煮时间应根据原料性质而定。薯干混蒸时需要 35～40min，高粱需 45～55min。糊化后要求达到熟而不黏，内无生心。对于有损酒质的原料或填充料不宜混蒸。

4. 扬冷、加曲、加酒母、加水

扬冷的目的在于使料醅降温，使有害物质挥发，使料醅充分接触空气，以利于还原物质的氧化和促进酵母生长。扬冷方法分为用木锨人工扬冷和机械通风扬冷两种。应注意冷却至适温，一般气温在 5～10℃时，品温降至 30～32℃；气温在 10～15℃时，品温降至 25～28℃；夏季应尽可能使品温接近室温。

加曲、加酒母一般温度控制在 25～32℃之间，比入窖温度略高。麸曲应使用新鲜曲，酒母的成熟期应与使用时间衔接，不宜过嫩或过老。加曲量主要根据糖化菌种的性能、原料品种、酒的香型来定，如使用 As. 3. 4309 及其变种所制的麸曲，加曲量控制在投料量的 2%～4%；如采用酶活力在 3 万～5 万单位/g 的商品糖化酶时，加酶量只需投料量的 0.25%左右。酒母的用量是指酒母培养耗粮，一般占新投粮量的 4%～5%左右。加水应在加曲和加酒母后进行，加水量应与手感以及化验入窖水分吻合。不论加曲、加酒母、加水均应与料醅翻拌均匀，以免由于局部曲子或酒母过多，使发酵过于旺盛，造成发酵不彻底，产生异常发酵现象，对白酒的产量和质量都会带来不良的影响。

5. 入窖发酵

（1）入窖条件　见表 2-1。

表 2-1　室温 15℃下，发酵周期为 5 天入窖条件

项目 \ 天数/天	0	1	2	3	4
品温/℃	15	18	27	32	34
水分/%	62.5	—	—	—	—
酒精/%	—	1.5	4.1	5.9	6.3
酸度/%	0.5	0.55	0.6	0.65	0.75
糖分/%	1.96	2.97	1.74	0.67	0.67
淀粉/%	16.07	—	—	—	9.09

① 入窖温度　坚持低温入窖，使其符合烟台操作法的“前缓、中挺、后缓落”的发酵规律。入窖温度一般控制在 14～25℃之间，但也随气温、发酵时间、白酒香型、质量要求而有所差异。生产优质酒、发酵周期较长的，入窖温度应稍低些。

② 入窖淀粉浓度　入窖淀粉浓度因生产工艺、气温、发酵轮次而有所差别。一般大渣、二渣冬季入窖淀粉 16%～18%，夏季应低些；小渣在 13%～14%之间；回糟 10%～12%。入窖淀粉浓度还应与入窖温度恰当配合，回糟入窖淀粉浓度低，入窖温度应适当提高。

③ 入窖酸度和入窖水分　糟醅中水分正常的数据变化为：开窖时的水分为64%～65%；经滴窖后取出时水分为62%左右；经拌粮、上甑、蒸馏蒸煮、出甑时的水分为50%；打量水、拌曲粉后，入窖时的水分为54%左右。正常入窖酸度和出窖酸度范围为：正常入窖酸度应为1.4～2.0；出窖正常酸度为2.8～3.8。

（2）发酵管理　冬季气温比较低，要注意密封保温。入窖前使用比料醅高2～4℃的糟或谷糠铺于窖底及贴在窖的两头。装完料后，在表面上盖一层糟或糠，然后用泥封窖。在发酵期内应注意清窖，检查品温，防止窖泥干裂。

（3）发酵周期　一般为4～5天，也有3天的，但将发酵周期延长到6～8天后，总酯含量可明显提高。所以生产优质酒，发酵期都较长，少则7～9天，多则有达30天或更长时间的。

6. 储存勾兑

刚蒸馏得到的新酒，口味暴辣，欠醇厚，一般要经几个月储存后，再精心勾兑，即可包装出厂。

第六节　液态法白酒的生产工艺

传统的固态法白酒生产工艺，虽然成品酒有独特的风味，但生产过程繁杂，劳动强度大，技术难以掌握，生产效率低。而采用类似酒精生产方法的液态法白酒生产工艺，对原料适应性强，具有机械化程度高，能大大提高生产效率和淀粉出酒率，除制曲外不用辅料等优点，目前液态法白酒生产已遍及全国各地，其产量逐年增加。

我国液态法白酒的生产类型虽然多种多样，但其主体部分——酒基的生产与食用酒精生产类似，得到的酒基一般是两低（总酸、总酯）一高（杂醇油）的酒体，其香味物质比例失调，酒质不佳，还需将酒基经再加工来增加白酒香味成分，以提高产品风味。液态法白酒大致可归纳为全液态法（一步法）和固-液结合法（两步法）两种类型。

一、全液态法

（一）工艺流程（图 2-17）

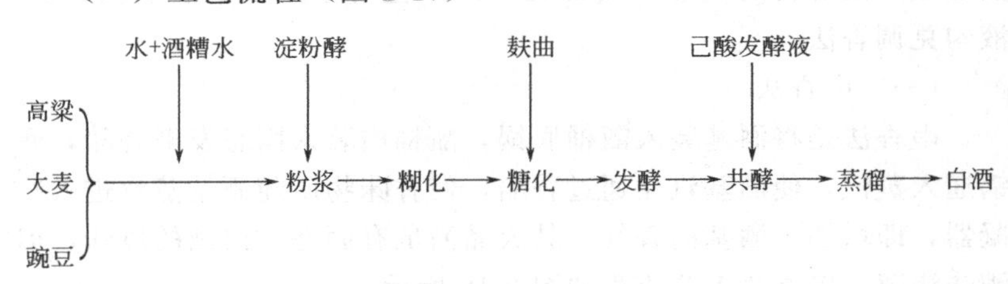

图 2-17　液态法工艺流程

（二）工艺要点

1. 工艺条件

原料中高粱 83.5%、大麦 15%、豌豆 1.5%，原料：水=1：4，配料水中包括一份酒糟水。其配料操作与酒精差不多，在蒸煮时应注意排气，以排除异味物质。糖化发酵同酒精发酵。入罐发酵 48h 后可加入培养 9 天的己酸菌培养液 5%（其中己酸含量为 1.5%～2%），再共发酵 3 天。发酵成熟醪在装有稻壳层的蒸馏塔中，以直接蒸汽及间接蒸汽同时加热至 95℃。然后减小间接蒸汽，在蒸馏过程中调节回流量，使回流的酒度达 60%～70%（体积分数），当蒸馏酒度降低至 50%（体积分数）以下时，可开大直接蒸汽蒸尽余酒，尾酒回收到下一次待蒸馏的成熟酒醪中，进行复蒸。稻壳层定期要更换。

2. 己酸菌培养液的应用

我国科学工作者在 1965 年用气相色谱分析技术对白酒微量的芳香组分进行剖析，揭示了泸州大曲酒是以己酸乙酯为主体香型，汾酒则以乙酸乙酯为主体香型，同时发现在这两类酒中都有相同量的乳酸乙酯和其他的组分，这些成分的存在，说明在发酵过程中有相应的微生物（如梭状细菌、产酯酵母等）参与作用。

二、固-液结合法

固-液结合法白酒的生产，采用“液态法蒸酒，酒基除杂脱臭，再复蒸增香（串香或浸蒸）”的工艺，即用液态法生产酒基，用固态法的酒糟、酒尾或成品酒来调配，以提高质量。它综合了固态和液态生产法各自的优点。其常见生产工艺有串香法、浸蒸法和固-液勾兑调香法。

（一）串香法

串香法是将酒基装入甑桶底锅，甑桶内装入固态发酵香醅，底锅通入蒸汽，使酒基汽化通过香醅，使香味物质随酒精蒸汽进入冷凝器，即增加了酒基的香气。其成品酒虽有固态法白酒的风味，但酒味淡薄。串香法工艺流程如图 2-18 所示。

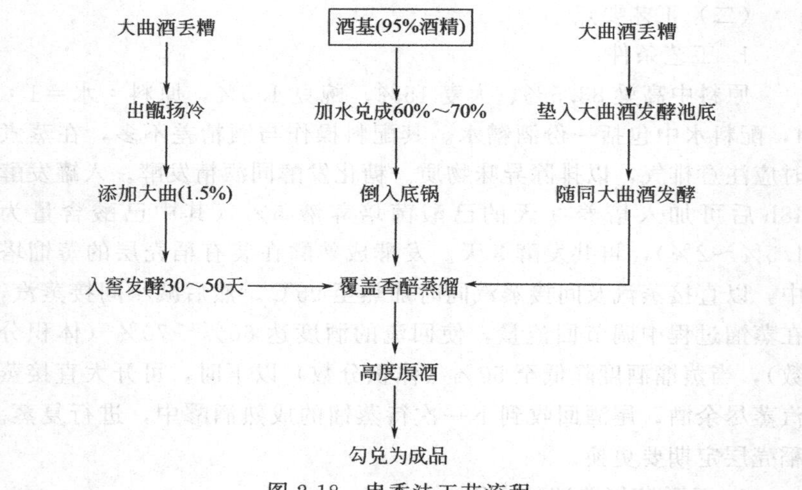

图 2-18 串香法工艺流程

首先将高度酒精稀释至 60%～70%，倒入甑桶锅底，用酒糟或香醅作串蒸材料。串蒸比（酒糟∶酒精）一般为（2～4）∶1。如用酒醅串蒸，每锅装醅 850～900kg，使用酒精 210～225kg（按 95%计），串蒸一锅的作业时间为 4h，可产 50%酒精馏分的白酒 450～500kg，以及 10%左右酒精馏分的酒尾约 100kg。串香后还可针对酒的缺陷加入少量的甘油、柠檬酸等进行调味。

（二）浸蒸法

浸蒸法是将香醅与酒基混合浸渍呈醪状，然后加热复蒸取酒，即用醅来增加醪的组分。香醅用量为酒基的10%～15%，浸渍一般4h以上。此法多为对小曲酒糟、黄酒糟的利用。其酒味较和谐。但因浸醅量所限，成品酒含酸量低，香味清淡。

（三）固-液勾兑调香法

于液体法所产酒基中，兑入5%优质酒或10%较好的固态法白酒，使产品具有固态法白酒的风味，再进行调香。白酒调香的香源有以下三种。

（1）传统固态法发酵的白酒及发酵中的副产品香糟、黄水、酒头、酒尾等。如取经除杂或复馏而得的中间馏分为酒基，加入10%调香酒或大曲酒或大曲酒尾（15%～20%酒精）。特别是大曲酒尾中的乳酸乙酯含量高外，还含有呈味的棕榈酸乙酯、亚油酸乙酯、油酸乙酯以及有机酸等物质，这些正是液态白酒所缺乏的物质。

（2）化学试剂　又分两类，一类是通过生物途径生成的，如己酸菌酯化液、黄水酯化液等；另一类是化学合成的，如各种可食用的香精、香料。

（3）自然香源　如各种中草药，各种植物的花、果、根、茎、叶等。

现多选用天然香料调制或用化学药品仿某名酒成分配制。如仿泸州大曲风味，又称“曲香白酒”，其闻香和口感近似于泸型酒风格，但酒味淡薄，入口一瞬即逝。

第七节　白酒的储存

刚蒸馏出来的酒只能算半成品，具有辛辣味和冲味。新酒经过一定时期的储存，酒的燥辣味减少，刺激性小，酒味柔和，香味增加，口味变得更加协调，这个变化过程在生产工艺上一般称作老熟，也叫陈酿，即先储存后勾兑。目前，还有先勾兑后储存的方法，这种方法有利于提高酒的品质。

一、储存容器

白酒储存容器的种类较多，各有其优缺点。不同的储存容器对白酒的老熟产生着不同的效果，直接影响着产品的质量。因此，应在稳定酒质、降低消耗并有利于促进老熟的前提下，因地制宜，选择合适的储酒容器。储酒容器主要有陶质容器、水泥池、金属容器、血料容器等（图 2-19）。

图 2-19　白酒的储存

二、酒库管理

在名优酒的生产过程中，不能把酒库简单地看作存放和收发酒的地方，应该把它看作是勾调前的重要工序。酒在酒库储存的过程中，质量仍处于动态变化中，发生着排除杂质、氧化还原、分子排列等变化。目前普遍认为白酒在储存老熟过程中，不断地发生一系列的物理和化学变化，从而提高了酒的质量。物理变化主要是水分子和酒精分子之间氢键的缔合作用，化学变化主要有氧化、还原、酯化与水解、缩合等，白酒在储存老熟过程中的化学变化是缓慢的。经过适当时间的储存与管理，酒变得醇和、绵软，为勾兑创造良好的前提条件，所以酒库管理是做好勾兑和调味工作的重要环节。

蒸馏酒的储存期依据酒的种类而异。例如白兰地短则4～5年，长则20年以上；威士忌一般为4～6年，也有10年以上的；我国的每种白酒也都有合适的储存期，绝不是所有的白酒储存期越长越好，有的白酒如果储存期过长，反而会降低质量。一般情况下，名白酒的储存期为3年，优质白酒的储存期为1年，普通的酒时间更短；酱香型储存期为3年，浓香型储存期为1年左右，清香型储存期为1年以上。经验证明，以酯为主体香的白酒，其储存期不宜过长，否则香气减弱、口味平淡、酒精度降低。另外，不同的容器、不同的容量、储酒室温、储存条件等不同其储存期也不同。应在保证质量的前提下，确定合理的储存期。

三、白酒的勾兑

白酒中有270多种微量成分，主要是醇、酸、醛、酯等物质，它们的不同组合形成了白酒不同的风格。由于白酒生产原料、季节、周期不同，其香味及特点不可能做到一致。为了保证质量，成品酒在出厂前还必须经过精心勾兑，即选定一种基础酒（称为酒基），加入一定的“特制调味酒”，主要是调节酒中的醇、香、甜、回味等各突出点，使之全面统一，以达到产品的质量标准。

白酒在生产过程中，将蒸出的酒和各种酒互相掺和，称为勾兑，这是白酒生产中一道重要的工序。因为生产出的酒，质量不可能完全一致，勾兑能使酒的质量差别得到缩小，质量得到提高，使酒在出厂前稳定质量，取长补短，统一标准。

（一）勾兑的目的和原理

勾兑是将同一类型具有不同香味的酒按一定比例进行掺兑，使成品酒具有独特风味的操作过程。固态法白酒的生产基本上是手工操作，敞口发酵，多种微生物共酵，尽管采用的原料、糖化发酵剂和生产工艺大致相同，但由于影响质量的因素较多，因此，每个酒窖生产的酒的质量差异较大。而通过勾兑，则可以统一酒质、统一标准，使每批出厂的酒质量基本一致。

勾兑可以提高酒的质量。相同质量等级的酒，其味道有所不同，有的醇和较好，有的后味较短，有的甜味不足，有的略带杂味等，通过勾兑可弥补缺陷，取长补短，使酒质更加完美，这对于生产名优白酒更加重要。

（二）勾兑的方法

1. 坛内勾兑法

勾兑初期是在麻坛内进行的。以麻坛为容器，以各种容量大小的竹提为工具，一坛一坛地进行勾兑，使之达到符合要求的质量，以此保证产品质量的稳定性。

两坛勾兑法是根据尝评结果，选用两坛互相弥补各自缺陷和发挥各自长处的酒进行勾兑。例如，有一坛A酒200kg，香味好，醇和差，而另一坛B酒250kg，醇和好，香味差。这两坛酒就可以相互勾兑。小样勾兑比例可以从等量开始。第一次勾兑，A酒取20mL，B酒取25mL，混合均匀后尝评，认为是醇好香差，说明B酒用量过多，应减少。第二次勾兑，用A酒20mL、B酒取12.5mL（25/2），混合均匀，再进行尝评，认为是香好醇差，应增加B酒量。第三次勾兑，用A酒20mL、B酒取18.75mL［(25+12.5)/2］，混合均匀后进行尝评，认为符合等级质量标准即可。根据小样勾兑结果的配比，计算出扩大勾兑所需的用量：A酒200kg，B酒187.5kg（250×18.75/25）。

多坛勾兑法是选用几坛能相互弥补各自缺陷，发挥各自长处的酒进行勾兑。方法同两坛勾兑法。坛内勾兑法的缺点是勾兑工作量大，酒质难以稳定，较难达到统一标准。

2. 大容量储罐勾兑法

（1）选酒　在勾兑前，必须先选酒。选酒以每罐的卡片为依据。有的酒储存时间长，质量有变化，应再品尝一遍，记录其感官特征。实践证明，适量的酸味可以掩盖涩味，酸味可以助味长，柔和可以减少冲辣，回甜醇厚可以掩盖糙杂和淡薄。一般来说，后味浓厚的酒可与味正而后味淡薄的酒组合；前香过大的酒可与前香不足而后味厚的酒组合；味较纯正而前香不足、后香也淡的酒可与前香大而后香淡的酒组合，加上一种后香长而稍欠净的酒，三者组合在一起，就会变成较完善的好酒。

（2）勾兑小样　在大样勾兑前必须进行小样组合，再按小样比例进行放大。小样勾兑一般有逐步添加法和等量对分法两种。等量对分法是遵循对分原则，增减酒量，达到组合完善的一种方法；逐步添加法是将需要组合的酒分为三类，即大宗酒、带酒（特点突出的增香、调味酒）、搭酒（质量较差的酒），逐步增加添加量，以达到合格基础酒的标准。逐步添加法分四个步骤进行。

① 初样组合　将定为大宗酒的酒样，先按等量混合，每坛取50 mL置于三角瓶中摇匀，品尝其香味，确定是否符合基础酒的要求。如果不符合，分析其原因，调整组合比例，直到符合基础酒的要求。

② 试加搭酒　取组合好的初样100mL，以1%的比例递加搭酒。每次递加都品尝一次，直到再加搭酒有损其风味为止。如果添加1%～2%时，有损初样酒的风格，说明该搭酒不合适，应另选搭酒。若搭酒选得好，适量添加，不但无损于初样酒的风味，而且还可以使其风味得到改善。

③ 添加带酒　带酒是具有特殊香味的酒，其添加比例可按2%递增，直到酒质协调、丰满、醇厚、完整，符合基础酒的要求为止。其添加量要恰到好处，既要提高基础酒的质量，又要避免用量过大。

④ 验收基础酒　将组合好的小样加浆至产品的标准酒精度，

再仔细品尝验证，如酒质无变化，小样组合即算完成。若小样与降度前有明显变化，应分析原因，重新进行小样组合，直到合格为止。然后，再根据合格小样比例，进行大批量组合。

(3) 勾兑大样　将勾兑小样确定的大宗酒打入勾兑罐内，搅拌均匀后取样尝评，再取出部分样，按小样勾兑比例加入带酒和搭酒，混匀后品尝，若变化不大，即可按勾兑小样比例，将带酒和搭酒加入勾兑罐内，加浆至所需酒精度，搅拌均匀，基础酒组合完毕。

(4) 数字勾兑法　数字勾兑法是根据化验分析数据来组合基础酒的一种方法。实践证明，采用这种方法勾兑的基础酒，无论在酒质上，还是用量、时间上都优于感官尝评勾兑。

数字勾兑法的工作量非常大，需要一定的分析技术力量和较先进的气相色谱仪。用数字勾兑法需要逐坛进行气相色谱分析，工作量很大，花费人力和占用设备较大。

(5) 计算机勾兑法　计算机勾兑法就是将基础酒中代表本产品特点的主要微量成分含量输入计算机，计算机再按指定坛号的基础酒中各类微量成分的含量的不同，进行优化组合，使各类微量成分含量控制在规定的范围内，达到协调配比。同理可进行调味。

计算机勾兑是以微量香味成分为依据，需一定数量的气相色谱仪，或采用高效液相色谱分析白酒中酸类等微量成分；计算机勾兑法与传统勾兑法相比，具有重复性强、杂醇油等含量不至于超标等优点，但应与感官品尝相结合，要认真细致地调味，不宜完全孤立地进行。

(三) 勾兑中应注意的问题

(1) 做好小样勾兑　勾兑是细致且复杂的工作，极其微量的香味成分都可能引起酒质的变化，因此，要先进行小样勾兑，经品尝合格后，再大批量勾兑。

(2) 掌握合格酒的质量情况　每坛酒都必须有详细的卡片介绍，卡片上记录有入库日期、生产车间和班组、窖号、窖龄、糟别、酒精度、重量、质量等级和主要香味成分含量等。

（3）做好勾兑的原始记录 不论是小样勾兑，还是正式勾兑，都应做好原始记录，以提供研究分析数据，通过大量的实践，可从中找到规律性的东西，有助于提高勾兑水平。

（4）正确认识杂味酒 带杂味的酒，尤其是带苦、酸、涩、麻味的酒，不一定都是坏酒，有的可能是好酒，甚至还是调味酒，所以对杂味酒要进行具体分析，视情况作出正确处理。

（5）确定合格酒的质量标准 根据合格酒的主要香味成分的相互量比关系，其质量大体分为 7 种类型。

① 己酸乙酯＞乳酸乙酯＞乙酸乙酯，浓香好，味醇甜，典型性强。

② 己酸乙酯＞乙酸乙酯＞乳酸乙酯，喷香好，清爽醇净，舒畅。

③ 乳酸乙酯＞乙酸乙酯＞己酸乙酯，闷甜，味香短淡，用量恰当，可使酒味醇和净甜。

④ 乙缩醛＞乙醛，异香突出，带馊味。

⑤ 丁酸乙酯＞戊酸乙酯，有陈味，类似中药味。

⑥ 丁酸＞己酸＞乙酸＞乳酸，窖香好。

⑦ 己酸＞乙酸＞乳酸，浓香好。

第八节 著名白酒生产工艺与配方

一、茅台酒生产工艺与配方

茅台酒与法国的干邑白兰地和英国的苏格兰威士忌被誉为世界三大蒸馏名酒。该酒因产于贵州省距贵阳 280km 的仁怀县赤水河畔的茅台镇，故名。

茅台地区制酒的自然条件较好，其海拔为 409m，为河谷地带；全年平均风速约为 1.2m/s；空气相对湿度为 63%～88%，全年平均降雨量为 1088mm 左右；全年平均气温约为 21℃，最低为零下 2.7℃，最高为 39℃左右。在这样的自然条件下，微生物经过长期的驯育，优胜劣汰，形成了适于酿制茅台酒的特殊群系。

但是，茅台酒的风格，更主要的还是取决于优良的原料及独特的工艺路线。在1956年，确定恢复原有水源、原有工艺、适当延长储存期。有关部分还曾于1959年、1964年两次组织力量，以茅台酒厂为试点，对茅台酒的工艺进行了科学的总结。此后又不断加以改进，逐步形成了“高温制曲、两次投料、高温堆积、轻水入窖、8次加曲、8次高温发酵、回酒及双轮底发酵、以酒养窖、9次蒸酒、高温接酒、7次摘取原酒、长期储存、精心勾调”的一整套工艺。每个小周期为1个月以上，总的生产周期达10个月左右。具体制酒工艺流程如图2-20所示。

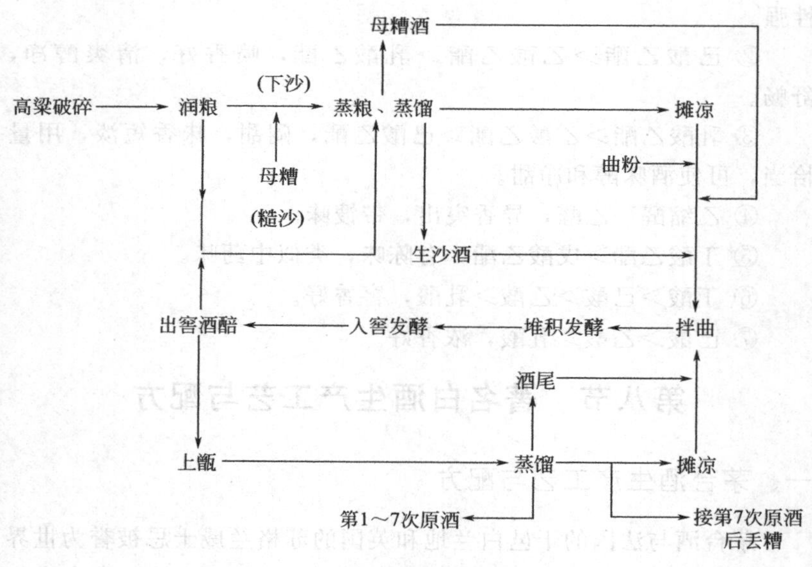

图2-20 茅台酒制酒工艺流程

1. 原辅料、生产用水、大曲

(1) 高粱及其处理

① 要求 制酒原料为“红缨子”、“牛心子”等良种糯高粱。种植这种高粱需肥量较大，仁怀县适宜种植这些高粱的19个乡为茅台酒的原料生产基地。此类高粱含单宁较少、淀粉含量高、颗粒

大、耐蒸煮；通常淀粉含量超过60%，水分低于12.5%、虫蛀率少于1.0%。生产1kg茅台酒需高粱约2.7kg，分下沙和糙沙两次等量投料。

② 破碎度　下沙整粒与破碎粒之比为8：2；糙沙整粒与破碎粒之比为7：3。只能将高粱破碎，不可为粉状。

（2）生产用水　采用赤水河上游的优质河水，无论是洪水期或枯水期，全年水质的各项指标均波动较小，这是其他地区所难以比拟的。水的外观、口味均正常，其pH为7～8；硬度为7～11；铁、钙、镁、硫酸盐及硝酸盐等含量均合适。

（3）曲的粉碎及用量　大曲用磨碎机粉碎，要求越细越好。生产1kg成品酒需大曲3kg以上。各轮次的加曲量随酒醅的淀粉含量、酒质状况及气温变化而异，夏少冬多，下沙时用曲量为投料量的10%左右，糙沙时用曲量最高，以后各轮次递减，如第8轮次的加曲量仅为第7轮次的50%。

以制大曲和制酒原料合计，生产1kg酱香型大曲酒需耗粮约6kg；而清香型及浓香型大曲酒需耗粮2.5～3kg。

（4）辅料　稻壳的用量很少，因酒醅的状况而异。

2. 下沙操作

茅台酒生产中，高粱经适度破碎后称之为“沙”，第1次投料称为下沙。但实际上从第1次投料到第1次发酵结束的下述整个过程统称为下沙。

（1）润粮　每甑称取经破碎的高粱350kg。润粮水又称发粮水，其温度为90℃以上，用量为原料量的56%～60%。分2次泼入，第1次泼入31%～32%，第2次为20%，其余在蒸粮后再泼入。润粮水要准确计量，将水泼入粮堆时要边泼边翻拌，不得使水流失，并须一堆一堆地操作。第1次润粮4～5h后，再进行第2次润粮20h左右，然后蒸粮。

（2）蒸粮　在蒸粮前加入母糟，其用量为高粱的7%～10%。母糟是半年前未蒸过第6次酒的酒醅，要求不得有霉变或异味。须将母糟打散与高粱拌和2～3遍后再行蒸粮。上甑时要求见气装料，气压控制为 0.08～0.15MPa。蒸好的粮要求感官均匀、透心、熟而不烂。由于母糟也可蒸出酒来，故也可视为第 1 次蒸馏，但该酒作为养窖的原料。

(3) 摊凉、补水、加尾酒和曲粉　将上述蒸过的物料移至凉堂，作成埂子后泼入润粮时多余的热水，并翻匀摊凉至适温后，再用每壶装 7.5kg 酒尾的喷壶喷入酒尾，每甑物料喷 2 壶，边喷边翻拌均匀。例如在室温 20℃、品温降至 34℃左右时，撒入 35kg 曲粉。

(4) 堆积发酵　加入曲粉翻匀后，收拢成堆，要求上堆匀而圆，并按不同季节调整堆的高度。收堆后的品温为 30℃左右。经堆积发酵 3～5 天，待堆积最高品温为 45～50℃，用手插入堆内取出酒醅有酒香味时，即可下窖。

(5) 下窖发酵　茅台酒的发酵容器为条石地窖，长×宽×深＝396cm×215cm×302cm，容积为 25.65m³。窖壁用方块石和黏土砌成，表面再涂以黏土；窖底以红土筑成，设有排水沟。下窖时窖底撒 15kg 曲粉，酒醅要疏松，边下窖边洒原料量 5%左右的尾酒。待酒醅装毕后，用木板轻轻压平，再撒上一薄层稻壳。最后用稀泥密封，其厚度为 4cm。自封窖之日起计，发酵期不得少于 30 天，品温控制为 35～48℃。

3. 糙沙操作

(1) 润粮　将下沙后的另一半高粱润粮，其操作同“下沙”。

(2) 醅粮混合、蒸馏　第 1 次发酵结束后，铲除封泥及稻壳。酒醅分 2 次取出，加入等量经润粮的生沙，拌匀后蒸馏，蒸出的酒称为生沙酒，也用于下窖养窖。

茅台酒的酒醅发酵，与浓香型白酒一样采用双轮底发酵法，以延长窖底酒醅的发酵期，每轮发酵后均留双轮底。即取出双轮底发酵好的一半酒醅，补充一半新醅，加尾酒和曲粉拌匀后，经堆积发酵、回窖再发酵；另一半发酵好的双轮底酒醅则直接蒸馏取酒，入库单独储存，留作调味酒。

(3) 摊凉，堆积发酵、入窖发酵　将蒸酒后的糟摊凉至 32℃，泼入全部生沙酒，再加入曲粉后进行堆积发酵。为使前后发酵轮次的堆积酒醅质量相近，可优选适量上轮堆积酒醅不入窖，留作下轮堆积酒醅的种子。堆积发酵时间较长，为4～5天。待堆积品温升至45～50℃时，即可下窖发酵1个月。

以上操作统称为糙沙操作。

4. 第1～7次原酒的制得

(1) 蒸取第1次原酒　取出上述经糙沙操作第2次发酵后的酒醅，不再加入新料进行蒸馏，量质摘取中段酒作为第1次原酒，称之为糙沙酒。酒头单独储存；酒尾泼入糟中。

(2) 第2～7次原酒的制取　从前一次发酵后的酒醅蒸馏结束到下一次发酵后的酒醅蒸馏完毕，称为1个轮次。故第2～7次原酒应从第3～8次发酵酒醅中蒸取。

上述经第2次发酵的酒醅加适量经清蒸后的稻壳蒸馏后的糟，再加尾酒和曲粉拌匀，进行堆积发酵后，再入窖发酵1个月。出窖后的酒醅加适量经清蒸后的稻壳蒸馏得第2次原酒、酒头单独储存，酒尾泼回糟中，即为第3轮次结束。

此后的第4～8轮次操作，即第3～7次原酒的制取，同第3轮次。但各轮次的加曲量、堆积发酵和入窖发酵的品温控制等条件，可按气温、酒醅的淀粉含量及酸度等予以灵活调整。

接取第7次原酒后的酒糟，可作为饲料。但该糟中仍含有约12%的残余淀粉等成分，故可将其补加根霉曲和酒母再进行发酵后，追取一次“翻沙酒”，另作它用。

第2～4次原酒称为大回酒，第5次原酒称为小回酒，第6次原酒称为枯糟酒，第7次原酒称为丢糟酒，也可将丢糟酒用于养窖。关于第2～7次原酒的名称，还有别的一些提法，在此就不逐一介绍了。

5. 储存、勾兑

采取看花、品尝、测量酒精浓度而接取的原酒，分型分级密封于陶瓷容器中，经3年以上的储存期，进行精心勾兑后，再储存一段时间。最后以品尝及化验为严格把关手段，要求成品酒质量达到或高于标准样的水平，方可包装出厂。

二、剑南春生产工艺与配方

剑南春产于四川省绵竹县酒厂。“剑南”是指“剑门关”以南，“春”是唐朝人对美酒的雅称。《唐国史补》载有“剑南之烧春”，即为剑南之白酒。

1. 配料

（1）五粮　高粱40%、大米20%～30%、小麦15%、玉米5%、糯米10%～20%。将五粮混合后粉碎成小鱼籽状。冬季要求物料淀粉含量为17%左右，即每甑投粮115～125kg；夏季物料入窖淀粉浓度控制为15%左右，即每甑投粮105～110kg。

（2）大曲　每100kg五粮使用曲粉20kg。要求大曲随粉碎随用，粉碎得越细越好。已发烧霉烂的曲不能使用。

（3）稻壳　每100kg用细稻壳23～25kg，粗稻壳20～23kg，按母糟状况而定。要求稻壳新鲜、干燥、无霉变及杂质，使用前须进行清蒸。

（4）母糟　五粮配母糟之比，冬季为1∶4.5，夏季为1∶(5～5.5)。

（5）量水　每100kg出甑原料加冷凝器内的量水60～70kg，水温为75～80℃。下半窖物料加水量为全量的40%，上半窖为60%。

2. 发酵

（1）凉糟醅　糟醅出甑、加量水后用木锨扬于摊棚内，开电扇降温，并适时翻拌。摊晾时间越短越好，自开始摊凉到加水、加曲、入窖，冬季在30min以内，夏季在50min之内。

（2）入窖　酒醅摊凉至比入窖品温高1℃时，即可加曲拌匀，收堆入窖。若地温在10℃以下，则入窖品温为11～13℃；地温为10～15℃，入窖品温为16℃；地温为16～20℃，入窖品温与地温持平；地温16～20℃以上，入窖品温比地温低1～2℃。

每甑入窖物料回酒精体积分数为60%的酒1.5kg，应以2倍的水稀释后再入窖。每隔3～4甑酒醅回1次。入窖后将物料踩紧，每班踩1次。尤其在夏天，更应注意踩紧，冬季可只踩面醅。

(3) 发酵管理　封窖时，先盖好塑料薄膜，再在四周压细腻的泥，其厚度为13～17cm，不得有裂口和缝隙，上面再盖1层稻壳。

每天有专人检查密封、品温及发酵状况，以便采取相应措施。

3. 开窖、蒸馏

(1) 开窖出糟醅　先揭去盖窖稻壳，再除去封泥及塑料薄膜，并记品温。

先起红糟，后起粮糟，分开堆放，分别蒸馏，起粮糟不宜过早，以免酒精及香气成分挥发。应从一边或一头约70cm宽的槽面起出部分面糟，待滴尽黄水后，再取出全部母糟。

出窖的母糟先干后湿，为使其水分及酸度基本一致，应调配均匀、堆放拍紧拍光并盖严，以免空气和有害菌侵入及有效成分挥发。

(2) 合沙子　装甑前1小时，掀出够装1甑的母糟，将一定量的粮粉均匀地铺在母糟面上挖匀。然后将一定量的稻壳倾入，再拌合2遍，要求拌好的粮糟不见白面结块。接着收堆拍实，用木甑所需量的稻壳盖严。

(3) 装甑　从开始装甑到流酒，要求控制为30～40min。

(4) 蒸馏　底锅每天清洗1次，换入清水。上次的酒尾，倒入本次的底锅复蒸。蒸红糟时析得的尾酒作回酒发酵用。流酒温度为35℃以下。流酒的酒精体积分数保持在63%～65%之间，通常流酒20min后再接酒尾20～25min。若粮粉较粗，可再蒸10～15min才断尾。接着冲酸2～5min，结束蒸煮。

三、汾酒制酒工艺与配方

汾酒的制酒要诀，由原来的七诀发展为十一诀，是古遗六法的继承和发展。即人必得其精，水必得其甘，曲必得其时，粮必得其实，器必得其洁，缸必得其湿，火必得其缓，工必得其细，拌必得其准，管必得其严，勾必得其适，其中“火缓”是指发酵或蒸馏的温度波动不宜过急过大，要缓慢升降；为了“缸湿”，每年夏天都要在发酵缸旁的地上扎孔灌水。

汾酒生产的工艺流程，如图 2-21 所示。

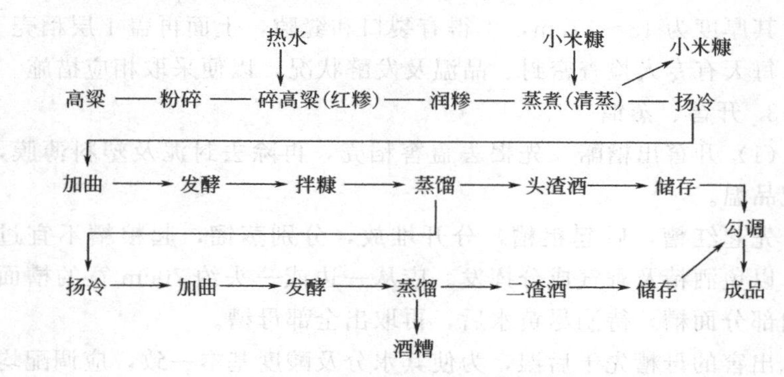

图 2-21　汾酒生产工艺流程

（一）原辅料及曲

(1) 主原料　采用离杏花村仅 15～40km 的“一把抓”高粱。

(2) 辅料　第 1 次蒸酒前酒醅添加原料量 25%小米糠。

(3) 用曲量　用曲量为原料量的 20%。

据统计，高粱 1100kg、辅料 275kg、大曲 220kg，可产酒精体积分数为 65%的汾酒 484kg，即原料出酒率为 44%。

（二）高粱和曲的粉碎

(1) 高粱粉碎　新收获的高粱须储存 3 个月以上才能制酒。采用辊式粉碎机将高粱粉碎成 4～8 瓣，其中能通过 1.2mm 筛孔的细粉占 25%～35%，粗粉占 65%～75%，整粒不超过 0.3%。并按季节调整原料粉碎度，冬粗夏细。

(2) 大曲粉碎　用于大渣的曲粉粉碎较粗，要求粉碎至大者如豌豆、小者如绿豆，能通过 1.2mm 筛孔的细粉占 70%～75%。也是夏季稍粗些，冬季可适当细些。

（三）润糁

传统工艺的润糁温度较低，后改为高温润糁，其好处是可使发酵材料入缸时不淋浆而发酵时升温较缓慢，因而成品酒较绵甜；高温润糁可促使果胶分解成甲醇，以便在蒸煮时排除，相对降低了成品酒中甲醇的含量。

润糁用水的温度，夏季为75～80℃，冬季为80～90℃。加水量为原料重量的55%～65%。每班投红糁1000～1100kg，堆成碗形，加水拌匀后堆积润料，用麻袋或芦席盖住。堆积时间为18～20h，在冬季品温能升至42～45℃，夏天达47～52℃。期间应翻动2～3次。若发现翻拌时糁皮干燥，可补加原料量2%～3%的水。

在堆积过程中，一些侵入原料中的野生菌进行繁殖和发酵，生成某些芳香和口味成分，对增进成品酒的回甜有一定的作用。

润糁后，若用拇指与食指能搓开成粉而无硬心则说明已润透，否则还需延长堆积时间，直至充分润透。

(四) 蒸糁（糊化）

原料和辅料清蒸，可避免其不良气味带入成品酒中。

1. 蒸煮过程

上述润好的糁分2甑进行蒸煮。蒸煮容器为活底甑，先在甑篦上撒一层辅料。将底锅水煮沸后，用畚箕将糁撒入甑内，要求料层匀而平、冒汽均匀。需在40min内装完料。待蒸汽上匀（圆汽）后，再用60℃热水15kg泼于料层表面，称为“加闷头量”，然后在糁上面覆盖辅料一起清蒸。这时要保证火力旺盛，约5～10min，使原、辅料的不良气味逸散出去。最后用芦席加盖，用大火蒸60～80min。初蒸时的品温为98～99℃，最终可达105℃。

2. 蒸煮指标

要求糊化透彻，熟而不黏，内无生心；有糁的香味，无异味。

清蒸后的辅料用于蒸馏，应当天用完。

(五) 加水、扬冷、加曲

1. 加水

将糊化后的糁取出堆成长方形，立即泼入原料量30%～40%、温度为18～21℃的井水，也可用同量的开水代替冷水。加水量因季节而异。

2. 扬冷

加水后立即打碎团块，翻拌均匀，停放 5～10min，使水渗入。再人工翻拌几遍，或用扬糁机通风扬凉，使糁吸收部分氧气。冬季物料降温至 20～30℃；夏季尽可能降至室温。

3. 加曲

散冷后的糁立即堆成长方形。由入缸温度决定下曲温度，将一定量的曲粉撒于糁表面、翻匀。翻拌操作必须在品温降至入缸温度前完成。

（六）入缸

1. 缸的准备

缸间距为 10～24cm。1100kg 原料占大缸 8 个或小缸 16 个。缸在使用前用清水洗净。对新的缸和盖，用清水洗净后，再用 7.5kg 开水加 60g 花椒制成的花椒水洗净备用。

2. 入缸

入缸温度应按季节、加水量、下曲温度、用曲量及缸温等加以调节。刚空出的缸，当天就应进料。若空缸放置几天，则由于缸温下降，应按实际情况，将入缸温度适当提高一些。新入缸的物料，称为头渣。

3. 封缸

物料入缸后，缸顶用石板盖严；再用清蒸后的小米糠封口；盖上还可用稻壳保温。

（七）第 1 次发酵

传统工艺的发酵期为 21 天，为增进成品酒的芳香醇和感，可延长至 28 天。整个发酵过程分为前期、中期和后期 3 个阶段。

(1) 对酒醅的发酵温度　应掌握所谓“前缓升、中挺足、后缓落”的规律，即前期品温缓慢地上升；中期持续相当长时间的较高品温；后期品温逐渐下降。

① 发酵前期　第 1～7 天，品温平稳地升至 28℃左右。若入缸时品温高、曲子粉碎细、用曲量大，或不注意卫生，则品温很快会

升至30℃左右，称为前火猛或早上火，致使酵母过早衰老而发酵过早停止、产酒少、酒性烈。对这种现象，应压紧酒醅、严封缸口，以减缓发酵速度，并在下次操作中调整工艺条件。

② 发酵中期　即主发酵阶段，共10天左右，温度控制在27～30℃范围内。通常最高品温为29～32℃，有时最高达35℃。即该阶段的品温升至最高点后，又慢慢下降2～3℃。若发酵品温过早过快下降，则发酵不完全出酒率低且酒质差。

有时品温稍降后又回升，形成“反火”，这是因好气性细菌作用所致，应封严缸予以补救。

③ 发酵后期　工人称此为副发酵期，为11～12天。由于霉菌逐渐减少，酵母渐渐死亡，发酵几乎停止。因此，最后品温降至24℃后，基本上已不再变化。

若该阶段品温下降过快，酵母会过早地停止发酵，则不利于酯化反应；若品温不下降，说明细菌等仍在繁殖和生酸，并产生其他有害成分；出缸时品温偏高，也会增加酒精挥发量。造成上述现象的原因是封缸不严和忽视卫生工作，尤其在夏天，发酸现象更易发生。其补救措施是严封缸口，压紧酒醅。

（2）温度管理措施

① 测温　自入缸后1～12天内，每隔1天检查1次品温。根据这段时间的测温结果，基本上可判断发酵正常与否。

② 保温　在夏季，对未入新醅的空缸，在其周围的地面上扎孔灌入凉水；而冬天则在投料后的缸盖上铺25～27cm厚的麦秸保温。

（3）酒醅感官检查

① 色泽　成熟酒醅应呈紫红色，不应发暗。用手挤出的汁呈肉红色。

② 香气　未启缸盖，能闻到类似苹果的香气，表明发酵效果良好。

③ 尝味　入缸后3～4天的酒醅有甜味；但若7天后仍有甜味，说明温度偏低，入缸前的操作有问题。酒醅应逐渐由甜变成微

苦，最后变成苦涩味。

④ 手感　用手握酒醅有不硬、不黏的疏松感。

（4）酒醅升酸过高的原因及防治　经多年实践观察，头渣和二渣升酸过高有如下几种原因。

① 按规定，润糁水温应在85℃以上，打散结块、堆成锥形，但有时操作中不严、不细。

② 蒸糁不熟不透。

③ 使用质量不良的曲种；或使用过多储存期短的大曲。

④ 由于高温下曲，故入缸品温偏高、酒醅升温幅度大、前期升温猛、顶火也提前，违反了“前缓、中挺、后缓落”的品温变化规律，而为产酸菌的繁殖和产酸创造了有利条件。

⑤ 封缸不严。

⑥ 不注意卫生。如散冷、翻拌等用具上存有大量有害菌，而未能按要求及时进行消毒并反复使用。

鉴于上述原因，应从文明生产入手，严格执行操作规程，以防酒醅升酸超标。

（八）出缸、蒸馏

1. 出缸拌糠

将成熟醅取出，拌入原料量22.5%的小米糠，拌入稻壳∶米＝3∶1的混合辅料。

2. 装甑、蒸馏

操作过程中装甑须“轻、松、薄、匀、缓”，材料要“二干一湿”，蒸汽要“二小一大”，并以缓汽蒸酒、大汽追尾为原则。先将底锅水烧开，再在甑底铺上帘子，并撒上一薄层粮。接着装入3～6cm加糠量较多且较干的酒醅，将上次的酒尾从甑边倒回锅中，这时蒸汽要小些；在打底的基础上，再装入加辅料较少且较湿的酒醅，这时蒸汽可大些；装至最上层时，材料要干些，蒸汽也要小些。装满一甑需50～60min。装完甑后，盖上盖盘、接上冷凝器，进行缓汽蒸馏，流酒速度为3～4kg/min，流酒温度控制为25～30℃，最后用大汽蒸出尾酒，直至蒸尽酒精，流酒结束后，去盖，敞口排酸10min。

近几年来，该厂也已采用量质摘酒、分级入库法，即分为酒头、初馏分、中馏分、硬酒尾及软酒尾等，由原来的一级品率入库改为1～3级或多级品入库。

（九）第2次发酵及蒸馏

大体上同第1次。发酵要进行第2次发酵，以较充分地利用醅中的淀粉等成分。

1. 加水、加曲

第1次蒸馏结束后，视醅的干湿状况，泼入温度为35～40℃的“蒙头水”25～30kg。将醅出甑后立即散冷至30～38℃的下曲温度，加曲量为原料量的9%～9.5%，充分翻匀。

2. 入缸发酵

夏季入缸温度为18～32℃，其余三季为22～28℃。

初入缸的物料称为二渣。其成分为：水分为60%～62%；淀粉浓度为14%～20%；酸度1.1～1.5；糖分2.9%～3.78%。

因二渣含糠量大而疏松，应适当地将其踩紧，以免好气性生酸细菌大量繁殖。踩渣后喷入上次的酒头。二渣的发酵期仍为21～28天。

二渣成熟酒醅的成分含量为：水分58.51%～67.20%；酒精体积分数为5.20%～5.80%；淀粉浓度为8.85%～11.03%；酸度为1.92～2.85；糖分为0.31%～0.34%；总醛为0.0102g/100mL；总酯为0.2777g/100mL。

（十）蒸馏、储存、勾兑

（1）蒸馏　出缸酒醅加少量小米壳，蒸取二渣酒。

（2）储存　原酒分级储存3年。

（3）勾调　采用微机勾兑。将酒头经适当处理后，作为低度酒的调味酒，效果良好。

四、西凤酒生产工艺与配方

香型大曲白酒的典型代表是产于陕西凤翔柳林镇的西凤酒，它酒色透明，香气浓郁、醇厚圆润，诸味谐调，尾净爽口，回味悠长，别具一格。其生产工艺和成品酒风格均不同于其他酒，故有“凤型之宗”的说法。

西凤酒生产的工艺流程如图 2-22 所示。

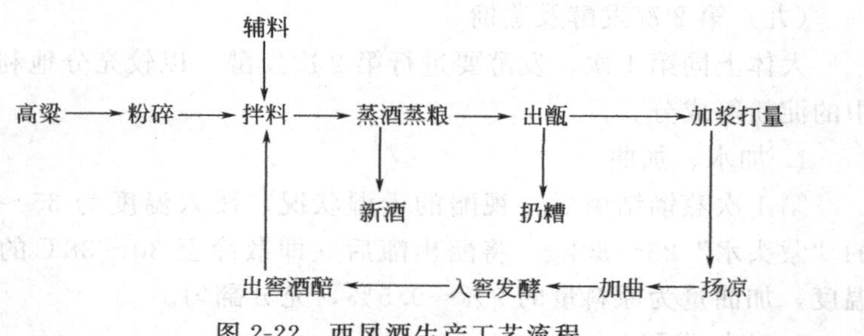

图 2-22 西凤酒生产工艺流程

1. 窖池结构

采用泥窖发酵，分明窖、暗窖两种。在酿场中间挖坑，盖上木板者为暗窖，在酿场两边或一边排列无盖者为明窖。窖池一般体积为 3m×1.5m×2m。

2. 原料、辅料及处理

原料为高粱，要求颗粒饱满，大小均匀，皮壳少，夹杂物在1%以下，淀粉含量 61%～64%。高粱投产前需经粉碎为 8～10 瓣，通过 1mm 筛孔的 55%～65%，整粒在 0.5%以下。

辅料为高粱壳或稻壳，投产前必须筛选清蒸，排除杂味。辅料用量尽量控制最低，约 15%以下。

3. 酿酒操作

西凤酒的发酵方法采用续渣法，每次酒醅出窖蒸酒时，掺入部分新粮与发酵好的酒醅同时混蒸，全部过程分为以下几个阶段。

(1) 立窖（第一排生产）　开始用新粮进行发酵，每天立一窖，蒸三甑，成为三个大渣。每年九月室温在 20℃左右，将破碎后的高粱渣 1100kg 拌入高粱壳 32.7%，按高粱的含水分多少加入 50～60℃温水 80%～90%，拌匀，堆积润料 24h，使原料充分吸水，用手搓可成面，无异味。然后分三甑蒸煮，圆汽后60～90min，要求达到熟而不黏。出甑后加入底锅开水，分别进行梯度泼量，第一甑泼开水170～235kg，第二甑泼205～275kg，第三甑230～315kg。经扬冷后加大曲粉，加曲量分别为68.5kg、65kg和61.5kg。入窖前，窖底再撒大曲粉4.5kg。加曲品温依次为15～20℃、20～25℃、24～29℃。拌匀收堆，入窖，用泥封窖1cm左右厚度，并注意跟窖，发酵14天。

(2) 破窖（第二排生产） 先挖出窖内发酵成熟的酒醅，在三个大渣中拌入高粱粉900kg和适量的辅料，分成三个大渣和一个回活，分四甑蒸酒。要求缓火蒸馏，蒸馏时间不少于30min，流酒温度在30℃以上，并掐头去尾，保证酒质。各甑蒸酒蒸粮结束，分别加量水，扬冷加曲，分层入窖发酵14天，先下回活，后下大渣1、大渣2、大渣3，破窖入窖条件见表2-2。

表2-2 破窖入窖条件

项目 活别	加开水数量/kg	加曲量/kg	加曲品温/℃	入池品温/℃	备注
大渣1	90～180	42.5	28～32	24～29	
大渣2	108～200	45	24～29	20～25	
大渣3	126～240	40	20～24	15～20	
回活	少加或不加	42.5	26～30	23～27	与大渣间用竹隔开

(3) 顶窖（第三排生产） 挖出前次入池酒醅，在三个大渣中加入高粱粉900kg，辅料165～240kg，分成四甑蒸馏蒸粮，其中第四甑作下排回活，上次入池的回活作下排扔糟，其他操作同前。第一甑蒸上排回活，经扬凉后加曲粉20kg，加曲品温32～35℃。入窖品温30～33℃。第二甑蒸挤出的回活，不加新粮，加曲粉34kg，加曲温度26～30℃，入窖温度23～27℃。第三、第四、第五甑为其他三甑大渣。

(4) 圆窖（圆排） 从第四排起，西凤酒生产即转入正常，每天投入一分新料，丢掉一甑扔糟。出甑的酒醅中在三甑大渣中加入新料 900kg，做成三甑新的大渣，挤出一甑渣后，不加新料做回活，原来发酵的回活蒸酒，扬冷加曲后成糟醅，糟醅发酵蒸酒后，即成为扔糟，作饲料。以后每发酵 14 天成为一个循环，继续下去。圆窖入窖条件见表 2-3。

表 2-3 圆窖入窖条件

项目/活别	加水量/kg	加曲量/kg	加曲品温/℃	入窖品温/℃	备注
大渣 1	90～160	36	28～32	24～29	
大渣 2	108～195	34	24～29	20～25	
大渣 3	125～240	26	20～24	15～20	
回活	少量或不加	34	26～30	23～27	中间隔开
糟醅	—	22	32～35	30～33	

（5）插窖（每年停产前一排） 在每年热季到来之前，由于气温升高，易使酒醅酸败而影响出酒率，发生掉排，这时应准备停产。插窖时将正常的酒醅按回活处理，分六甑蒸酒后变为糟醅，其中五甑入窖。糟醅共加入 125kg 大曲粉，加量水 150～225kg，入窖品温控制在 28～30℃，操作如前相同，保证发酵正常。

（6）挑窖（每年最后一排生产） 挑窖时，将发酵好的糟醅全部起出，入甑蒸酒，醅子全部做扔糟，整个大生产即告结束。

第三章 啤 酒

第一节 啤酒概述

啤酒起源于地中海南岸亚述地区，即现在的叙利亚，据考证大约有九千年历史，以后传入欧美及东亚等地。啤酒是世界性的国际通畅型酒种，在经历了若干世纪的发展以后，已进入壮年时期，从世界范围来说，除中国和亚太地区以外，基本上已趋于饱和状态。1992 年世界啤酒总产量为 11 632.38 万吨，比 1990 年稍有增长，而比 1991 年还略有降低。以欧洲产量最大，占世界总产量的 40%左右，美洲占 35%左右，亚洲占 15%左右；就各国产量比较，以美国居首位，中国为第二位，就技术水平论，欧洲以及美国、日本、澳大利亚等国先进。

啤酒是以麦芽为主要原料的酿造酒，营养丰富、酒度低。1972 年在第九次世界营养食品会议上推荐啤酒为营养食品之一，近年来几乎每年产量都增加 200 万吨以上。近代啤酒工业的迅猛发展，现代科学技术起了强大的作用。著名科学家巴斯德和汉森等曾长期从事过啤酒生产实践，单细胞分离技术就是汉森在研究啤酒酵母中发明的，巴氏灭菌技术也是巴斯德在研究啤酒酵母中提出的。现在，啤酒技术有了更大的进步，如发酵周期从 20 世纪 50～60 年代的 90 天降到 90 年代初的 20 天左右，露天发酵罐的应用使生产劳动强度大大下降，产量大大提高；灌装设备单机能力已提高到 3600 瓶/h，比 20 世纪 50 年代提高了 10 倍；制麦周期大大缩短，制麦损失也大大减小；快速过滤机和大型煮锅都帮助了啤酒产量的提高；啤酒的保存期也有了很大的提高。

一、啤酒分类

（一）根据原麦汁浓度分类

这是行业管理及生产厂家常用的分类方法。以发酵所用麦芽汁中可溶性固形物（以麦芽糖为主）的浓度大小进行分类。

（1）高浓度啤酒　原麦汁浓度13%（质量分数）以上的啤酒。

（2）中等浓度啤酒　原麦汁浓度10%～13%（质量分数）的啤酒。

（3）低浓度啤酒　原麦汁浓度10%（质量分数）以下的啤酒。

（二）根据产品色泽分类

这是行业管理及生产厂家常用的分类方法。主要根据色度测定对啤酒进行分类。其中，色度的测定是将已脱气的酒样注入25mm比色皿中，然后放到比色盒架中与标准色盘进行目视比较，当两者色调一致时直接读数，如色调介于两色盘之间，则可读其中间值。

1. 淡色啤酒

色度读数在5～14EBC单位。淡色啤酒是我国啤酒中产量最多的一种，口味淡爽，酒花香味突出。淡色啤酒按原麦汁浓度，还可分为高浓度、中等浓度、低浓度淡色啤酒等。

（1）高浓度淡色啤酒　原麦汁浓度大于13%（质量分数）的淡色啤酒。

（2）中等浓度淡色啤酒　原麦汁浓度为10%～13%（质量分数）的淡色啤酒。

（3）低浓度淡色啤酒　原麦汁浓度小于10%（质量分数）的淡色啤酒。

2. 浓色啤酒

色度读数在15～40EBC单位。浓色啤酒色泽呈红棕色或红褐色，其产量比例远较淡色啤酒为少。浓色啤酒要求麦芽香味突出，口味醇厚，酒花苦味较轻。

浓色啤酒按原麦汁浓度，可分为高浓度浓色啤酒和低浓度浓色啤酒。

(1) 高浓度浓色啤酒　原麦汁浓度大于13%（质量分数）的浓色啤酒。

(2) 低浓度浓色啤酒　原麦汁浓度小于或等于13%（质量分数）的浓色啤酒。

3. 黑色啤酒

色度读数大于40EBC单位。黑色啤酒色泽多呈深红褐色及至黑褐色，产量较少。一般其原麦芽汁浓度较高（18%～20%），麦芽香味突出，口味醇厚，泡沫细腻，苦味根据产品类型而有较大差异。

(三) 根据生产工艺分类

这是行业管理及流通领域常用的分类方法。主要包括是否灭菌、灭菌方式以及发酵度高低等分类方式。

1. 浑浊啤酒

浑浊啤酒也叫鲜啤酒，这种啤酒在成品中存在一定量的活酵母菌，浊度为2.0～5.0EBC。

2. 生啤酒

生啤酒是指啤酒经过包装后，不经过低温灭菌（也称巴氏灭菌）而销售的啤酒。这类啤酒因未经灭菌，所以不能长期存放，一般就地销售，保存时间也不宜太长，在低温下一般为一周。

3. 纯生啤酒

纯生啤酒是指生产工艺中不经热处理灭菌，而采用物理过滤方法除菌就能达到一定的生物稳定性的啤酒。生产纯生啤酒时要求生产线管路全部保持低温、无菌状态。由于生产中免除了传统的热杀菌处理过程，所以这种啤酒能保持醇正的啤酒自然发酵形成的风味，具有特有的酒花清香味，风味新鲜爽口，泡沫丰富，二氧化碳气足。

4. 熟啤酒

熟啤酒是指啤酒经过包装后，经过低温灭菌的啤酒。熟啤酒的保存时间较长．可达3个月左右。

5．干啤酒

干啤酒即高发酵度啤酒，麦芽汁中的糖类物质几乎完全被利用，实际发酵度在72%以上。

（四）根据酵母种类分类

这是生产厂家常用的分类方法。生产用酵母可分为上面发酵酵母或下面发酵酵母。因为下面发酵法能够较容易、较可靠地制得耐储存的味道佳美的啤酒，所以现在一般使用下面发酵酵母生产啤酒，但也有用上面发酵酵母生产的啤酒。

1．上面发酵啤酒

所谓上面发酵啤酒，是指用上面发酵酵母生产出的啤酒。

Hansen在啤酒发酵中分离出微生物，即啤酒酵母（*Saccharomyces Cerevisiae*），经纯培养，鉴定命名为*Saccharomyces Cerevisiae* HANSEN（依次为属名、种名、人名），中文称作汉逊氏啤酒酵母，如英国生产的Ale、Stout等上面发酵啤酒均是由上面发酵酵母酿制而成的。

2．下面发酵啤酒

所谓下面发酵啤酒，是指用下面发酵酵母生产出的啤酒。凡是发酵终了时酵母凝聚沉于器底，形成紧密的酵母沉淀，这种酵母就称为下面发酵酵母。

Hansen在下面发酵啤酒中又分离出另一种酵母微生物，即卡尔酵母（*Saccharomyces Carlsbergensis*），经鉴定命名为*Saccharomyces Carlsbergensis* HANSEN，中文译为卡尔酵母，如捷克的比尔森啤酒、德国的慕尼黑啤酒、中国的青岛啤酒等均是由下面发酵酵母酿制而成的。

（五）根据包装容器分类

这是流通领域常用的分类方法。可分为瓶装啤酒、桶装啤酒和罐装啤酒。

1．瓶装啤酒

瓶装啤酒有玻璃瓶和PET瓶两种包装材料。瓶装啤酒装量有

330～350mL、640～670mL、1800mL 等多种规格；啤酒瓶为无色、棕色及绿色等，以棕、绿色为多。

2. 罐装啤酒

罐装啤酒装量有 355mL、500mL、750mL、1000mL、2000mL 等多种规格，罐为三片式或两片式，除 2000mL 以外，均为拉环开启式。

3. 桶装啤酒

桶装啤酒装量有 3L、5L、7L、15L、20L、30L、50L、100L 等多种规格，材质为塑料、棕木、铝合金、不锈钢等。

（六）根据特殊用途或风格分类

这是行业管理、生产者及流通领域常用的分类方法，具有种类多、范围广等特性。

1. 无酒精（或低酒精度）啤酒

无酒精啤酒是指用蒸馏、负压蒸馏、反渗透等方法除去酒精，或兑制一定浓度含糖麦芽汁制得的酒精含量 2%或 2.5%以下的啤酒。因其酒精含量很低，适于不会饮酒的人饮用。

2. 无糖或低糖啤酒

无糖或低糖啤酒适宜于糖尿病患者饮用。2007 年版中国Ⅱ型糖尿病防治指南规定：糖尿病患者每日饮酒量不应超过 1～2 份标准量。1 份标准量为啤酒 285mL，或清淡啤酒 375mL，或红酒 100mL 或白酒 30mL，各含酒精约 10g。

当不同类型的酒中酒精含量相当时，酒精对血糖的影响自然也相当。但是，酒中碳水化合物的含量也会影响血糖。通常，1 听（350mL）普通啤酒大约含有 10g 碳水化合物，1 听清淡啤酒大约只含有 5g 碳水化合物。不过，品牌不同，每听啤酒中碳水化合物含量差异较大（3～23g）。

3. 酸啤酒（白啤酒）

酸啤酒是指原料为 14%小麦芽和少量小麦粉，沸腾麦汁经上面发酵酵母和乳酸菌混合发酵而产生的乳白色生啤酒。

白啤酒外观清亮、透明有光泽，口味醇正，苦味适中，泡沫洁白细腻，酸度小于2.6，可帮助消化。

4. 果汁果味啤酒

果汁果味啤酒是指以果汁为原料或以果酒、啤酒为酒基制得的果味啤酒（实质上属于露酒范畴）。以追求新颖口味的年轻人、妇女为主要消费者。

这种酒的特征是酒精含量低，具有天然果汁的香味和风味，具有啤酒起泡性和杀口性的特点。品种有添加果汁5%～15%的葡萄啤酒、菠萝啤酒等，以及添加香精的黑加仑啤酒、菊花啤酒等。

5. 富微量元素啤酒

富微量元素啤酒包括矿泉啤酒、麦饭石啤酒、富硒啤酒、富锗啤酒等各种类别。通过增加微量元素，利于强身健体。另外，麦饭石可作澄清剂使用。

6. 维生素啤酒

维生素啤酒包括维生素C啤酒、蜂蜜啤酒等多种类别，通过增加维生素C含量，以补充营养。

7. 冰啤酒

在酿制过程中，经冰晶化工艺处理，浊度小于等于0.8EBC的啤酒，称为冰啤酒。冰啤酒具有口味纯净的特点。

所谓冰晶化，是指将滤酒前的啤酒，经过专用的冷冻设备进行超冻处理，形成细小冰晶，再加工过滤。

二、啤酒营养价值

（一）啤酒的主要成分

啤酒是一种营养丰富的低酒精度的饮料酒。其化学成分比较复杂，也很难得出一个平均值，因为它是随原料配比、酒花用量、麦芽汁浓度、糖化条件、酵母菌种、发酵条件以及糖化用水等诸多因素的变化而变化的。其主要成分以12°P啤酒为例：实际浓度为4.0%～4.5%，其中，80%为糖类物质，8%～10%为含氮物质，3%～4%为矿物质。此外，还含有12种维生素（尤其是维生素B_1、维生素B_2等B族维生素含量较多）、有机酸、酒花油、苦味物质和CO_2等，并含有17种氨基酸（其中8种必需氨基酸分别为亮氨酸、异亮氨酸、苯丙氨酸、缬氨酸、苏氨酸、赖氨酸、蛋氨酸和色氨酸），以及钙、磷、钾、钠、镁等无机盐、各种微量元素和啤酒中的各种风味物质。

啤酒具有利尿、促进胃液分泌、缓解紧张及治疗结石的作用。适当饮用啤酒可以提高肝脏解毒作用，对冠心病、高血压、糖尿病和血脉不畅等均有一定缓解效果。啤酒中丰富的二氧化碳和酸度、苦味具有生津止渴、消暑、帮助消化、消除疲劳、增进食欲的功能。

（二）啤酒的营养价值

啤酒的营养价值主要由能发热的糖类和蛋白质及其分解产物、维生素和无机盐等组成。由于原辅料组成、配比、水质、菌种及生产工艺的不同，在啤酒发酵时所产生的物质以及溶解在啤酒中的物质的数量均不相同。啤酒的营养成分及其每360mL啤酒占成人男子每日推荐需要量的百分比如表3-1所示。

表3-1　啤酒的营养成分及每360mL啤酒占成人男子每日推荐需要量的百分比

营养素		360mL啤酒含量	成人男子每日推荐需要量	每360mL啤酒占成人男子每日推荐需要量的百分比/%
热量/kJ		632	11304	5.6
蛋白质含量/g		1.1	50	2
脂肪含量/g		0	—	0
糖类含量/g		13.7	—	—
水分/mL		332	2700	12.3
酒精含量（4.5%体积分数）/mL		16.2	—	—
无机盐	钙含量/mg	18	800	2.2
	磷含量/mg	108	800	13.5
	钠含量/mg	25	2200	1.1
	镁含量/mg	36	350	10.3
	钾含量/mg	90	3750	2.4

续表

营养素		360mL 啤酒含量	成人男子每日推荐需要量	每 360mL 啤酒占成人男子每日推荐需要量的百分比/%
维生素	叶酸含量/μg	21.6	400	5.4
	烟酸含量/mg	2.2	18	12.2
	维生素 B_3（泛酸）含量/mg	0.29	55	5.3
	维生素 B_2（核黄素）含量/mg	0.11	1.6	6.9
	维生素 B_6（吡哆酸）含量/mg	0.21	2.2	9.5

第二节 啤酒生产原料

大麦是酿造啤酒的主要原料，之所以适于酿造啤酒是由于：①大麦便于发芽，并产生大量的水解酶类。②大麦种植遍及全球。③大麦的化学成分适合酿造啤酒，其谷皮是很好的麦汁过滤介质。④大麦是非人类食用主粮。

（一）大麦形态

大麦麦粒（图 3-1）主要由胚、胚乳、皮层 3 大部分组成。

1. 胚

胚含有供叶胚芽和根芽使用的带生长锥体的胚基，胚位于胚乳附近，一个很薄的组织层将胚和胚乳分开。

2. 胚乳

胚乳由许多胚乳细胞组成，这些细胞含有淀粉颗粒。随着发芽的不断进行，胚乳细胞变得疏松起来，为胚部的根芽叶芽提供必需的能量。胚乳细胞的细胞壁为半纤维素、麦胶物质和蛋白质构成的稳定框架结构。胚乳被蛋白质含量丰富的糊粉层所包围。此糊粉层是制麦时形成酶的最关键的起点。糊粉层稳固的蛋白质中，还储存着其他物质如脂肪、鞣质物质和色泽物质。

3. 皮层

麦皮由 7 个不同的皮层组成，主要分为 3 层：糊粉层之外最里

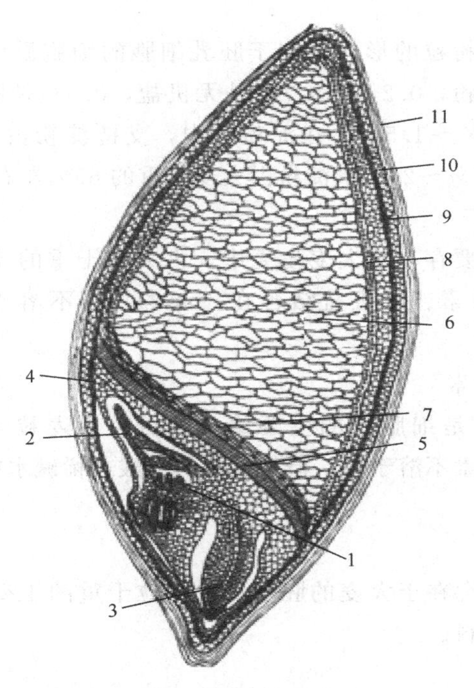

图 3-1　大麦麦粒（纵切图）

1—胚基；2—叶胚芽；3—胚根基；4—盾状体；5—上皮层；
6，7—空细胞；8—糊粉层；9—种皮；10—果皮；11—谷皮

面的一层为种皮，种皮包围着整个麦粒，且只能让水透过，水中溶解的盐分则被挡住，这一点是由种皮的半渗透性决定的。种皮之外为果皮，果皮和种皮紧密生长在一起。果皮包围着种皮，而果皮又被谷皮包围。背皮和腔皮保护着麦粒。谷皮主要由纤维素和半纤维素组成。谷皮中含有的某些微量物质对啤酒质量不利，其中包括硅化物、单宁等苦味物质。

（二）大麦的化学成分

大麦的主要化学成分是淀粉，其次是蛋白质、纤维素、半纤维素和脂肪等。

1. 淀粉

它是以淀粉粒的形式存在于胚乳细胞的细胞质中。淀粉粒中97%以上是淀粉，0.2%～0.7%是无机盐，0.6%是脂肪酸，含氮化合物占0.5%～1.5%。在淀粉粒中，支链淀粉占76%～83%，直链淀粉占17%～24%。淀粉占大麦干重的65%左右。

2. 纤维素

纤维素主要存在于大麦皮壳中，占大麦干重的4%～9%。纤维素是与木质素、无机盐结合在一起的，它不溶于水，吸水会膨胀。

3. 半纤维素

半纤维素是细胞壁的主要组成部分，占麦粒干重的4%～10%。半纤维素不溶于水，但易被热的稀酸或稀碱水解成五碳糖和六碳糖。

4. 蔗糖

蔗糖集中存在于大麦的胚里，占麦粒干重的1%～2%，是麦粒发芽时的养料。

5. 蛋白质

大麦含蛋白质9%～12%，主要存在于胚乳、糊粉层和胚中。按蛋白质在不同溶液中的溶解度，可将大麦蛋白质分成4类：清蛋白；球蛋白；醇溶蛋白；谷蛋白。大麦蛋白质含量和种类，与大麦的发芽能力、酵母菌的生长、啤酒的适口性、泡沫持久性以及非生物稳定性等有密切关系。如果不使用辅助原料，一般选用淀粉含量较高而蛋白质含量稍低的二棱大麦为发酵用原料；使用辅助原料较多时，就以蛋白质含量较高的六棱大麦作发酵原料。含蛋白质多的大麦，因为发芽力强，发芽旺盛，所以制麦芽时损失较大，糖化时浸出率低。蛋白质中的球蛋白部分是造成啤酒冷浑浊的主要成分，而醇蛋白和谷蛋白则大部分进入麦糟中。

6. 脂肪

大麦含3%左右的脂肪，主要聚集在麦粒的糊粉层中。麦芽在干燥处理时，麦芽中的脂肪酶遭破坏，因此脂肪仍留在麦芽中，很少会转到麦芽汁中。

7. 无机盐

大麦中的无机盐约占大麦干重的3%，主要是磷酸钾、磷酸镁和磷酸钙中。多酚物质与蛋白质共同加热，会生成不溶性沉淀物。

（三）大麦的质量要求

1. 外观

麦粒有光泽，呈淡黄色，子粒饱满，大小均匀皮较薄，表面有横向且细的皱纹。

2. 物理检验

干粒重35～45g；能通过2.8mm筛孔径的麦粒，应占85%以上；将大麦从横面切开胚乳断面应呈软质白色，透明部分越少越好，这表明蛋白质含量低，这种麦粒不仅淀粉含量高，而且在浸渍时吸水性好，出芽率高；新收大麦必须经过储藏后熟才能得到较高的发芽率和发芽力。发芽率是指全部样品中最终能发芽的麦粒的百分率，要求不得低于96%；发芽力是指在发芽3天之内发芽麦检的百分率，要求达到85%以上。

3. 化学检验

淀粉含量在65%以上；含水量在12%～13%；在15℃浸泡48h，大麦含水不低于42%；蛋白质含量为9%～12%，其中1/3～1/2的蛋白质可溶解于麦芽汁中。

啤酒辅料生产辅料如下。

（一）大米

大米作为辅助原料，主要是为啤酒酿造提供淀粉来源的，一般大米用量为25%～45%。

大米淀粉含量比大麦、玉米高出10%～20%，而蛋白质含量低于两者3%左右，因此用大米代替部分麦芽，既可提高出酒率，又对改善啤酒风味有利。但大米用量不宜过多，否则将造成酵母繁殖力差，发酵迟缓的后果。

（二）玉米

玉米脂肪含量高，脂肪主要集中在胚中，所以一般先去胚，再用于啤酒生产。脂肪进入啤酒会影响啤酒的泡沫性能，同时脂肪容易氧化，会引起啤酒风味变坏。所以生产中要使用新鲜的玉米。

黄玉米（未脱胚）的化学成分为：水分 11.8%～13.5%，淀粉 68.1%～72.5%，浸出物（无水）80.7%～85.3%，蛋白质 10.5%～11%，脂肪 5.8%～6.3%，粗纤维 2.5%～3%，灰分 1.5%～3.2%。低脂玉米用量为 30%～35%。

（三）小麦

小麦作辅料的特点有以下几点。

(1) 啤酒泡沫性能好。

(2) 花色苷含量低，有利于啤酒非生物稳定性，且风味也较好。

(3) 麦汁中可同化性氮含量高，发酵速度快，啤酒最终 pH 较低。

(4) 小麦富含 α-淀粉酶和 β-淀粉酶，有利于快速糖化。小麦（或小麦芽）用量一般为 20%左右。

（四）酒花（图 3-2）

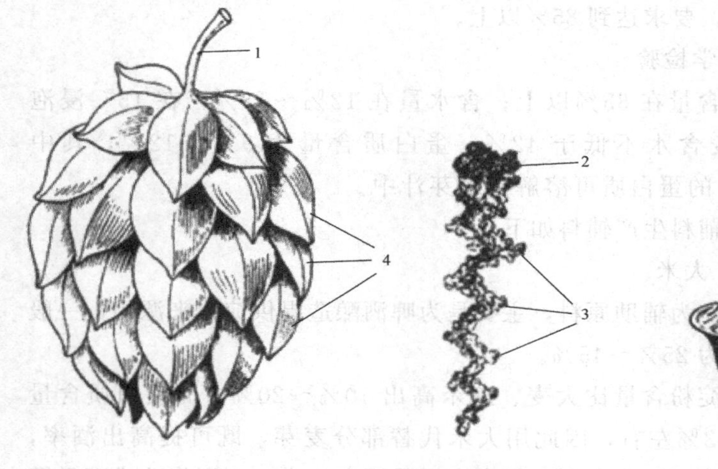

图 3-2 酒花花朵

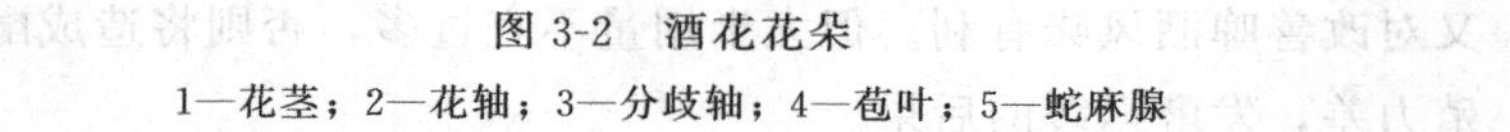

1—花茎；2—花轴；3—分歧轴；4—苞叶；5—蛇麻腺

1. 啤酒生产中使用酒花的目的

(1) 赋予啤酒香味和爽口的苦味。

(2) 提高啤酒泡沫的持久性。

(3) 促进蛋白质沉淀，有利于啤酒澄清。

(4) 酒花有抑菌作用，提高啤酒防腐能力。

2. 酒花的主要有效成分及其在酿造上的作用

有效成分：酒花油、酒花苦味物质、多酚类物质。

(1) 酒花油　酒花中含有0.5%～2.0%的酒花油，其组成成分很复杂。酒花油溶解度极小，易于挥发，容易氧化。酒花油的主要成分是萜烯类碳氢化合物、含氧化合物和微量的含硫化合物等。

酒花油不易溶于水和麦汁，大部分酒花油在麦汁煮沸或热、冷凝固物分离过程中被分离出去。尽管酒花油在啤酒中保存下来的很少，但却是啤酒中酒花香味的主要来源。

(2) 酒花苦味物质　啤酒的苦味和防腐能力主要是由酒花中的苦味物质α-酸和β-酸提供的。α-酸又称葎草酮，本身具有苦味和防腐能力，在弱碱溶液中易异构化转变成异α-酸（异构化率可为40%～60%）。异α-酸在麦汁中的溶解度比α-酸大得多，具有强烈的苦味，防腐能力也高于α-酸，是啤酒苦味的主要来源。β-酸又称蛇麻酮，溶解度小，苦味和防腐能力不如α-酸，β-酸有一定的抑制革兰氏阳性菌和阴性菌的能力。α-酸和β-酸容易氧化转变成软树脂和硬树脂，硬树脂在啤酒酿造中无任何价值。

(3) 酒花多酚类物质　酒花中含有4%～10%的多酚类物质，主要是花色苷、花青素和单宁等，其中花色苷占80%。酒花中的多酚含量比大麦中多酚含量要高得多，是影响啤酒风味和引起啤酒浑浊的主要成分。酒花中的多酚在麦汁煮沸时有沉淀蛋白质的作用，但这种沉淀作用在麦汁冷却、发酵、甚至过滤装瓶后仍在继续进行，从而会导致啤酒浑浊。因此酒花多酚对啤酒既有有利的一面，也有不利的一面，需要在生产中很好地控制。

第三节　麦芽制备

大麦是酿造啤酒的主要原料，先制成麦芽，再用于酿酒，大麦在人工控制的外界条件下发芽的过程，即为麦芽制备，简称“制麦”。发芽后的新鲜麦芽称绿麦芽，绿麦芽焙燥后称干麦芽。原料大麦首先要进行分级除石。麦粒大小不同，吸水快慢不同，发芽快慢也不同。砂石除不净，易造成糖化锅、煮沸锅漏水。

（一）大麦的后熟与储藏

新收获的大麦有休眠期，种皮的透水性、透气性均较差，并有水敏感性，发芽率低，只有经过一段时间的后熟期才能达到真正的发芽率，一般后熟期需要6～8周。由于后熟期种皮的性能受到温度、水分、氧气等外界因素的影响而发生改变，大麦的发芽率得到提高。如表3-2所示。

表3-2　大麦储藏前后发芽率的变化

项　目	新收大麦	储藏60～70天
发芽力/%	34	92
发芽率/%	42	96

储藏期间，大麦的生命及呼吸作用仍在继续，在整个储藏过程中，有氧呼吸和无氧呼吸同时存在，当通风状况良好时，以有氧呼吸为主；当长期密闭时，以无氧呼吸为主。大麦的呼吸强度与水分、温度成正比，当大麦水分超过15%，温度超过15～20℃时，呼吸消耗急剧增加；当大麦水分在12.5%以下，温度在15℃以下时，呼吸作用较弱，在此条件下大麦可保存一年。因此要严格控制储藏水分和温度。

除水分和温度外，储藏大麦还应按时通风，以利于排出大麦因呼吸而产生的热量和二氧化碳，避免大麦粒窒息和因缺氧呼吸而产生醇、醛和酸等抑制物质，降低大麦的发芽率。

储藏要求避免大麦及麦芽品种混杂和掺入其他杂质，防止虫、鼠及霉变的危害，定期检查麦温，严格防潮，按时通风、倒仓、翻堆，保持大麦的发芽力。

大麦的储藏方法有袋装、散装和立仓储藏三种。散装堆放占地面积大，损耗大，不易管理，不宜采用。袋装大麦以品字形堆放，堆放高度以10～12层为宜（堆高不超过3m），每平方米可存放大麦2000～2400kg，是中小厂常用的方法。立仓储藏是较为理想的方法，多以钢筋混凝土或钢板制成，大型立仓高度可达40m以上，可储大麦千吨。由于立仓占地面积小，便于机械化操作和温度管理，又可防虫、防鼠、防霉，但造价高，储藏技术要求也高，因此，更适合大型企业。

（二）大麦的清选和分级

原料大麦含有各种有害杂质，如尘土、砂石、铁屑、麻绳、杂谷及破粒大麦等，均会有害于制麦工艺，直接影响麦芽的质量和啤酒的风味，并直接影响制麦设备的安全运转，因此在投料前需经处理。

1. 粗选和精选

粗选的目的是除去各种杂质和铁屑。大麦粗选使用去杂、集尘、脱芒、除铁等机械。除杂集尘常用振动平筛或圆筒筛配离心鼓风机、旋风分离器进行。脱芒用除芒机。除铁用磁力除铁器。粗选机是通过圆眼筛和长眼筛除杂，圆眼筛是根据横截面的最大尺寸，即种子的宽度；长眼筛是根据横截面的最小尺寸，即种子的厚度进行分离。

精选的目的是除掉与麦粒腹径大小相同的杂质，包括荞麦、野豌豆、草籽和半粒麦等。分离是根据种子长度不同进行的，分离设备称为精选机（又称杂谷分离机）。它由转筒、蝶形槽和螺旋输送机组成，转筒钢板上冲压成直径为6.25～6.5mm的窝孔；分离小麦时，取8.5mm。转筒转动时，长形麦粒、大粒麦不能嵌入窝孔，升至较小角度落下，回到原麦流中，嵌入窝孔的半粒麦、杂谷等被带到一定高度落入槽道内，由螺旋输送机送出机外被分离。

2. 分级

大麦的分级是把粗精选后的大麦，按腹径大小用分级筛分级。分级的目的是得到颗粒整齐的大麦，从而为浸渍均匀、发芽整齐以及获得粗细均匀的麦芽粉创造条件。

分级筛有圆筒分级筛和平板分级筛两种。

① 圆筒分级筛　在旋转的圆筒筛上分布不同孔径的筛面，一般设置 2.2mm×25mm 和 2.5mm×25mm 两组筛。麦流先经 2.2mm 筛面，筛下小于 2.2mm 的粒麦，再经 2.5mm 筛面，筛下 2.2mm 以上的麦粒，未筛出的麦流从机端流出，即是 2.5mm 以上的麦粒。圆筒上转动的毛刷用以清理筛面。

② 平板分级筛　重叠排列的平板筛用偏心轴转动（偏心轴距 45mm，转速 120～130r/min），筛面振动，大麦均匀分布于筛面。平板分级筛由三层筛板组成，每层筛板均设有筛框、弹性橡皮球和收集板。筛选后的大麦，经两侧横沟流入下层筛板，再分选。

上层为 4 块 2.5mm×25mm 筛板，中层为两块 2.2mm×25mm 筛板，下层为两块 2.8mm×25mm 筛板。麦流先经上层 2.5mm 筛，2.5mm 筛上物流入下层 2.8mm 筛，分别为 2.8mm 以上的麦粒和 2.5mm 以上的麦粒，2.5mm 筛下物流入中层 2.2mm 筛，分别为小粒麦和 2.2mm 以上的麦粒。

（三）浸麦

1. 浸麦的目的及主要设备

浸麦的目的首先在于提高麦粒含水量，达到要求的浸麦度。浸麦度是指浸麦后大麦的含水量，以百分数表示，一般要在 43%～48%，国内多在 45%左右。其次在浸渍的过程中除去大麦表面的尘和菌。再次是在浸麦时便于使用添加剂，加速大麦中多酚物质和其他有害物质的浸出，有利于大麦发芽和啤酒的非生物稳定性。

2. 浸麦的主要设备——浸麦槽

如图 3-3 所示。上部为圆柱体，高 1.2～1.5m，并设有冲洗、加热等部件，下部为圆锥体，装有沥水用的假底，锥体斜度为

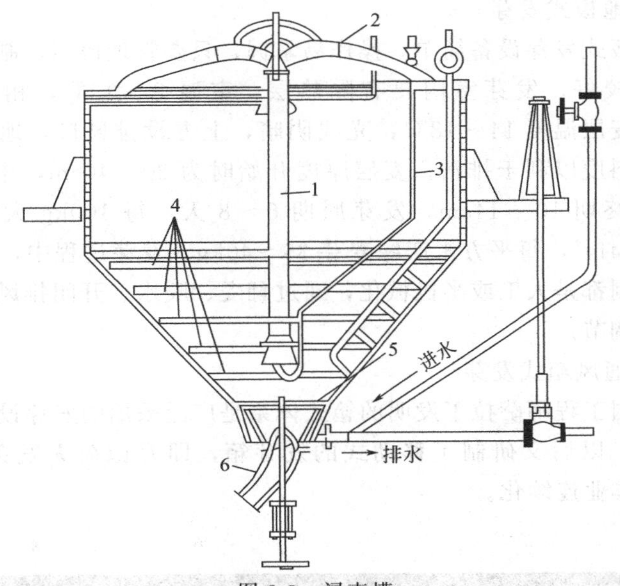

图 3-3 浸麦槽

1—升溢管；2—大麦喷管；3—通风管；4—通风管；5—假底；6—排料管

45°，采用钢板制造，以 3～4 个为一组。

3. 浸麦方法

常用的浸麦法有浸水断水交替法。整个浸麦操作为 64h。其中浸水 36h，断水 28h，此方法是浸 4 断 4（即浸水 4h，断水 4h），也可以浸 6 断 6，浸 2 断 6，其间定时通风搅拌，这种方法对未完成休眠期的和水敏感性的大麦较好。水敏感性是指高水分含量抑制发芽的现象。现在新发展起了喷雾浸麦法，也叫快速浸麦法。此方法是先浸 8h，每小时通风 5min，然后断水 20h，之后在发芽箱里连续通湿空气 20h，使空气的含水量在 40kg/(6h. t) 左右，或采用先浸 2h，喷雾 12h，反复进行至所要求的浸麦度。

（四）大麦发芽

发芽设备按其发展过程有地板式、通风箱式（包括箱式、罐式等）、塔式、连续式等。目前我国以前两种为主。

1. 地板式发芽

地板式发芽设备简单，操作易掌握，只要管理得当，制得的麦芽质量较好。发芽室内要有隔热层，室温 8～12℃，相对湿度 85%，麦层温度 14～18℃，光线阴暗，上方设排风口，地面有一定的倾斜度以利于排污。麦层厚度开始时为 20～40cm，中期 8～10cm，终期 10～14cm，发芽周期 6～8 天，每 100kg 大麦占地 3.2～3.4m^2，每平方米产绿麦芽 35～40kg。发芽过程中，水分和温度控制都是人工或半机械化，通过翻麦、喷水、开闭排风窗等方法进行调节。

2. 通风箱式发芽

法国工程师萨拉丁发明的箱式体系是广泛采用的发芽设备（见图 3-4），以后又研制了移动式的发芽箱，即万德荷夫发芽设备，使发芽作业连续化。

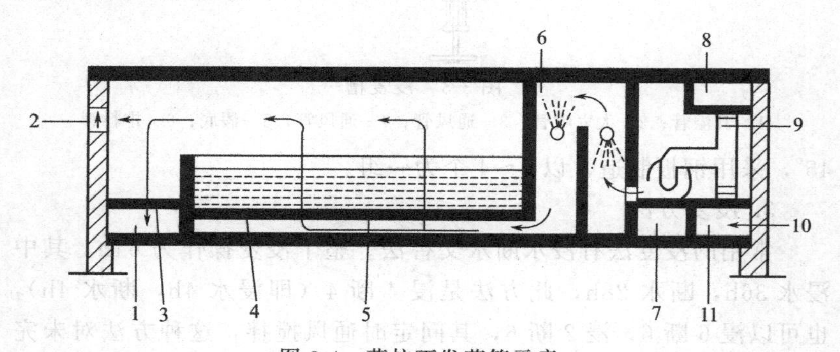

图 3-4　萨拉丁发芽箱示意

1—回风汇集通道；2—废气挡板；3—回风格栅；4—金属假底；5—发芽箱；6—增湿室；7—空压机；8—回风分配通道；9—调节挡板；10—新鲜空气进口；11—新鲜空气分配通道

我国目前主要采用萨拉丁发芽箱。用砖砌成，长方形，长∶宽为 4∶1～6∶1，上设有搅拌机。箱底设有假底并倾斜，假底通风面积 20%左右，箱深 1m（最深处）到 0.5m（最浅处）。麦层厚度 0.6～1m，送风温度 12～16℃，连续通风，翻麦机前进速度 0.4～0.6m/s。发芽周期 6～7 天，最快可达 3.5～5 天。

（五）麦芽的干燥

绿麦芽须经过干燥后储藏一段时间后方可用来生产啤酒。发芽结束后，绿麦芽水分为 40%～44%，不能储藏，首先要通过干燥降至 3%～5%，终止酶的活力。其次是便于除根和粉碎。麦根味苦且吸湿性强，经干燥除根，避免麦根中不良味道带入啤酒中。干燥后的皮芽也容易粉碎。第三是除去绿麦芽的生育气味，增加色素、香味和其他麦芽特有的风味物质。绿麦芽的干燥过程，分成萎凋和焙焦两个阶段。水分由 40%～44%降到 10%左右为萎凋阶段，继续下降至 5%以下为焙焦阶段。前段主要为脱水，其间麦芽粒的生长和生化反应还在继续进行，要注意保护不致损伤酶的活性。后阶段脱水比较困难，主要是形成麦芽特有的色、香、味。

干燥设备类型很多。常见的有平面式干燥炉、发芽干燥两用箱、单层高效炉，下面介绍两种。

1. 两段平面式干燥炉

两段平面式干燥炉结构如图 3-5 所示。由热空气加热干燥，热量由燃烧炉供给，从下层通入，自上层逸出。

主要工艺参数：整个干燥完成需 24h，浓色麦芽适当延长。湿麦芽先装上层烘床，下床装上次在上床已经经过萎凋的麦芽。在上床，前 6h，风温为 35～40℃，水分由 42%下降到 30%；6h 后，风温 50～60℃，水分由 30%下降到 10%左右。此阶段主要作用是排潮，风温若大于 60℃麦芽的溶解性会降低。在上层麦芽萎凋的同时，下层麦芽也进行着进一步的干燥和焙焦，用后的热风才干燥上层烘床上的麦芽。相对应的风温开始为 45～70℃，水分降至 6%，共 8～9h。而后主要作用是进行焙焦，风温 80～85℃，共3～4h，这时出炉，水分 3%～5%。一般每 12h 出一次炉。麦芽层厚度为 50cm 左右。

2. 单层高效炉

结构简单，操作简便，单位负荷量大，生产规模可大可小，生产周期短，热能利用合理，无须倒床，进出料机核化程度高。

工艺参数：麦层厚度 0.8～1m，干燥总时间 17～20h，萎凋时

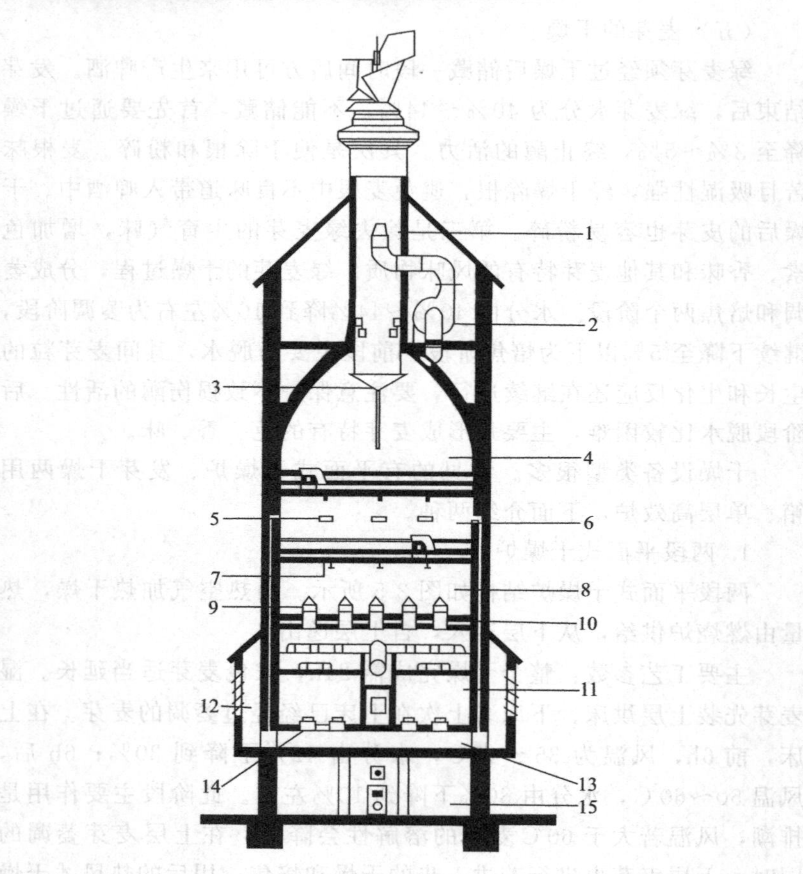

图 3-5 双层水平式干燥炉

1—排风孔；2—排风机；3—烟灰收集器；4—上层烘床；5—上层冷风入口；6—下层烘床；7—麦芽挡板；8—根牙室；9—热风入口；10—冷却层；11—空气加热室；12—新空气进风道；13—空气室；14—新鲜空气喷嘴；15—燃烧室

间 10～12h，风温 55～60℃（麦温 40～55℃）大量通风进行排潮，至水分降至 12%以下，然后进行焙焦，逐渐升温至 80～85℃（麦温），至水分含量降至 3%～5%出炉。

（六）干麦芽的后处理

干麦芽后处理包括干燥麦芽的除根冷却、储藏（回潮）以及商业性麦芽的磨光。

干麦芽后处理的目的如下：①出炉麦芽必须在24h之内除根，因为麦根吸湿性很强，否则将影响去除效果和麦芽的储藏；②麦根中含有43%左右的蛋白质，具有苦味，而且色泽很深，会影响啤酒的口味、色泽以及啤酒的非生物稳定性；③必须尽快冷却，以防酶的破坏，致使色度上升和香味变坏；④经过磨光，除去麦芽表面的水锈或灰尘，提高麦芽的外观质量。

第四节 麦芽汁制备工艺

麦汁制备包括原料粉碎、原料糖化、麦醪过滤和麦汁煮沸等几个过程，工艺上基本是沿用传统方法，麦汁制备主要在糖化车间进行，设备流程见图3-6。

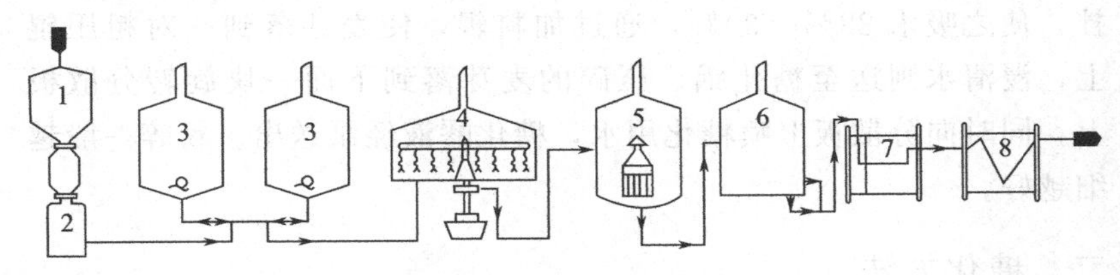

图3-6 麦汁制备流程

1—麦芽暂储仓；2—粉碎机；3—糖化锅、糊化锅；4—过滤槽；5—麦汁煮沸锅；6—回旋沉淀槽；7—薄板冷却器；8—过滤机

一、原料粉碎

原料粉碎包括麦芽粉碎和辅助原料的粉碎。麦芽的粉碎又可分为干粉法、湿粉法。麦芽粉碎是一个简单的机械过程，对糖化时的生物化学变化、麦汁的组成、麦汁过滤速度以及原料利用率有很大影响。

（一）干粉法

对麦芽粉碎质量的要求是麦芽皮破而不碎，胚乳尽可能磨成细粉。麦糟是过滤中的助滤物质。当麦芽水分太低（4%以下），整个麦芽都成粉状，不能形成很好的滤层，过滤速度延长，影响产量，质量也有所下降。

干法粉碎常用的粉碎机为五辊或六辊粉碎机，每对辊下都有两对筛子，把已磨碎的细粉和未粉碎的麦片分开。麦芽水分要求4%～7%，当水分太高时（大于8%）麦芽被压成薄片，不能成粉状。

（二）湿粉法

湿法粉碎有麦芽专用的湿法助碎机，最大的优点是粉碎质量高，可得高效滤层，过滤速度快，缩短糖化周期，粉尘也少，浸出率比干法高0.6%左右。缺点是粉碎机耗能大，辊易损坏，维修困难，麦芽色度稍浅。

湿法粉碎必须保证胚乳干燥，不黏附辊壁而让谷皮吸收足够的水分。干麦芽入料斗以后，喷淋冷水浸渍15～20min，并通风搅拌，使之吸水28%～30%，通过加料辊，使麦芽落到一对粗压辊上，浸清水则送至糖化锅。压碎的麦芽落到下面一块旋转分散板上，同时向分散板上喷糖化用水，糖化醪液经泵送出。粉碎一般越细越好。

二、糖化方法

糖化常用方法分为煮出法和浸出法两大类。煮出法又分为一次、二次、三次煮出法，国内大多数厂生产淡色啤酒，几乎都用二次煮出法，三次煮出法宜用于酿造黑色啤酒。浸出法在英国较流行，不添加辅料。

（一）浸出糖化法

采用此法，糖化醪液自始至终不经煮沸，单纯依靠酶的作用浸出各种物质。麦汁在煮沸前仍保留比较强的酶活性。采用此法，必须使用蛋白质分解比较完全的麦芽。如果使用溶解不够完善的麦芽，浸出法也需要经过蛋白质分解阶段，然后直接升温至糖化温度。

浸出糖化法常采用的有三种：恒温、升温、降温浸出糖化法。以升温浸出糖化法多用。先将粉碎麦芽与冷水混合，然后通入蒸汽或加热水使廖液温度提高到所要的温度。麦芽在30℃浸渍1～1.5h，第一次升温到50℃，保持30min，进行蛋白质分解。第二次升温到65℃，保持30min或更长时间，进行糖化，直至碘色反应消失。然后再提高醪液温度达80℃进行过滤。

（二）二次煮出法双醇体系

首先辅助原料和部分麦芽粉在糊化锅中与水（45℃）混合，并升温煮沸糊化（即第一次煮沸）。与此同时，麦芽与水在糖化锅内混合，保温45～55℃，进行蛋白质休止，时间60min。将糊化锅中煮沸之糊化醪泵入糖化锅，使混合醪温达到糖化温度65～68℃，保温进行糖化，时间大约60min，糖化醪无碘色反应后，从糖化醪中取出部分醪液（1/3）入糖化锅进行第二次煮沸，将麦糟中残余的部分生淀粉再进行一次糊化，而后泵入糖化锅使醪温升至75～78℃（常称液化温度），未煮沸部分中之酶活力再作用于已糊化后的残留淀粉，因而提高了浸出物收得率，作用时间10min，过滤（保持78℃）。二次煮出法的糖化曲线如图3-7所示。生产浓色啤酒采用三次煮出法工艺。

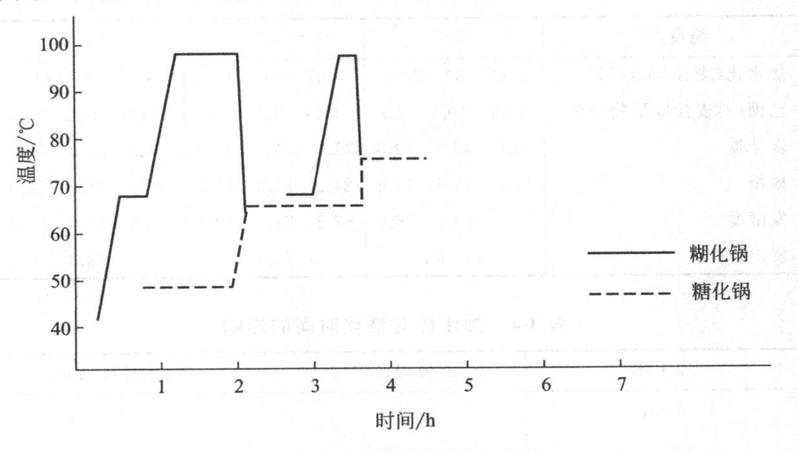

图3-7　二次煮出糖化法曲线

直接用于麦汁制备的糖化用水包括辅料糊化、麦芽糖化以及洗糟三部分。麦芽糖化加水比为1∶(3.5～3.9)，辅料糊化加水比一般1∶(3.8～4.5)。用水量决定糖化醪的浓度，国内总醪加水比一般为1∶(4.0～4.5)。生产淡色啤酒多采用稀醪糖化法，加水比如上。这样洗涤麦糟时可减少用水量，减少麦糟中不良成分的浸出，若要求最终麦汁浓度为12°，则原麦汁浓度应控制在14°～16°，加上洗糟用水就能达到要求。糖化用水多，洗糟用水就少，反之则多，一般洗糟水含浸出物0.5%～1.5%，洗水量过大，麦汁度数降低，蒸汽用量加大，麦汁色度上升。因此，必须选择质量和数量兼顾的方法，生产浓色啤酒糖化用水量较少，总加水比为1∶(3～4)，糖化时间长，麦汁浓度高，麦糟残糖亦多，需用较多的洗糟用水。若最终麦汁浓度为12°，第一次过滤麦汁应达到17°～19°。

不同温度下加水量对糖化的影响见表3-3，可以看出：增大加水比，有利于麦芽糖的形成；加水比过小，低分子糖上升，但麦汁收率低。加水比对糖化时间的影响见表3-4。可以看出，醪液浓度直接影响酶活力，在14%～18%影响不大，超过18%，糖分抑制酶的活性，造成浓醪糖化困难。

表3-3 不同温度下加水量对糖化的影响

温度/℃	60			66.5			68.3		
加水比(麦芽/水)/%	67	39	29	67	39	29	67	39	29
己糖(对麦汁固形物)/%	12.3	10.1	9.5	11.9	9.5	8.1	11.0	10.2	8.0
麦芽糖	43.9	48.3	49.3	39.3	43.9	42.8	36.9	37.0	39.0
糊精	17.5	15.5	14.6	24.2	21.2	22.3	27.6	26.2	26.9
发酵度	73.3	76.1	76.2	67.2	71.2	69.2	64.6	65.0	65.3
浸出物	55～63			73.4			73.3		

表3-4 加水比对糖化时间的影响

加水比	醪液固形物/%	糖化时间/min
1∶6	14	5
1∶3.4	18	5

续表

加水比	醪液固形物/%	糖化时间/min
1∶2.7	20	10
1∶2.1	25	10

糖化工艺的选择，主要决定于啤酒品种和设备条件，应在建厂设计中就作出决定。随意更改糖化方法不仅造成工艺紊乱，酒质亦无法保证。在麦芽质量不好时或辅料用量大的情况下，用酶制剂特别有效。

（三）糖化设备

糖化车间按其主要糖化设备的数目分为单式糖化设备和复式糖化设备。

单式糖化设备只有两个锅。一个是糖化锅兼作麦汁煮沸锅，另一个是过滤槽。单式糖化设备，一般适合于小型啤酒厂使用。

复式糖化设备有四个锅，原料的糊化、糖化、糖化醪的过滤和麦汁的煮沸各在单独的锅中进行。糖化锅和过滤槽应设在同一个平面上，其位置比在另一个平面上的糊化锅和麦汁煮沸锅要高。在煮出糖化法操作中，由于糊化锅和糖化锅利用率较低，一般只达40%～50%。因此，为合理安排生产，在不增加设备的情况下，增加每天投料次数的潜力很大。

在四器组合的复式糖化设备的基础上，再增加一个过滤槽和煮沸锅就形成六器组合的糖化设备，它可以提高设备利用率，增大产量。大型啤酒厂多采用复式设备。糖化锅结构见图3-8。

三、麦汁过滤与分离

糖化工序结束后，应立即将糖化醪中可溶性物质与不溶性的麦糟分开，得到澄清的麦汁，以免影响色、香、味。

目前在生产上运用的麦汁过滤方法可分为以下三种：过滤槽法；压滤机法；快速过滤机法。前两种是传统方法，后一种则是近五年来新建立的，目前国内已有使用。

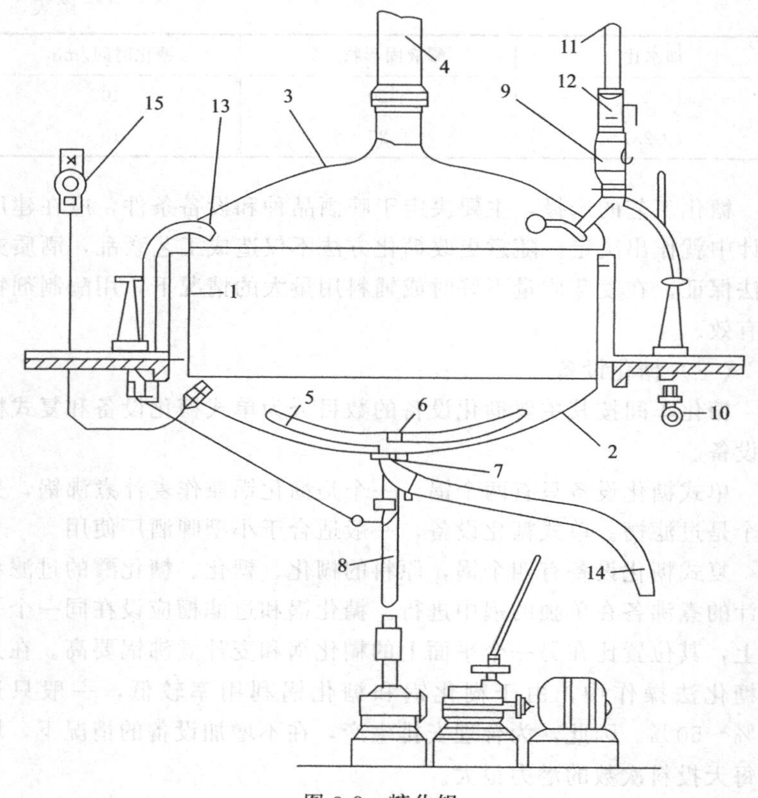

图 3-8 糖化锅

1—圆柱体部分；2—球形锅底；3—球形锅顶；4—排汽筒；5—搅拌叶；6—排料孔；7—醪液出口阀；8—搅拌轴；9—预糖化器；10—混合器；11—接料管；12—闸门；13—醪液入管；14—排料管；15—温度记录仪

（一）过滤槽法

该法在国内应用最多。主要设备为过滤槽，底部有滤板，筛孔多为条形，上窄下宽，开孔率 8%～15%。过滤槽结构见图 3-9。

过滤时，首先在滤板和槽底之间的空间灌满热水，以盖住滤板为准，以便排空气，同时使设备预热。糖化醪泵入过滤槽后，利用翻糟机翻搅均匀，然后静置 10～20min，使麦糟下沉，形成很好的

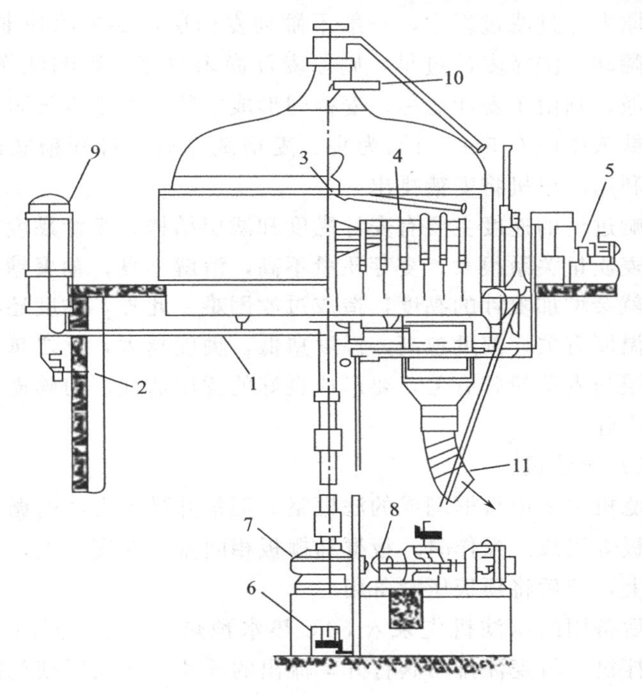

图 3-9　过滤槽

1—麦汁排出管；2—麦汁排出阀；3—喷水管；4—耕槽机；5—回流泵；
6—水力升降器；7，8—变速箱和离合器；9—压差调节阀；
10—进水管；11—排槽孔

过滤层。有的厂无静置时间。滤层的厚度 30～45m。滤槽越薄，过滤能力越小，但原麦汁不易清亮。静置后打开麦汁排出阀，开始流出的麦汁不清，用泵泵回过滤槽，待清亮麦汁流出后，即送入麦汁煮沸锅暂储罐，此时的过滤麦汁即为第一麦汁。待第一麦汁将流至露出麦糟时进行洗糟。在麦糟上喷洒 78～80℃的热水，将残留在槽层中的醪液洗出，此洗涤麦汁即为第二麦汁。喷水的同时要进行翻糟，翻动后静置片刻，回流，按过滤后麦汁方法过滤洗涤麦汁。在麦糟洗涤的同时，耕糟刀每隔 5～15min 须切割一次麦糟，耕刀顺次下降，一直切割到离过滤板 5～10cm 为止。

在原麦汁过滤过程中，一般不翻动麦糟层，如果滤速非常慢，可略加翻动，洗涤麦汁过早，则原麦汁尚未滤完，影响洗涤效果，过晚洗涤，则由于麦汁滤尽，麦糟间形成空隙，产生空气阻塞。洗糟水残糖浓度以0.5%～1%为宜。麦糟洗涤后，打开糟底部的排糟孔，利用翻糟机将麦糟排出。

影响过滤的速度主要有麦汁黏度和滤层结构。麦汁黏度与所使用的大麦质量关系很大，麦芽质量不高，溶解不良，葡聚糖分解不完全，就会增加麦汁的黏度，造成过滤困难。此外，黏度还与麦汁浓度和温度有关，浓度愈高，温度愈低，糖度越大，反之越小。良好的滤层与麦芽粉碎有关，要形成良好的滤层适性，粉碎麦芽就要皮破而不碎。

（二）压滤机

压滤机主要由板框围成的滤框室、汇集并排出麦汁的栅板、滤布、顶板等组成。操作时，板框和栅板相间安置在支架上，滤布装在栅板上，装后将顶板压紧备用。

装后备用的压滤机先泵入80℃热水预热30min，同时开动糖化醪搅拌机，将麦汁排出阀打开，流出的浑浊麦汁泵回糖化锅，待麦汁清亮再引入煮沸锅。控制过滤压力为0.08MPa，麦汁的排出与醪液泵入速度相同。在过滤后期，由于滤框容纳醪液能力随麦糟进入量的增加越来越小，可减小醪液的泵入速度或加大麦汁排放速度来保证压力稳定；30min左右，第一麦汁可以全部排完，将麦汁排出阀关闭，泵入75～78℃的热水洗涤麦糟。洗涤用水与过滤相反的方向穿过滤布，经滤框中的麦糟层，将其中残余麦汁洗出，洗涤麦汁浓度达0.5%～1%时，洗涤结束。洗涤麦汁与第一麦汁混合。

四、麦汁煮沸与酒花的添加

麦汁煮沸的目的主要在于稳定麦汁的成分；蒸发多余的水分达到要求的糖度，凝固多余的蛋白质，提高啤酒的非生物稳定性；添加酒花，溶出酒花的有效成分，增加麦汁的香气、苦味及防腐能力；破坏麦汁中的全部酶，进行热杀菌和增加啤酒的色度。

（一）麦汁与酒花在煮沸中的化学变化

在煮沸中，蛋白质受热而变性凝固析出。变性作用很完全，但析出并不完全，只有20%～60%，另一部分在麦汁冷却中析出。把前一部分，即煮沸时至冷却到60℃产生的凝固物称热凝固物；而把从10℃冷却到6.5℃产生的凝固物叫冷凝固物。冷凝固物的分离是除去多余蛋白质的关键。

煮沸强度很重要。煮沸强度表示每小时内蒸发出水分的百分率。煮沸强度一般在8%～12%，强度大，可促进蛋白质凝固，结块大，蛋白质沉淀完全。表3-5可看出煮沸强度与麦汁中凝固氮含量的关系。

表3-5　煮沸强度对凝固氮含量的影响

煮沸强度	麦汁外观	凝固氮/(mg/100mL麦汁)
4～6	蛋白质凝固差,麦汁不透明	2～4
6～8	蛋白质呈絮状沉淀,麦汁透明	1.8～2.5
8～10	麦汁清亮透明	1.2～1.7
10～12	非常清亮透明	0.8～1.2

单宁也是促进蛋白质迅速和完全凝固的又一主要因素。它带负电荷，在酸性溶液中极易同带正电荷的蛋白质发生中和，且生成不溶性蛋白质单宁酸盐。大麦单宁与蛋白质缩合凝结的能力比酒花单宁差很多，所以较晚添加酒花对充分发挥大麦单宁对蛋白质的沉淀作用有利。

煮沸中酒花中成分被溶出，部分α-酸转变成异α-酸，这是一重要化学变化。异α-酸比α-酸易溶解，具有良好的苦味，能增进持泡性，它是啤酒苦味和防腐能力的主要成分。β-酸溶解比α-酸更困难，苦味也只有α-酸的1/3，但β-酸的煮沸产物能赋予麦汁可口的香气。酒花油的溶解度极小，而且挥发性很强。在煮沸中80%左右随水蒸气挥发掉。为多保存酒花油，多采用分次添加的方法。

麦汁煮沸后颜色变深是不可避免的，在煮沸中类黑精生成，麦汁浓缩，花色素溶出，单宁氧化等，都会导致麦汁颜色加深。

煮沸后的麦汁，还原能力有显著的增加。除生成还原性物质类黑精和还原酮等外，酒花单宁、酒花油和酒花树脂也是还原性物质，它们有益于啤酒的稳定性。

（二）麦汁的煮沸方法

麦汁煮沸的主要设备为煮沸锅。依形状和加热方式不同分为球形煮沸锅、内加热式煮沸锅、外加热式煮沸锅和不对称加热煮沸锅。过滤后的麦汁约 75～78℃，在煮沸锅内酶继续对残存淀粉进行分解。洗糟结束后加热煮沸，同时测量麦汁的容积及浓度，计算煮沸后的麦汁产量。煮沸自始至终要求达到“扬波卷浪”，促进蛋白质凝固，当预定煮沸时间达到后，停止加热，并测量浓度和产量。煮沸时间一般 1～2h，浸出糖化法麦汁较稀，而且可凝固性蛋白质含量多，煮沸时间要稍长。

目前国内酒花的添加方法是分三次或四次添加。例如三次添加法，第一次是在麦汁初沸时，加入全量酒花的 1/5；第二次是在煮沸 40min 后，加入全量的 2/5；第三次是在煮沸终了前 10min，加入全量的 2/5。酒花加得早，则苦味重；添加晚，则香味大。酒花的利用率用以下公式表示：

$$酒花利用率=\frac{形成的异\alpha\text{-}酸量}{使用酒花的\alpha\text{-}酸量}\times 100\%$$

酒花的使用因啤酒的品种而不同。一般淡色啤酒以突出清香和苦味为主，如比尔森啤酒添加量为 0.4%～0.5%；国内淡色啤酒酒花添加量为 0.18%～0.2%。浓色啤酒以突出麦芽香为主，如慕尼黑啤酒添加量为 0.18%～0.2%。注意在麦汁浓度高时，酒花使用量大些；水的硬度大时，酒花添加量可少些。

五、麦汁的冷却与澄清

麦汁经煮沸后，要求数量和浓度一定，称为麦汁定型，然后进行冷却，定型的麦汁往冷却工序之前，除去酒花糟。

迅速对定型麦汁冷却的目的首先在于降低麦汁温度，适合酵母发酵的要求；其次是除去麦汁中的凝固蛋白质，使发酵能正常进行和提高啤酒质量；第三是使麦汁吸收一定量氧气，供酵母繁殖用。冷却工序要在无菌状态下进行。

一般冷却采用两段冷却，即先冷却到55～60℃，而后冷却到发酵温度。热凝固物成分为：蛋白质50%～60%；酒花树脂16%～20%；多酚物质等20%～30%；灰分2%～3%。热凝固物的粒子较大，而且吸附能力甚强，易于除去。冷凝固物内的组成成分基本和热凝固的相同。冷凝固物形成效量仅为麦汁的0.04%～0.05%，但粒子很小，难以除掉。若吸附到酵母细胞壁上，则妨碍细胞壁的渗透作用，影响酵母活性。另外，冷凝固物和单宁结合的不稳定物质是啤酒冷却浑浊的原因。所以冷凝固物须尽可能除去。

在麦汁冷却过程中，通入适量无菌空气，使麦汁吸收一定量氧，以利酵母繁殖与发酵。吸氧太多，能使单宁等类物质氧化，造成淡色麦汁色度上升。

（一）麦汁预冷与热凝固物分离

麦汁第一段冷却与热凝固物分离，国内常用沉淀槽法、冷却盘法和回旋沉淀槽法。

分离酒花后的热麦汁，泵入沉淀槽，沉淀槽内设冷却盘管，通入冷水降低麦汁温度至60℃左右，使之静置约60min，然后使上清液经浮球活动排料管流出，进行第二段冷却，其沉淀的湿凝固物质用分离设备（国内一般用小型压滤机）分离，并回收麦汁。

沉淀槽法的技术条件要求如下：麦汁液层高度<1m；冷却水温度15～25℃；通入冷却水时间60min左右；麦汁静置温度仍60℃左右；麦汁开始激冷温度55～60℃；防止杂菌感染措施是用无菌空气吹送麦汁表面。

（二）麦汁激冷却与冷凝固物的分离

预冷却后的麦汁，通过麦汁冷却器，迅速冷却至发酵所需要的温度，同时冷凝固物析出并排除。

麦汁冷却器的要求为冷却效率高，冷凝固物析出多。常用开放式和密闭式两种冷却方式。开放式表面喷淋冷却通常为排管式，排管由紫铜或不锈钢连接而成，排管上有一分配沟槽，麦汁由此沿管壁形成薄膜流下。冷却管分上下两部分冷却，上部走井水，下部采用人工冷却的乙二醇或酒精溶液，均自下而上，与麦汁逆向流动。调节好麦汁的流速、冷却水温和流速，使麦汁最后冷却至发酵所需要的温度。热交换后的冷却水可作温水作用。密闭式冷却大都采用薄板冷却器，用不锈钢制作，由许多片两面沟纹的沟纹板和薄片所组成，两块一组，中间用胶皮团作填料紧密贴牢。麦汁和冷却剂以泵压循着沟纹板两面的沟纹逆向流动而进行热交换。在冷却前段冷却剂为冷水，后段冷却用乙二醇或酒精，达到发酵所需要的温度。薄板冷却器具有占地面积小，麦汁不易污染，洗涤和杀菌比较简单，冷却效率高等优点。麦汁冷却后产生的冷凝固物，分离的方法有以下几种。

(1) 酵母繁殖槽法 冷却汁在繁殖槽添加酵母后，停留16h左右，上部麦汁泵入发酵池（或罐），沉淀槽底的冷凝固物即可分离。对12%浓度的麦汁来说，分离效率为30%～40%。

(2) 冷沉降法 未加酵母的冷麦汁，经12～16h沉降后，可分离50%左右的冷凝固物，如果冷麦汁中添加硅藻土（200g/100L），则冷凝固物去除量可达60%～65%。沉降完成后，换池，加酵母，通风。

(3) 离心法 离心机分离麦汁能力为100L/h，在热凝固物去除良好的情况下，用此法可除去50%以上的冷凝固物。

(4) 浮选法 浮选法的生产沉程如图3-10所示。利用汾丘里管将无菌空气（30～70L/100L）通入麦汁中。并用一混合泵将通风麦汁形成浮浊液体，泵入浮选罐内。

罐内背压约为0.05～0.09MPa，静置6～16h后，60%的冷凝固物随同细匀的空气浮于麦汁表面，形成一厚层覆盖物；然后把麦汁泵入另一槽中，与冷凝物分离，再添加酵母。浮选罐上部应保留至少25%的空间。

另外冷凝固物分离还常用过滤法、锥形罐法。

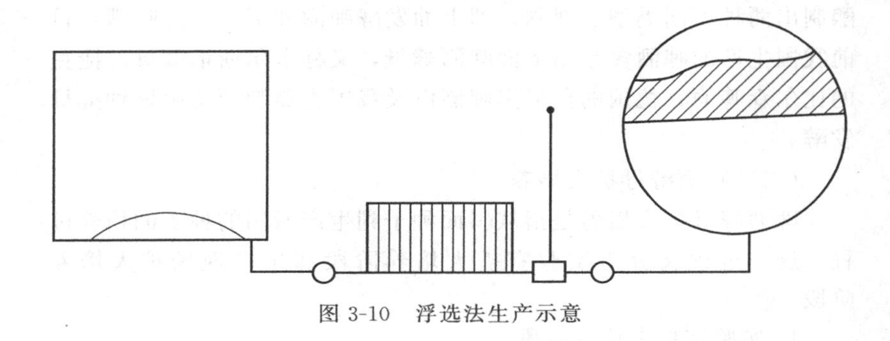

图 3-10 浮选法生产示意

第五节 啤酒发酵

啤酒发酵过程前期进行有氧呼吸，主要是酵母细胞增殖，后期则进行厌氧发酵，酵母细胞利用麦汁中的营养成分生成酒精、杂醇油和有机酸等。传统发酵一般分为主发酵和后发酵两个阶段。为缩短发酵周期和提高设备利用率，现在普遍采用一罐发酵法，即不再严格划分主发酵和后发酵两个阶段，在同一个锥形底发酵罐中进行，提高产率。

一、啤酒酵母

啤酒酵母分属于真菌门、子囊菌啤酒酵母、孢霉科、酵母属。

(一) 啤酒酵母的种类与特点

酵母属并列两个种，即上面啤酒酵母和下面啤酒酵母。两者的区别主要有两点：①酵母菌在啤酒发酵液中的物理性质不同，上面啤酒酵母在发酵时随 CO_2 飘浮在液面上，发酵终了形成酵母泡盖，经长时间放置，酵母也很少下沉；而下面啤酒酵母悬浮在发酵液内，发酵终了时，很快凝结成块并沉积在器底，形成紧密的沉淀物——酵母泥。②对棉子糖的发酵能力是鉴别两者的主要特征，上面啤酒酵母只能发酵 1/3 棉子糖，而下面啤酒酵母则能全部发酵棉子糖。

两种酵母形成两种不同的发酵方式，即上面发酵和下面发酵，酿制出两种不同类型的啤酒，即上面发酵啤酒和下面发酵啤酒：目前我国生产的啤酒多是用下面啤酒酵母，又称卡尔斯伯酵母。捷克的比尔森啤酒、德国的慕尼黑啤酒以及我国青岛啤酒均由该种酵母发酵。

（二）啤酒酵母扩大培养

啤酒酵母扩大培养是指从斜面种子到生产所用的种子的培养过程，这一过程又分为实验室扩大培养阶段和生产现场扩大培养阶段。

1. 实验室扩大培养阶段

（1）斜面试管　一般为工厂自己保藏的纯粹原菌或由科研机构和菌种保藏单位提供。

（2）富氏瓶（或试管）培养　富氏瓶或试管装入 10mL 优级麦汁，灭菌、冷却备用。接入纯种酵母在 25～27℃保温箱中培养 2～3 天，每天定时摇动。平行培养 2～4 瓶，供扩大时选择。

（3）巴氏瓶培养　取 500～1000mL 的巴氏瓶（也可用大三角瓶或平底烧瓶），加入 250～500mL 优级麦汁，加热煮沸 30min，冷却备用。在无菌室中将富氏瓶中的酵母液接入，在 20℃保温箱中培养 2～3 天。

（4）卡氏罐培养　卡氏罐容量一般为 10～20L，放入约半量的优级麦汁，加热灭菌 30min 后，在麦汁中加入 1L 无菌水，补充水分的蒸发，冷却备用。再在卡氏罐中接入 1～2 个巴氏瓶的酵母液，摇动均匀后，置于 15～20℃下保温 3～5 天，即可进行扩大培养，或可供 1000L 麦汁发酵用。

2. 实验室扩大培养的技术要求

（1）应按无菌操作的要求对培养用具和培养基进行灭菌。

（2）每次扩大稀释的倍数约为 10～20 倍。

（3）每次移植接种后，要镜检酵母细胞的发育情况。

（4）随着每阶段的扩大培养，培养温度要逐步降低，以使酵母逐步适应低温发酵。

（5）每个扩大培养阶段，均应做平行培养：试管 4～5 个，巴氏瓶 2～3 个，卡氏罐 2 个，然后选优进行扩大培养。在下次再扩培时，汉生罐的留种酵母最好按上述培养过程先培养一次后再移植，使酵母恢复活性。

汉生罐保存的种酵母，应每月换一次麦汁，并检查酵母是否正常，是否有污染、变异等不正常现象。正常情况下此种酵母可连续使用半年左右。

3. 生产现场扩大培养阶段

卡氏罐培养结束后，酵母进入现场扩大培养。啤酒厂一般都用汉生罐、酵母罐等设备来进行生产现场扩大培养。

（1）麦汁杀菌　取麦汁 200～300L 加入杀菌罐，通入蒸汽，在 0.08～0.10MPa 压力下保温灭菌 60min，然后在夹套和蛇管中通入冰水冷却，并以无菌压缩空气保压。待麦汁冷却至 10～12℃时，先从麦汁杀菌罐出口排出部分沉淀物，再用无菌压缩空气将麦汁压入汉生罐内。

（2）汉生罐空罐灭菌　在麦汁杀菌的同时，用高压蒸汽对汉生罐进行空罐灭菌 1h，再通无菌压缩空气保压，并在夹套内通冷却水冷却备用。

（3）汉生罐初期培养　将卡氏罐内酵母培养液以无菌压缩空气压入汉生罐，通无菌空气 5～10min。然后加入杀菌冷却后的麦汁，再通无菌空气 10min，保持品温 10～13℃，室温维持 13℃。培养 36～48h 左右，在此期间，每隔数小时通风 10min。

（4）汉生罐旺盛期培养　当汉生罐培养液进入旺盛期时，一边搅拌，一边将 85%左右的酵母培养液移植到已灭菌的一级酵母扩大培养罐，最后逐级扩大到一定数量，供现场发酵使用。

（5）汉生罐留种再扩培　在汉生罐留下的约 15%左右的酵母培养液中，加入灭菌冷却后的麦汁，待起发后，准备下次扩大培养用。保存种酵母的室温一般控制在 2～3℃，罐内保持正压（0.02～0.03MPa），以防空气进入污染。

4. 啤酒酵母的质量检验

（1）形态检验　液态培养中的优良健壮的酵母细胞应具有均匀

的形状和大小，平滑而薄的细胞壁细胞质透明均一；年幼少壮的细胞内部充满细胞质；老熟的细胞出现液泡，内储细胞液，呈灰色，折光性强；衰老细胞中液泡多，内容物多颗粒，折光性较强。

生产上使用的酵母一般死亡率应在3%以下，新培养的酵母死亡率应在1%以下。镜检中，不应有杂菌污染。

（2）发酵度检验　在正常情况下，外观发酵度一般为75%～87%，真正发酵度为60%～70%，外观发酵度一般比真正发酵度约高20%。

二、啤酒发酵

（一）啤酒发酵机理

1. 发酵过程各种物质变化

（1）糖的变化　发酵的主要变化是糖生成CO_2和乙醇，因为麦汁中的固形物主要是糖，所以密度的改变意味着糖的变化。

（2）含氮物的变化　发酵过程，麦汁中含氮物质大约下降1/3。主要是由于氨基酸和短肽被酵母同化，与此同时酵母还能分泌出一些含氮物。在20℃以上时，酵母的蛋白酶则能缓慢降解自身的细胞蛋白质，发生自溶现象。自溶过分，啤酒产生酵母味，并出现胶体浑浊。这就是啤酒采用低温发酵的原因之一。

（3）酸度的变化　发酵过程pH不断下降，前快后缓，最后稳定pH4.0左右，正常下面发酵啤酒终点pH为4.2～4.4，少数降至4.0以上。pH下降主要原因是有机酸的形成与CO_2的产生。pH的下降有助于促进酵母在发酵液中的凝聚作用。

（4）CO_2的生成　CO_2是糖分解至丙酮酸，而后被氧化脱羧产生的，并且不断从发酵液溢出。主发酵时酒液为CO_2饱和，含量约0.3%。储酒阶段于30kPa下0℃时达到过饱和，含量为0.4%～0.5%，CO_2溶解度随温度下降而增加，啤酒的组成对CO_2溶解度影响不大。

（5）氧和rH值　糖化麦汁在冷却之时有意通入适量无菌空气，目的在于为酵母繁殖提供氧气，所以麦汁发酵初期，rH值较高。随着酵母的繁殖，氧很快被吸收利用，并产生某些还原性物质，因而 rH 逐渐下降，通常初期 rH 值在 20 以上，很快降至 10～11。

2. 乙醇的生成

酵母属兼性厌氧菌；糖被酵母分解的生化反应有两种情况：在有氧时进行有氧呼吸，生成 H_2O 和 CO_2，并放出大量热能；在无氧时进行发酵，产生乙醇、CO_2 及少量热。

3. 酯类的形成

酯类多属芳香成分，能增进啤酒风味，故受到重视。对啤酒香味起主导作用的酯类主要是乙酸乙酯、乙酸异戊酯。它们大部分在主发酵期酵母繁殖旺盛时产生的，后酵只有微量增加。

4. 硫化物的形成

啤酒中硫化物主要来源于原料中蛋白质的分解产物，即含硫氨基酸，如蛋氨酸和半胱氨酸，此外酒花和酿造用水也能带入一部分硫。这些硫化物主要有 H_2S、甲硫醇、乙硫醇等，它们是生酒味的组成部分，具有异味或臭味，含量高则影响啤酒风味。要减少硫化物的生成，主要控制制麦过程不能过分溶解蛋白质。

5. 连二酮（VDK）的形成

连二酮即双乙酰（丁二酮）和 2，3-戊二酮的总称，它们在乳制品中是不可少的香味成分，但在啤酒中不受欢迎，人们认为是饭馊味，其口味阈值约 0.2mg/L。通常的储酒过程都以此值为成熟标准规定，若超过 0.2mg/L，认为酒的成熟度不够。双乙酰的形成主要是发酵时酵母的代谢过程生成了 α-乙酰乳酸，它是双酰的前体物质，极易经非酶氧化生成双乙酰。其次，细菌污染也产生双乙酰。此外，大麦自身含产生双乙酰的酶，所以麦汁中也有微量双乙酰存在。

（二）啤酒发酵工艺

1. 主发酵

主发酵又称前发酵，是发酵的主要阶段，也称第一阶段。加酒花后的澄清麦汁冷却至6.5～8.0℃，pH5.2～5.7接种酵母，主发酵正式进行。传统的下面发酵法，发酵容器安装在有空气过滤装置、绝热良好和清洁卫生的发酵室内，并保持室温5～6℃。发酵容器采用开放式或密闭式，方形或圆形都有。

（1）酵母添加　酵母添加工艺见图3-11酵母繁殖槽繁殖中添加。

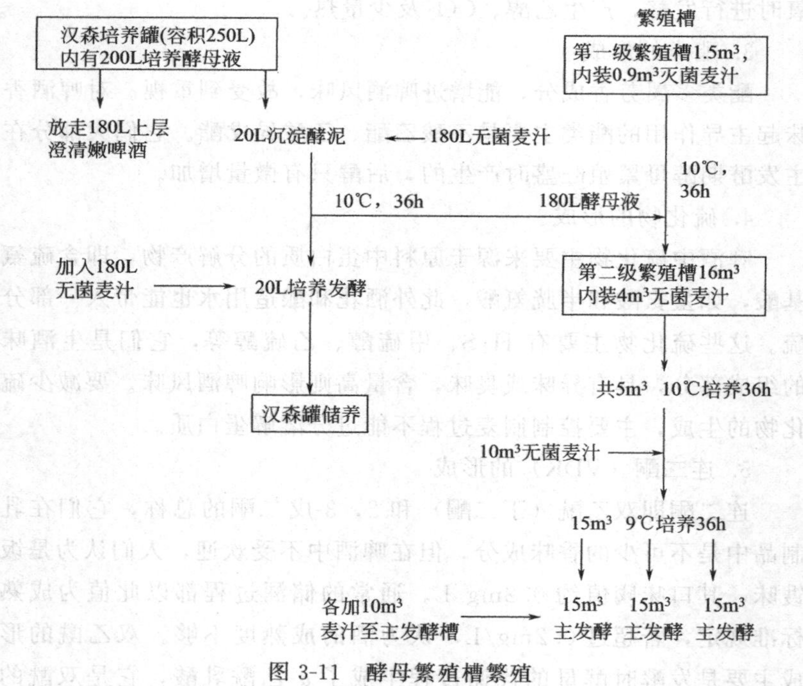

图3-11 酵母繁殖槽繁殖

① 直接添加法　将回收的洗涤酵母倾去上层清水，按需要量放入特制密闭酵母添加器或铝桶内，加适量麦汁（约1∶1）搅匀，用压缩空气或泵送入添加槽，适当通风数分钟。此法中小型厂使用比较简便。

② 追加法　此法类似酵母扩大培养过程，使发酵液中有足够的细胞数，以防污染。每次追加后适当通风，若酵母质量不佳，生

产上也可追加高泡期酒液，此法有利于补救发酵进程。

③ 酵母添加量　常按泥状酵母对麦汁体积百分率计算，一般为0.5%～0.65%。实际用量应根据酵母新鲜度、稀稠度、酵母使用代数、发酵温度、麦汁浓度以及添加方法等适当调节。麦汁浓度高，酵母使用代数多，接种温度低，则接种量应稍大。反之宜少。接种量大，发酵速度快，抗污染力强。然而最后产量与接种量无关系。至高泡期，细胞饱合数为6000万～7000万个/mL。因此接种量少，发酵期增殖的健壮酵母多，回收酵母活力强；反之接种量大，死细胞率增加，回收酵母活力下降，甚至啤酒具有酵母味，通常接种后酵母数量为800万～1200万个/mL。

(2) 发酵阶段　为了便于管理，根据发酵表面现象，将发酵过程区分为低泡、高泡和落泡三个阶段。

① 低泡期　接种后15～20h，池的四周出现白沫，并向池中间扩展。糖度下降，温度上升产生CO_2，酵母浮游。当麦汁倒入主发酵池后，泡深逐渐增厚，洁白厚密，以四周向中心形成卷边，类似菜花。此阶段维持2.5～3天即进入高泡期。每天温度上升0.9～1℃，糖度平均每天下降1°Bx。

② 高泡期　这是发酵旺盛期，泡沫特别丰富，达20～30cm，品温最高达8.5～9℃，此时应密切注意降温。悬浮酵母数达最高值，降糖最快时达1.5°Bx/d。由于酒花树脂的析出，泡沫表面出现棕黄色，此阶段可维持2～3天。

③ 落泡期　是发酵的衰落期，温度开始下降，降糖速度变慢，泡沫也开始收缩，形成褐色泡盖。这是由蛋白质、树脂、酵母和其他杂质组成，应及时散去。酵母逐渐下沉，此时需人工降温。当11°啤酒糖度降至4.0～4.5°Bx，12°啤酒糖度降至3.8～4.8°Bx时，即可下酒进入后酵，此阶段持续约2～3天。主发酵终了pH 4.2～4.4。

(3) 发酵时间及温度管理　啤酒发酵的一般温度范围如表3-6所示。

表 3-6 啤酒发酵的一般温度范围 单位：℃

啤酒种类	起始温度	最高温度	最终温度
上面啤酒	10～15	15～25	5～7
下面啤酒	6～8	8～12	3.5～5

由接种后发酵至最高温度，温度通常不加控制，达到预定高温后，开始通冷却水，维持高温 2～4 天，然后缓缓降温。降温不能太急，否则酵母下沉，发酵停滞。温度调节应根据降糖速度而定，高泡期每 24h 降糖 1～1.5°Bx。高泡期后每 24h 降 0.5～0.9°Bx。这时温度比糖度在数值上高 0.8～1.5 较适宜。落泡期的后期，大部分酵母下沉，冷却速度可加快，直达下酒温度 4～5℃，目前国内 11～12°Bx 麦汁，发酵期维持在 7～10 天之间。

(4) 发酵的检查　正常的发酵能从外观上明显地观察到泡沫的三个阶段。主发酵进入末期，可用烧杯轻轻微开覆盖泡沫取样，对着灯光观察，如浑浊不清，看不见灯丝，看不见酒液中明显的颗粒，说明发酵仍在进行，是反常现象。应以酵母质量、麦汁组成、温度控制等方面分析原因。另一种情况是酒液透明，酵母下沉而糖度却相当高，其原因可能是酵母衰老或酒温过低。现场多根据外观发酵度验证发酵情况，通常 11°Bx 麦汁外观发酵度为 60%～72%，12°Bx 麦汁为 60%～65%。主发酵终了应含适量可发酵性糖，通常为 0.8%～1%。

(5) 酵母回收　主酵终结酵母下沉，将嫩酒上层泡沫撇除。主酵液进入后酵，回收底层酵母。每 100L 酒液能回收 1.7～2.4L 酵母泥。正常酵母循环使用 7～10 代为限，要求死细胞数在 5% 以下。

国内大部分啤酒厂设有酵母添加槽，在添加槽内已除去了大部分冷凝固物和死细胞，另外也都使用酵母筛，因此回收酵母就是直接从池底流出先经 60～100 目筛过筛，0～2℃水冲洗，采用“去上层、收中层，看下层”的取酵母泥的方法。酵母泥存放于酵母锅内，沉淀 1～2h，倾去混水，再冲洗、沉淀、倾析，如此反复多次。一般规定头三天每天换水2～4次，以后每天换水两次。以尽量洗除残糖和蛋白质以及轻质酵母。酵母水温0.5～2℃，室温0.5～2.5℃，存放时间不超过7天。长期保存酵母，可用10%蔗糖液于低温保藏，也可用正常麦汁低温保存，保存期为一个月。

2. 后发酵

麦汁经主发酵后的发酵液叫嫩啤酒，又叫新啤酒，此时酒的CO_2含量不足，口味不成熟，不适于饮用，大量的悬浮酵母和凝固析出物尚未沉淀下来，酒液不够澄清。一般还要经过数星期成效的储藏期，此即后发酵，啤酒的成熟和澄清均在后发酵期完成。

（1）后发酵的作用

① 嫩啤酒中残留的可发酵性糖继续发酵，产生的CO_2在密闭的储酒容器中不断溶解于酒内，使达饱和状态。

② 后发酵初期产生的CO_2在排出储酒罐外时，将酒内所含的一些生酒味的挥发性成分如乙醛、H_2S、双乙酰等同时排出，减少啤酒不成熟味道加快啤酒成熟。

③ 在较长的后发酵期中，悬浮的酵母、冷凝固物和酒花树脂等在低温等情况下缓慢沉淀下来，使啤酒逐渐澄清，便于过滤。

④ 在较低的储酒温度下，一些易形成强浊的蛋白质-单宁复合物逐渐析出，而先行沉淀下来或被过滤除去，改善了啤酒的非生物稳定性，从而提高了成品啤酒的保存期。

（2）后发酵操作

① 下酒　将主酵微酒送至后酵罐称为下酒。酒液从储酒桶底引进入罐，这样可避免酒液过于骚动而吸氧过多，减少CO_2损失以及涌沫，有利于缩短澄清时间。顶孔进酒法是被反对的。此外要求尽可能一次灌满，留空隙10～15cm。避氧对防止浑浊和减少氧化味是有利的。

②管理　下酒后先开口发酵，以防CO_2过多，在酒沫涌出，即2～3天后封口，若有自动调压装置封口可早些。下酒初期室湿2.8～3.2℃，一个月后逐渐降低到0～1℃，前高后低的目的是使残糖发酵，随后澄清。有些单位不同酒龄的酒共存一室，温度互相

矛盾，无法控制室温。另外温度绝对不能忽高忽低，否则酒液上下对流，澄清不良。罐压也不能忽高忽低，CO_2也不准急速排放，这些都不利于澄清。

若下酒后3～4天仍不起发，CO_2少，很可能是主发酵过头，残糖少，酵母少，此时可取加5%～10%的旺盛主酵液，俗称加高泡酒。储酒期间，用烧杯取样观察，通常7～14天罐内酵母下沉。若长期不清，应镜检：若是酵母悬浮则属酵母凝聚性差；若是细菌浑浊则属严重污染，通常无法挽救，只能排弃。若是胶体浑浊则是麦芽溶解性差，蛋白分解不良，煮沸强度不够，冷凝物分离不良等。

内销酒后酵一般为35～40天，外销酒60～90天。

（三）啤酒大罐发酵

我国在20世纪70年代中期，广州啤酒厂和北京啤酒厂先后采用室外圆筒锥底发酵罐发酵，此发酵方法已经遍及全国中、大型啤酒厂，逐步取代了传统发酵。单罐容积10～30m^3，趋向大型化100～800m^3。圆体锥底发酵罐（C.C.T）工艺，由于各厂使用的酵母特性，啤酒风格有差别，工艺差异比较大，本文只讨论一些共性。

1. 圆柱锥底发酵罐特点

（1）底部为锥形，便于生产过程中随时排放沉集于罐底的酵母。

（2）罐身设有冷却装置，便于发酵温度的控制。罐体外设有保温装置，可将罐体置于室外，减少建筑投资，节省占地面积。

（3）采用密闭发酵，便于CO_2洗涤和CO_2回收；既可做发酵罐，也可做储酒罐。

（4）罐内发酵液由于液体高度而产生CO_2梯度，并通过冷却方位的控制，可使发酵液进行自然对流，罐体越高对流越强，有利于酵母发酵能力的提高和发酵周期的缩短。

（5）发酵罐可采用仪表或微机控制，操作、管理方便。可采用CIP自动清洗系统，清洗方便。

(6) 设备容量大，国内采用的罐容一般为100～600m^3。

圆柱锥底发酵罐的示意见图3-12。

2. 基本结构

(1) 锥顶　CO_2、CIP管道，防真空阀、过压阀、压力传感器等。

(2) 罐体　冷却装置和保温层、测温和测压元件等。

(3) 锥底　冷却层、进出管道、阀门、视镜、测温和测压的传感器等。

3. 主要结构参数

(1) 径高比　圆筒部分：1∶(1～4)。

(2) 罐容量　有效体积：80%。

(3) 锥角　60°～90°，一般60°～75°。

(4) 冷却夹套与冷却面积　二次冷媒冷却。啤酒冰点：－2.7～－2.0℃，冷媒温度：－3℃左右。冷媒：20%～30%酒精水或20%的丙二醇水。冷却面积：不锈钢0.35～0.40m^2/m^3，碳钢：0.50～0.62m^2/m^3。

(5) 隔热层与防护层

① 隔热层　聚酰胺树脂、自熄式聚苯乙烯塑料、聚氨基甲酸乙酯、膨胀珍珠岩粉、矿渣棉等。厚度150～200mm。

② 防护层　铝合金、马口铁：0.7～1.5mm；不锈钢：0.5～0.7mm；瓦楞板等。

(6) 罐压　安全阀与真空阀的作用。下酒时注意背压。

(7) 罐数　罐数＝发酵周期×每天糖化次数÷罐容麦汁的批次数＋3。

4. 工艺参数及要求

(1) 周期　12～24天。与产品类型、质量要求、酵母性能、接种量、发酵温度、季节等有关。

(2) 接种量　与酵母性能、代数、衰老情况、产品类型等有关。发酵开始：(10～20)$\times10^6$个/mL；旺盛时：(6～7)$\times10^7$个/mL；排放酵母后：(6～8)$\times10^6$个/mL；储酒时：(1.5～3.5)$\times10^6$个/mL。

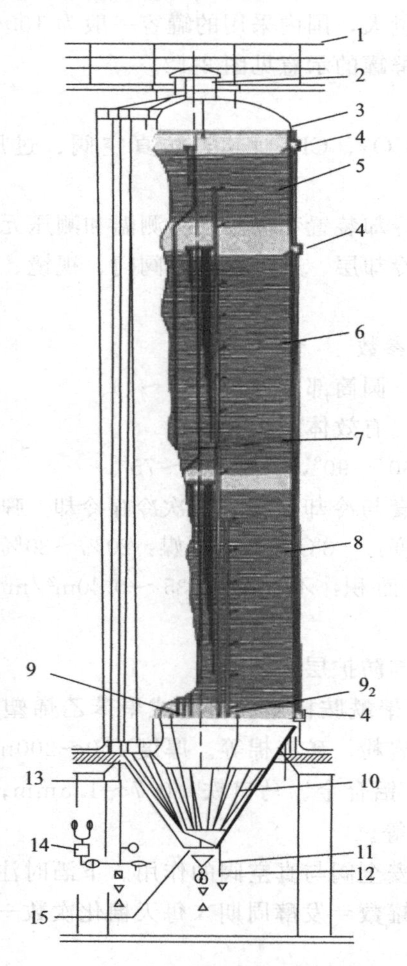

图 3-12 锥形罐（保温层部分未画出）

1—操作平台；2—带有附件的罐顶；3—带有绝缘的电缆管和排水管；4—温度计（表）连接口；5—用于储酒的较小冷却区；6，8—用于发酵的冷却区；7—保湿层；9—液氨流入管的接口和阀门；9_2—氨气出口；10—锥底冷却区；11—带有入孔锁闭的锥底套管 DN450；12—取样阀；13—与罐顶连接的进管和出管（CO_2、空气、CIP），它们均绝缘安装；14—保压装置；15—内容物容积测量装置、空罐探头

(3) 发酵最高温度和双乙酰还原温度　低温发酵：8℃；中温发酵：10～12℃；高温发酵：15～18℃。我国一般：9～12℃。还原温度：≥发酵温度。

(4) 罐压　最高0.07～0.08MPa。最高罐压=最高温度÷100(MPa)。CO_2（%，质量分数）=0.298+0.04×罐压-0.008×品温。

(5) 满罐时间　12～24h，最好<20h。

(6) 真实发酵度　低发酵度：48%～56%；中发酵度：59%～63%；高发酵度：≥65%；超高发酵度（干啤酒）≥75%。

5. 一罐法发酵工艺

(1) 麦汁进罐方式　由于锥形罐的体积较大，需要几批次的麦汁才能装满一罐，所以麦汁进罐一般都采用分批直接进罐。满罐时间一般控制在20h之内。另外，满罐温度的高低也直接影响酵母的增殖速度、降糖速度、发酵周期。满罐温度过低，自然升温时间延长，酵母前期增殖迟缓，不利于快速发酵，而且啤酒的发酵度也比较低；满罐温度过高，酵母前期增殖过快，降糖幅度太大，导致酵母因缺乏足够的营养而使代谢功能减弱，影响其对双乙酰的还原以及封罐后二氧化碳的产生和溶解量，使啤酒的口味及泡沫性能下降。麦汁进入发酵罐后，由于酵母开始繁殖会产生一定的热量，使罐温升高，所以麦汁的冷却温度应遵循先低后高，最后达到工艺要求的满罐温度。通常宜将麦汁的满罐温度控制在比主发酵温度低2℃左右。

(2) 酵母添加　酵母接种量要比传统发酵法大些，接种温度一般控制在满罐时较拟定的主发酵温度低2～3℃。一般边加麦汁边加酵母。

(3) 通风供氧　冷麦汁溶解氧的控制可根据酵母添加量和酵母繁殖情况而定，一般要求混合冷麦汁溶解氧不低于8mg/L即可。

(4) 主发酵温度　锥形罐啤酒发酵过程中温度的调节与控制是非常重要的一个环节，发酵温度的控制、调节是否合理，不仅关系到发酵能否顺利进行，而且关系到酵母本身的性能及最终产品质量；发酵过程中温度的剧烈变化，不仅会使酵母过早沉淀、衰老、死亡与自溶，导致发酵异常，而且还直接影响到代谢副产物生成，从而影响到啤酒的酒体与风味，影响到啤酒的胶体稳定性。发酵温度的调节与控制应当以麦汁组成、麦汁浓度、酵母特性、酵母添加量、发酵周期、产品种类等因素为依据，结合各自企业设备等实际情况加以实施，以获取最佳工艺温度曲线。

发酵温度是发酵过程中最重要的工艺参数，根据发酵过程中温度控制的不同，可将发酵过程分为主发酵期、双乙酰还原期、降温期和储酒期四个阶段。

① 主发酵期　麦汁满罐并添加酵母后，酵母开始大量繁殖，消耗麦汁中可发酵糖，同化麦汁中低分子氮源，当繁殖达到一定程度后开始发酵。随着降糖速度的不断加快，发酵趋于旺盛，产热量增大，温度随之升高，α-乙酰乳酸向双乙酰转化速度加快。由于这个阶段发酵旺盛，产生大量的CO_2，并在罐体内形成浓度梯度。刚开始在锥形罐下部的酵母浓度高，酵母起发速度快，因而下部的CO_2浓度高于中上部，而下部发酵液密度低于中上部，造成发酵液由下向上形成强烈对流（图 3-13）。随着发酵液对流速度加快，升温也快，所以这一阶段应开启上段冷却带，控制流量使之与发酵产生的热量相抵消，并关闭中、下冷却带，以保证旺盛发酵。此时罐内温度上低下高，以加快发酵液从下向上对流，从而使发酵旺盛，降糖速度快，酵母悬浮性增强，加快双乙酰的还原，有利于啤酒的成熟。如果出现发酵过于旺盛，温度难以控制，或罐体保温差，外界温度又偏高或冷媒进口温度较高，不足以抵消发酵产生的热量时，为了温度平衡可打开中段冷却带协助冷却。

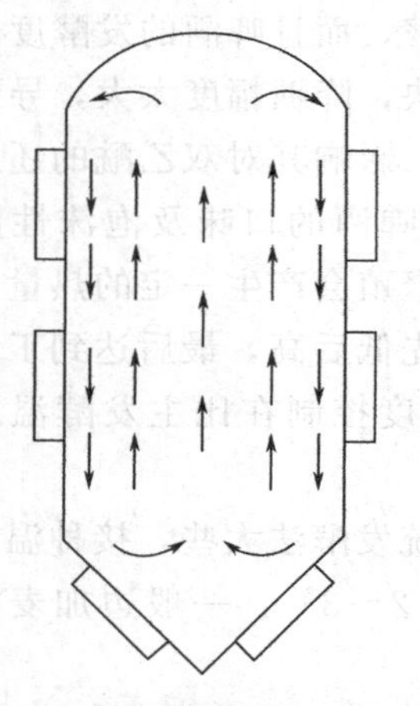

图 3-13　锥底罐发酵液对流示意

② 双乙酰还原期　双乙酰还原期的确定是以糖度变化为依据的。当糖度降至规定值时即认定转入双乙酰还原期。各个啤酒厂的糖度规定值各不相同，一般在达到发酵度的90%时的糖度开始还原双乙酰。双乙酰还原期的温度控制大致可分为三种：一种是低于主发酵温度2～3℃还原，这种方法的还原时间较长，一般为7～10天，酵母不容易自溶和死亡，啤酒口味较好；另一种是与主发酵相同温度还原，这种方法实际上是不分主发酵和后发酵，还原时间较短；第三种是目前常用的高于主发酵温度2～4℃还原，还原期可缩短至2～4天。采用这种较高温还原的方法，就是当发酵液糖度降至规定值时，关闭冷却，使发酵液温度自然升至12℃，同时背压0.12MPa，进入双乙酰还原期。虽然在发酵液中还含有少量的可发酵性糖，经发酵会产生一定的热量，但相对于主发酵期产热量已少得多。由于此阶段温度上升缓慢，所以可通过调节锥形罐底部的冷却带来控制还原温度，同时关闭中、上段冷却带，以减轻发酵液的对流强度，为下一步酵母沉降创造条件。

③ 降温期　随着糖度继续降低，双乙酰还原至0.1mg/L以下时，开始以0.2～0.3℃/h的速度将发酵液的温度降至4℃左右(有的直接降温至0℃)。在此阶段由于发酵温度逐渐降低，酒液密度逐渐增大，酒液密度变化引起的对流由上而下流动；又由于发酵速度随着发酵温度的降低而逐渐减缓，以及由酒液温差变化所引起的热对流作用，也使酒液由上而下流动，这一阶段的对流情况由原来的向上流动逐渐转为向下流动。因此这一个时期应以控制锥形罐下部温度为主，使罐顶温度高于罐底温度，以利于由上而下的对流，促进酵母及凝固物的沉降，这样有利于酵母的回收、酒液的澄清和CO_2的饱和，有利于酒质的提高和口味的纯正。在降温期间，降温速度一定要缓慢、均匀，防止结冰，宁可控制降温时间长一些，也不可将冷却剂温度降得太低或降温太快。

④ 储酒期　储酒期包括温度由4℃降至0℃以及－1～0℃的保

温阶段。储酒的目的是为了澄清酒液、饱和二氧化碳、改善啤酒的非生物稳定性，以改善啤酒的风味。此阶段随着发酵温度的继续缓慢下降，CO_2溶解度增加，反而使酒液的密度随之降低。这时，由密度变化引起的对流缓慢向上流动。又由于随着发酵更加缓慢地进行，锥形罐内下部酒液中的CO_2浓度高于中、上部，即下部酒液的密度低于中上部，从而酒液由原来的向下流动缓慢转为向上流动。因温差变化小，酒液流向很不规则，向下与向上的对流作用趋于平衡。这一阶段必须有效地控制低温，逐步使罐的边缘与中心、上部与下部温度趋于一致，这样才有利于酒液的澄清和成熟，有利于酵母和杂质的沉降。操作时，此阶段温度控制需打开上、中、下层冷却夹套阀门，保持三段酒液温度平稳，避免温差变化产生酒液对流，而使已沉淀的酵母、凝固物等又重新悬浮并溶解于酒液中，造成过滤困难。这一阶段温度宜低不宜高，严防温度忽高忽低剧烈变化。

6. 罐压控制

除发酵温度外，压力也是重要的工艺参致，因为控制好罐压能使双乙酰在发酵期内得到有效的还原。压力高虽然制约了酵母繁殖与发酵速度，却有利于双乙酰的还原，而且能明显抑制乙酸乙酯、异戊醇等口味阈值较低的发酵副产物的生成。生产中可根据酵母出芽情况逐级加压，发酵终了时应缓慢减压。具体操作方法如下。

(1) 主发酵前期由于双乙酰已经开始生成，因此在开始阶段产生的二氧化碳和不良的挥发性物质应及时排除，这时采取的是微压(<0.01～0.02MPa)。待外观发酵度为30%左右，即酵母第一次出芽已全部长成时才开始封罐升压。

(2) 当外观发酵度为60%左右时，酵母第二次出芽长成，发酵开始进入最旺盛阶段，此时应将罐压升到最大值。由于罐耐压强度和实际需要，罐压的最大值一般控制在0.07～0.08MPa。在发酵最旺盛阶段应稳定罐压不变，以使大量的双乙酰迅速被还原。另外，较高的罐压还有利于二氧化碳的饱和。

（3）主发酵后期，双乙酰的还原基本结束，所以压力应缓慢下降，直到完成。这样不但有利于排除一部分未被还原的双乙酰，而且可以防止酵母细胞内含物的大量渗出及对酵母细胞的压差损伤。

7. 酵母的回收

（1）特点

① 降温至6～7℃后可随时排放酵母。

② 回收方式　酵母回收泵和计量装置、加压与充氧装置。

③ 贮存方式　不洗涤，储存温度易调节。

（2）回收过程　降温至6～7℃→锥底阀酒精灭菌→85℃热水30min、0.25%消毒液10min→排放→清水冲洗5min→85℃热水灭菌20min。定期85℃NaOH洗涤20min。

（3）回收要点

① 注意背压和储存温度（2～4℃）及时间（<3天）。

② 及时除杂　2～3倍0.5～2.0℃无菌水洗，并80～100目筛杂，2～2.5次/天。

③ 酸洗　5%柠檬酸调pH2.2～2.5搅匀后静置≥3h，去上层，保留沉淀。

④ 酵母使用次数　2～4代。要求：死亡率≤5%，>10%不可使用。

8. 罐的清洗与消毒

（1）微生物的控制　污染途径：麦汁冷却、输送管道、阀门、接种、发酵空罐等。

检验　洗涤残水细菌总数<5个/mL，每周一次厌氧微生物检测。

（2）杀菌剂的选择　ClO_2、双氧水、过氧乙酸、甲醛等。

（3）洗涤方法的选择

①清水→碱水→清水。

②清水→碱水→清水→杀菌剂（ClO_2、双氧水、过氧乙酸）。

③清水→碱水→清水→消毒剂→无菌水。

④清水→稀酸（磷酸、硝酸、硫酸）→清水→碱水→清水→杀

菌剂→无菌水。

第六节 啤酒过滤与灌装

啤酒经过后发酵，口味已经成熟，二氧化碳已经饱和，酒液也逐渐澄清，再经过机械处理，除去酒液中的悬浮微粒，酒液达到澄清透明即可进行包装。

一、过滤与分离

（一）过滤的目的与要求

1. 过滤目的

（1）去除悬浮物，改善啤酒的外观。

（2）提高啤酒的胶体稳定性。

（3）提高生物稳定性。

2. 过滤要求

（1）过滤能力大。

（2）质量好，透明度高。

（3）酒损小，CO_2损失少。

（4）不易污染、不吸氧、不影响啤酒的风味。

（二）过滤的方法与过滤介质

过滤方法有：滤棉过滤、硅藻土过滤、板式过滤机、膜式过滤机、离心分离法、棉饼过滤法已被淘汰，目前使用最普遍的是硅藻土过滤法。

（三）硅藻土过滤机的结构

目前，使用比较广泛的硅藻土过滤机有板框式、水平圆盘式及烛式等多种结构。

1. 板框式过滤机

板框式过滤机以支撑纸板来支撑硅藻土堆集层，能确保分离精度达到要求且其构造简单，活动部件少，维修费用低，并可卸除较干的滤饼，但纸板是消耗品，虽操作简单，但劳动强度较大。根据

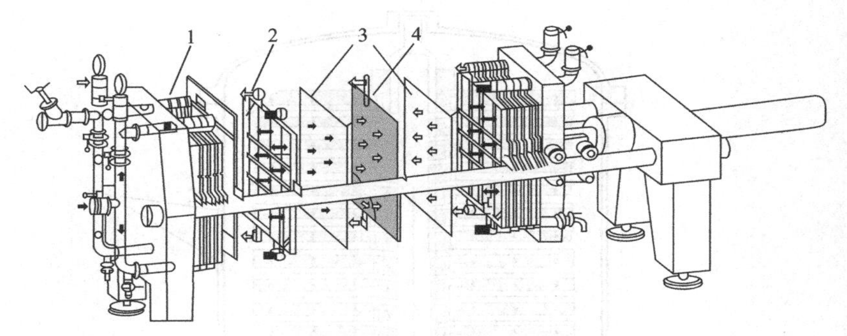

图 3-14 板框式硅藻土过滤机

1—过滤单元；2—滤框；3—过滤纸板；4—支撑板

我国当前的技术水平，啤酒厂大多都在使用板框式过滤机，其结构见图 3-14。

2. 水平圆盘式硅藻土过滤机

水平圆盘式以不锈钢丝网支撑硅藻土堆集层，不用支撑纸板，操作比较方便，但它要求的预涂技术较高，容易出现过滤不清及漏土现象。该机有两种形式：其一是将圆形叶片装在中叶轴上，安装在立式罐内，卸除滤饼的方法为先冲少量的水，将滤饼抬起，然后使叶片与中心轴一起转动，将滤饼甩出，并在罐内加压，滤泥似牙膏状挤出。另外一种形式是叶片装在水平罐内，卸除硅藻土时，将罐内叶片转至垂直方向后进行反冲。该机过滤时，过滤层的形成及过滤液的流向见图 3-15。

该机型的优点：易实现自动化控制，叶片上的硅藻土滤层可保持稳定，卸出的滤泥为半干的滤饼。缺点：硅藻土只能沉积在叶片上表面，单位机壳体积的物料通过率低。

3. 烛式硅藻土过滤机

烛式硅藻土过滤机每根烛形柱由很多不锈钢环组成，作为滤层的支承。圆环的底面扁平，顶面有扇形突起。圆环一个个叠装在开槽的中心柱上，且用端盖将位置固定。在环面之间沉积硅藻土，形成硅藻土架桥而起滤器作用，环的表面平整度要好，以保证滤层附

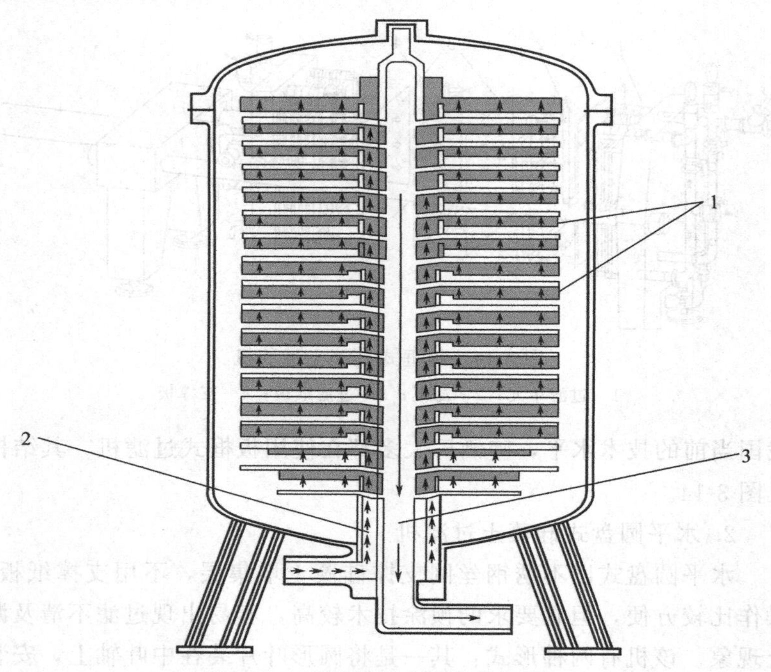

图 3-15 滤层的形成及滤液的流向

1—滤层形成；2—未滤液进；3—滤液流出

着均匀。具体结构见图 3-16。

（四）硅藻土过滤机的操作

1. 清洗及消毒

为确保生产出合格的啤酒，达到卫生标准，过滤前必须对过滤机进行全面的清洗和杀菌，除掉残留在过滤机内部的细菌及微生物。消毒和灭菌的方法有很多，如化学药物灭菌、蒸汽灭菌、热水清洗等。

(1) 蒸汽灭菌 将供汽管连接到过滤机的进口阀上，蒸汽应保持低压，压力计均不应显示出压力值，将所有阀门置于半开启状态，以便排出蒸汽。平缓地打开进汽阀让蒸汽进入过滤机中直到所有阀门均有蒸汽排出。然后，持续仔细地向过滤机内通入蒸汽约

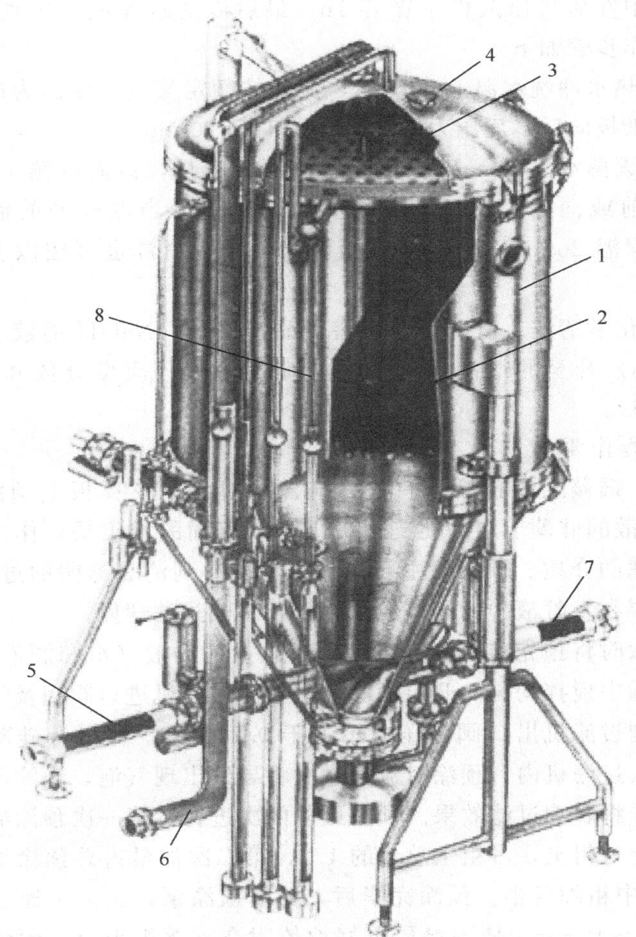

图 3-16　烛式硅藻土过滤机主体（剖视图）

1—过滤机罐体；2—悬立的烛芯；3—固定烛芯板；4—过滤机机盖；
5—未滤液进口；6—滤液出口；7—废硅藻土排出口；8—排气管道

20min，蒸汽温度不超过 110℃，蒸汽灭菌结束后闭上所有阀门，以清水循环冲洗过滤机 20min。

(2) 酸碱热水冲洗灭菌　现普遍采用该方法对整个过滤系统进行清洗、灭菌，即首先用热水冲洗，再用热碱水循环 3h，以清水漂洗至中性后再以酸性水循环 1h，最后以清水漂洗至中性备用。具体操作步骤如下。

① 热水冲洗水温 52～55℃，流速按额定流量，流向为硅藻土向前、纸板向后，反压力 0.05MPa，时间 20min。

② 灭菌水温 90～95℃，流速按额定流量，流向硅藻土向前、纸板向前或向后，反压力 0.05MPa，时间为当取样处的温度达 80℃后保温 20min。更换新纸板时，清洗、消毒也可按以上步骤进行。

③ 化学清洗。清洗剂为市售商品清洗剂，NaOH 溶液（质量分数 5%）升至的最高温度 80℃，硝酸溶液（质量分数 0.2%），温度 20℃。

2. 操作要点

(1) 硅藻土的预涂　首先在硅藻土过滤的支撑板上预涂 2～3mm 松散的硅藻土层，使支撑板上形成牢固的堆集层，作为初始深层过滤的介质。预涂的主要目的是为了得到清亮透明的过滤液，截留悬浮在发酵液中的固体粒子，且不影响过滤速度。

预涂时将预先准备好的定量硅藻土及辅助液（水和酒液），加入混合罐中搅拌均匀。开启预涂泵、打开过滤机进口阀门及排气阀门，控制过滤机出口阀门压力不大于 0.25MPa，让混合硅藻土液缓慢输入过滤机内，预涂时流速过大将导致出现气泡，预涂层不均匀，这样将影响过滤效果。预涂可分两次进行：第一次预涂硅藻土的加量全为粗土，占粗土总量的 1/2，第二次加量占总预涂加量的 1/2，其中粗细各半。预涂完毕后，关闭预涂泵，让清水通过过滤机维持 5～10min，使预涂层更好地依附在支撑纸板上。预涂硅藻土的数量一般为 800～1000g/m^2。

(2) 啤酒的过滤　开启输酒泵、打开进出口阀门，用啤酒将过滤机内的水全部顶出，同时开启计量泵，观察添加机组管路上的视镜中的喷土情况，在出口取样阀取样，待滤清的啤酒合格后转入清酒罐。正常滤酒过程中，应随时注意控制，并及时观察以下问题。

① 流量控制 在滤酒过程中一定要将流量控制在额定范围之内，开始进酒流量过大将导致总的滤酒量下降。

② 压差变化 过滤开始阶段，压力比较平稳，当过滤进行2～3h后，硅藻土层逐渐增厚，过滤压差逐渐上升，当压差升至0.5～0.6MPa时，流量已下降到不能满足过滤要求，此时，即为过滤的终了。因此，应随时注意过滤压差变化。

③ 保压操作 在过滤过程中，若遇换罐或偶然停电等情况时应注意关闭过滤机进出口阀门，以保持过滤机内压力不低于0.2MPa，此举目的是为了防止支撑纸板上的硅藻土脱落。

(3) 过滤结束 当过滤机进出口压差超过规定数值时，即要停止过滤。此时，先用水将硅藻土过滤机中的残留酒液洗涤出来（称为酒尾），然后打开过滤机，将硅藻土冲洗下来，过滤机重新安装备用，用过的硅藻土弃置不用。

二、啤酒的灌装

（一）包装过程的基本原则

(1) 尽量减少氧的接触：应$<$0.02～0.04mg/L。

(2) 尽量减少CO_2损失。

(3) 严格无菌操作。

（二）灌装的形式与方法

啤酒灌装的形式有瓶装（玻璃、聚酯塑料）、罐（听）装、桶装等，其中国内瓶装熟啤酒所占比例最大，近年来瓶装纯生啤酒的生产量逐步增大，旺季桶装啤酒的销售形势也比较乐观。

啤酒灌装的方法分加压灌装法、抽真空充CO_2灌装法、二次抽真空灌装、CO_2抗压灌装法、热灌装法、无菌灌装法等。最常用的是一次或二次抽真空、充CO_2的灌装法，预抽真空充CO_2的灌装方法可以减少溶解氧的含量，对产品的质量影响较小。

（三）灌装系统的工艺要求及注意事项

1. 瓶装啤酒

瓶装啤酒包装工艺如图3-17所示。

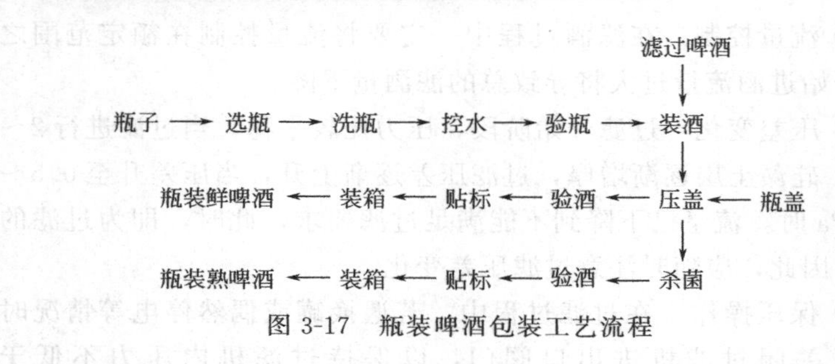

图 3-17 瓶装啤酒包装工艺流程

（1）空瓶的洗涤　新旧瓶都必须洗涤，回收的旧瓶必须经过挑选，剔除油污瓶、缺口瓶、裂纹瓶等。新瓶只经 75℃±3℃的高温高压热水冲洗或用 1%碱液喷洗，除去油烟；回收瓶有不同程度的污染，应掌握好洗涤剂配方，加强清洗杀菌，常用洗涤剂配方见表 3-7。洗涤剂要求无毒性。

表 3-7　常见洗瓶洗涤剂配方（以质量百分比计）

成分	中性(回收瓶用)	强力(瓶污染严重时用)
NaOH	2～2.8	2.5～2.8
三聚磷酸钠	0.02	0.035
葡萄糖酸钠(或柠檬酸钠)	—	0.01
平平加	0.005	0.005

（2）装酒

① 装酒前要首先对装酒机进行清洗和杀菌。如停机 24h 以上，应用 60～65℃、2%的碱水清洗 20～30min，然后用无菌砂滤水冲洗干净。同时，对储酒缸（或槽）要预先用二氧化碳背压，然后缓慢平稳地将啤酒由清酒罐送至装酒机的酒缸内，保持缸内 2/3 高度的啤酒液位。

② 装酒过程中要控制酒缸内液位、压力和装酒速度保持平稳运转。

③ 装酒后，可采用机械敲击、超声波起沫，或利用高压喷射装置，通过向瓶内喷射少量的啤酒、无菌水或二氧化碳，引泡激沫

而将瓶颈空气排除，然后压盖。

④ 装瓶故障及其排除

a. 瓶内液面过高　原因是酒阀密封橡胶圈失效，卸压阀、真空阀泄漏，回气管太短或弯曲。

b. 瓶子灌不满　原因是气阀门打开调节不当，托瓶气压不足，瓶门破损，气阀、酒阀开度太小。

c. 灌装喷涌　原因是酒温过高、二氧化碳含量过高、背压与酒压不稳定、瓶托风压过大等。另外，酒阀漏气、酒阀气阀未关闭、卸压时间短或卸压凸轮磨损以及瓶子不干净也可造成喷涌。

d. 灌酒时不下酒　原因是等压弹簧失灵，回气管堵塞，酒阀粘黏。

（3）压盖

① 测量好每个压盖元件间的行程控制间隔，通过适当调节，获得最佳的压盖效果。

② 根据瓶盖性质，调节压盖模行程和弹簧压力大小。如瓶盖马口铁厚、瓶垫厚，压力则要大。

③ 控制瓶盖压盖后外径在 28.6～29.1mm，如用瓶盖密封检测仪来检验瓶盖的耐压强度，双针式压力表可自动显示和记录瓶盖失效瞬时的最大压力 0.85MPa。

（4）杀菌　装瓶后啤酒的杀菌是待杀菌啤酒从杀菌机一端进入，在移动过程中瓶内温度逐步上升，达到 62℃左右（最高杀菌温度）后，保持一定时间，然后瓶内温度又随着瓶的移动逐步下降至接近常温，从出口端进入相邻的贴标机贴标。整个杀菌过程需要 1h 左右。装瓶前啤酒的杀菌是首先泵送冷啤酒进入预热区进行预热，然后再进入加热区（升温区）与热水或蒸汽对流进行热交换，升温至 71～79℃，维持 15～60s（保温区）进行瞬时杀菌，之后与刚进入到热交换器的冷啤酒进行热交换，降温后再与制冷剂对流进行热交换，使温度降至灌酒要求的温度。

（5）贴标　啤酒的商标直接影响到啤酒的外观质量，工艺要求使用的商标必须与产品一致，生产日期必须标示清楚。商标应整齐美观，不能歪斜，不脱落，无缺陷。黏合剂要求呈pH中性，初黏性好，瞬间黏度适宜，啤酒存放时不能掉标，遇水受潮不能脱标、发霉、变质，不能含有害物质及散发有害气体。贴标机有直通式真空转鼓贴标机和回转式贴标机等类型。贴标后经人工或机械包装（热收缩膜包装、塑料箱或纸箱包装），即可销售。

贴标机贴标过程包括：上胶、取标、夹标、贴标、转位刷标5个机械动作和瓶子定位、进瓶、压瓶、标盒前移、压标、出瓶6个辅助动作。

2. 罐装啤酒

罐装啤酒包装工艺流程如图3-18所示。

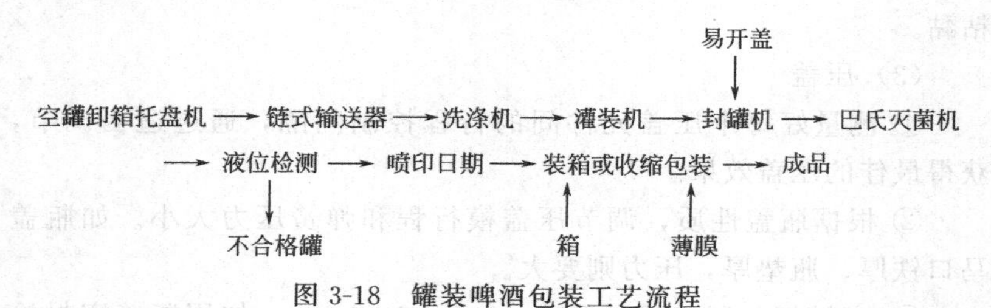

图3-18 罐装啤酒包装工艺流程

(1) 送罐工艺要求 罐体不合格者必须清除；空罐要经紫外线灭菌，装酒前将空罐倒立，以0.35～0.40MPa的水喷洗，洗净后倒立排水，再以压缩空气吹干。

(2) 灌装封口 工艺要求：灌装机缸顶温应在4℃以下，采用二氧化碳或压缩空气背压；酒阀不漏气，酒管畅通；灌装啤酒应清亮透明，酒液高度一致，酒容量355mL±8mL；封口后，易拉罐不变形，不允许泄漏，保持产品正常外观。装罐原理与玻璃瓶相同，采用等压装酒，应尽量减少泡沫的产生。

(3) 杀菌工艺要求 装罐封口后，罐倒置进入巴氏杀菌机。喷淋水要充足，保证达到灭菌效果所需Pu为15～30；不得出现胖罐和罐底发黑。由于罐的热传导较玻璃好，杀菌所需的时间较短，杀菌温度一般为61～62℃，时间10min以上。杀菌后，经鼓风机吹除罐底及罐身的残水。

（4）液位检查 采用γ射线（放射源：镅 241）液位检测仪检测液位，当液位低于 347mL 时，接收机收集信息经计算机处理后，传到拒收系统，被橡胶棒弹出而剔除。

（5）打印日期 自动喷墨机在易拉罐底部喷上生产日期或批号。打印后，罐装啤酒倒正然后装箱。

（6）装箱及收缩包装 装箱用包装机或手工进行，将 24 个易拉罐正置于纸箱中；也可采用加热收缩薄膜密封捆装机，压缩空气工作压力为 0.6MPa，热收缩薄膜加热 140℃左右，捆装热收缩后，薄膜覆盖整洁，封口牢固。

3. 桶装啤酒

啤酒包装源于桶装，由于包装简便、成本低、口味新鲜，近年来受到企业的重视。桶装啤酒目前包装容器一般采用不锈钢桶或不锈钢内胆、带保温层的保鲜桶，桶的规格有 50L、30L、20L、10L、5L 等。包装前，啤酒一般要经瞬间杀菌处理或经无菌过滤处理。采用无菌过滤、无菌包装的纯生啤酒日益受到消费者的欢迎，纯生啤酒的市场份额逐步增加，发展形势十分乐观。

桶装生产线由桶清洗灌装机、供给装置、进出口输送机、瞬间巴氏杀菌机、CIP 系统、称重器、翻转机等组成。

（1）桶的清洗 桶外洗机是对啤酒桶的外部进行清洗。常用形式有热水多喷嘴喷洗设备和带有刷子的旋转高压喷淋设备。清洗步骤分预注入水、碱水清洗、热水洗、冷水洗和蒸汽杀菌。啤酒桶清洗后，30L 桶内残水低于 20mL，残水 pH7，无菌。

（2）桶的灌装 缓冲罐内啤酒浊度＜0.5EBC，温度 1～4℃，桶内压力 0.25～0.3MPa，二氧化碳≤0.55%。桶装过程中用 0.3MPa 二氧化碳背压，输送啤酒时尽量避免与氧接触。用纯度 99.95%的二氧化碳填充，桶内压力 0.1～0.2MPa，将啤酒装满，装酒量（30＋0.3）L 或（30－0.7）L，合格率 90%。啤酒口味新鲜，含氧量 0.05mg/L。若用 0.2MPa 压缩空气背压，装酒后含氧量 0.20～0.40mg/L。

第四章　葡萄酒

第一节　葡萄酒概述

葡萄酒是以整粒或破碎的新鲜葡萄或葡萄汁为原料，经完全或部分发酵酿制而成的低度饮料酒，其酒精含量一般不低于8.5%（体积分数）。

葡萄酒是世界上最早的饮料酒之一，据记载，葡萄酒原产于公元前5000～6000年亚洲西南小亚细亚地区。我国自古就有原生葡萄，生产葡萄酒也有2000多年的历史。据史料考证，公元前138年汉朝张骞出使西域，将葡萄栽培和酿酒技术传入内地。自此历代各朝均有生产，但由于历史条件的限制，始终停留在作坊式的生产水平，产量也不大。

1892年印度尼西亚华侨实业家张弼士在山东烟台开办张裕酿酒公司，并从国外引进葡萄品种，这是我国第一个近代的新型葡萄酒厂。以后陆续还有几家葡萄酒厂，但规模都较小。

新中国成立后，葡萄酒工业有了迅速发展，先后在河北、天津、黄泛区（河南、安徽、江苏）、通化、长白山等地建立了葡萄酒厂，引进国外优良葡萄品种和酿酒先进设备。

改革开放以来，随着国际交流的发展，国家非常重视葡萄酒工业的发展，通过引进、消化、吸收国外酿酒工艺及设备，我国葡萄酒行业的酿酒水平有了很大提高。目前我国葡萄酒生产企业已遍布山东、河北、河南、安徽、北京、天津等26个省、市。产品得到国内消费者青睐，占领了国内葡萄酒销售市场的主导地位，并有部分企业的产品已出口到法国、美国、英国、荷兰、比利时等十几个国家和地区。

一、葡萄酒的分类

葡萄酒的品种很多，因葡萄的栽培、葡萄酒生产工艺条件的不同，一般按酒的颜色、含糖多少、含不含 CO_2 及采用的酿造方法等来分类，国外也有采用产地、原料名称来分类的。

（一）按葡萄酒的颜色分类

（1）红葡萄酒　以皮红肉白或皮肉皆红的葡萄为原料发酵而成，酒色呈自然深宝石红、宝石红、紫红或石榴红色。酒体丰满醇厚，略带涩味，具有浓郁的果香和优雅的葡萄酒香。

（2）白葡萄酒　用白葡萄或皮红肉白的葡萄，经皮肉分离发酵而成。酒色近似无色或淡黄、禾秆黄色。外观澄清透明，果香芬芳，幽雅细腻，滋味微酸爽口。

（3）桃红葡萄酒　酒色介于红、白葡萄酒之间，主要有淡玫瑰红体晶莹悦目，具有明显的果香及和谐的酒香，新鲜爽口，酒质柔顺。

（二）根据葡萄酒中含糖量区分

（1）干葡萄酒　含糖量（以葡萄糖计）≤4g/L，品评感觉不出甜味，具有洁净、爽顺、和谐愉悦的果香和酒香。由于酒色不同，又分为干红葡萄酒、干白葡萄酒和干桃红葡萄酒。同理，以下的半干、半甜、甜葡萄酒也可以分别根据酒色进行分类。

（2）半干葡萄酒　含糖量为4～124g/L，微具甜味，口味洁净、舒顺，味觉圆润，并具和谐的果香和酒香。

（3）半甜葡萄酒　含糖量为12～504g/L，口味甘甜、爽顺，具有舒愉的果香和酒香。

（4）甜葡萄酒　含糖量≥50g/L，口味甘甜、醇厚、舒适爽顺，具有和谐的果香和酒香。

（三）根据 CO_2 的含量区分

（1）静止葡萄酒　酒内溶解的 CO_2 含量极少，其气压≤0.05MPa（20℃）。开瓶后不产生泡沫。国内生产的葡萄酒大多属于静止葡萄酒类型。

（2）起泡葡萄酒　由葡萄原酒加糖进行密闭二次发酵产生CO_2而成，20℃时瓶内气压力（以250mL瓶计）≥0.35MPa，开瓶后会发生泡沫或泡珠。法国香槟省生产的这种葡萄酒叫香槟酒。这是以原产地名称作为酒名来命名的起泡葡萄酒。

（3）加气葡萄酒　与起泡葡萄酒相似，但CO_2是用人工方法加进葡萄酒中的。20℃瓶内气压力为0.051～0.25MPa。

（四）按酿造方法分类

（1）天然葡萄酒　完全采用葡萄原汁发酵而不外加糖或酒精酿制而成。

（2）加强葡萄酒　凡葡萄发酵成酒后，添加白兰地或中性酒精来提高酒精含量的葡萄酒，称为加强干葡萄酒；在提高酒精含量的同时添加糖分来提高含糖量的葡萄酒，称为加强甜葡萄酒。我国通常称之为浓甜葡萄酒，一般采用先制取葡萄原酒后，再添加白兰地或酒精，以及糖浆和柠檬酸、糖色等调制成产品。

（3）加香葡萄酒　在葡萄酒中加入果汁、药草、甜味剂等制成。按其含糖量不同，有干酒和甜酒之分。如味美思、丁香葡萄酒、人参葡萄酒等。

二、葡萄酒化学成分

葡萄酒是经过酵母菌的酒精发酵而获得的一种成分极为复杂的有机溶液，其成分主要有醇类、糖、酸、多酚物质、甘油、果胶、酯、矿物质、维生素等，葡萄酒的品质是这些成分相互平衡协调的综合表现。

（1）乙醇　即为酒精，是酵母菌发酵葡萄浆果中糖的主要产物。在葡萄酒中通常含量为7%～16%（体积分数）。酒精是葡萄酒香气和风味物质的支撑物，它使葡萄酒具有醇厚的结构感。世界各国对葡萄酒的乙醇含量，各有法律规定，作为征税的依据。

（2）糖　葡萄酒中的糖是葡萄浆果中被酵母发酵的部分，主要的是葡萄糖和果糖。含量因酒的类型不同，存在较大的差异。糖是构成葡萄酒甜味的主要成分。

（3）酸 葡萄酒中的酸一类是来源于葡萄本身的酒石酸、苹果酸和微量柠檬酸；另一类是发酵产生的乳酸、琥珀酸和醋酸等。这些酸一方面赋予酒一定的酸味；另一方面对防止酒的败坏和保持良好的颜色有重要作用。当然它们有时也受到微生物的分解，引起葡萄酒的不稳定。

（4）甘油 甘油是酵母菌酒精发酵的主要副产物，其含量一般为5～12g/L。甘油对葡萄酒风味有重要作用，它不但具有甜味，而且使葡萄酒具有圆润和肥硕感。

（5）高级醇 高级醇也是酒精发酵的主要副产物，其中90%以上是异戊醇。对于葡萄酒的感官风味有重要的作用，但含量多时会掩盖果香，影响葡萄酒的香气。

（6）多酚类物质 主要包括色素和单宁，来源于葡萄浆果和果梗、果皮及种子。由于酒的种类不同，含量高低不一，红葡萄酒含量高，白葡萄酒中含量较低。色素主要影响葡萄酒的颜色，而单宁影响葡萄酒的结构感和成熟特性。同时二者都和葡萄酒的稳定性密切相关。

（7）二氧化硫 二氧化硫是葡萄酒酿造过程中残留下来的，它不但影响葡萄酒的风味，而且影响人体健康。一般要求，成品葡萄酒中总二氧化硫不得超过250mg/L；游离二氧化硫应小于20mg/L。

（8）其他成分 在葡萄酒中，除了上面的各种成分之外，还含有其他的物质，如酯类、高级脂肪酸、芳香物质、矿物质、维生素以及含氮物质。这些物质均不同程度地影响葡萄酒的风味或与葡萄酒的营养有密切的关系。

第二节 葡萄酒生产原辅料

一、葡萄酒生产原料

（一）葡萄的构造及成分

酿制葡萄酒的原料为葡萄，葡萄的种类很多，葡萄的构造及成分如下。

1. 果梗

果梗富含木质素、单宁、苦味树脂及鞣酸等物质，常使酒产生过重的涩味，一般在葡萄破碎时除去。

2. 果粒

葡萄果粒包括果皮、果核、果肉三个部分，其中果皮占6%～12%，果核占2%～5%，果肉占83%～92%。

（1）果皮　果皮中含有单宁、色素及芳香物质，对酿制葡萄酒有一定影响。

① 单宁　葡萄单宁是一种复杂的有机化合物，能溶于水和乙醇，味苦而涩，与铁盐作用时生成蓝色反应。能和动物胶或其他蛋白质溶液生成不溶性的复合沉淀。葡萄单宁与醛类化合物生成不溶性的缩合产物，随着葡萄酒的老熟而被氧化。

② 色素　绝大多数的葡萄色素只存在于果皮中，因此，可以红葡萄脱皮来酿造白葡萄酒或浅红色葡萄酒。葡萄色素的化学成分非常复杂，往往因品种而不同。白葡萄有白、青、黄、白黄、金黄、淡黄等颜色；红葡萄有淡红、鲜红、深红、红黄、褐色、浓褐、赤褐等颜色；黑葡萄有淡紫、紫、紫红、紫黑、黑等色泽。

③ 芳香成分　果皮的芳香成分能赋予葡萄酒特有的果实香味。不同的品种香味不一样。粒小的品种酿制的葡萄酒香气较好，若要消除或减少香味和色素，应去皮后发酵。

（2）果核　果核中含损害葡萄酒风味的物质，如脂肪、树脂、挥发酸等，这些成分如在发酵时带入酒液，会严重影响成品酒质量，所以葡萄破碎时，应尽量避免将核压破。果核的主要化学成分中除单宁外，大都存在于表面的细胞中，不易溶解在葡萄酒中，发酵完毕，酒糟中的葡萄核可以用来榨油。

（3）果肉和汁　果肉和果汁为葡萄果粒的主要部分（83%～92%）。酿酒用葡萄，希望柔软多汁，且种核外不包肉质，以使葡萄出汁率高。果肉和果汁的主要化学成分见表4-1。

表 4-1　葡萄果肉和果汁中主要化学成分　　单位：%

成分	水分	还原糖	有机酸	无机酸	含氮物	果胶物质	其他成分
含量	68～80	15～30	5～6	5～6	5～6	5～6	5～6

① 糖分　由葡萄糖和果糖组成，成熟时两者的比例基本相等。在酵母作用下，发酵生成酒精、CO_2和多种副产物。因葡萄品种、果实大小、土壤气候、栽培方法、病虫害等原因，葡萄的含糖量有很大的差异。

② 酸度　葡萄的酸度主要来自酒石酸和苹果酸。在成熟葡萄中，有少量的柠檬酸，约为0.01%～0.03%。葡萄中的酸一部分游离存在，一部分以盐类形式存在，例如中性或酸酒石酸钾或苹果酸钾。葡萄中的酸的存在形式随pH的不同而改变。pH的大小对发酵影响很大，一般pH在3.3～3.5时最适宜发酵。

③ 果胶质　果胶质是一种多糖类的复杂化合物，含量因葡萄品种而异，且与葡萄成熟度有关。少量果胶的存在，能增加酒柔和味，含量多时，对葡萄酒的稳定性有影响。

④ 含氮物　葡萄浆含氮物0.3～1g/L（总氮），一部分以氨态氮存在（10%～20%），易被酵母同化。其他部分以有机氮形式存在（氨基酸、胺类、蛋白质），发酵时，在单宁与酒精的影响下，产生沉淀。腐烂的葡萄含氮物质比正常的葡萄多，有利于杂菌繁殖，尤其有利于引起葡萄酒浑浊的乳酸菌的繁殖。

⑤ 无机盐　含量从发育到成熟期逐渐增加，主要有钾、钠、钙、铁、镁等。这些元素常与酒石酸及苹果酸形成各种盐类。生产中，常采用自然澄清与人工冷冻逐步除去。

（二）主要酿酒用葡萄品种及酿酒特性

目前，全世界现有的葡萄品种约有5000多个，按原产地不同，可分为欧洲类群、东亚类群和美洲类群。我国现有栽培品种约1000种左右，每一品种葡萄的内在特性对于葡萄酒的质量具有某种决定性的影响。

1. 适于酿制红葡萄酒的优良葡萄品种

(1) 法国蓝　别名玛瑙红、蓝法兰西，原产奥地利。我国烟台、青岛、黄河故道等地均有种植。酿制的红葡萄酒为宝石红色，有本品种特有的果香味，酒体丰满，酒质柔和，回味长。

(2) 佳利酿　又名加里酿、法国红，原产西班牙。我国北京、天津、安徽、江苏、陕西、山东等地都有种植。可酿制红、白葡萄酒。酿制的白葡萄酒淡黄色，1 年新酒，微带红色，有轻微的果香。3 年储存的酒有柔和的酒香，酸高，味厚，宜久藏。酿制的红葡萄酒，呈淡红宝石色，有良好的果香。该品种也可用于配制桃红葡萄酒。

(3) 赤霞珠　又名解百纳，原产法国，我国山东等地栽培较多，是酿造优质红葡萄酒的世界名种，适合酿造干红葡萄酒，也能酿制桃红葡萄酒。酿造的红葡萄酒颜色紫红，果香、酒香浓郁，酒体完整，但酒质稍粗糙。

此外，适于酿制红葡萄酒的优良品种还有汉堡府香、味多儿、梅鹿辄、宝石解百纳及我国选育的品种梅郁、梅醇、北醇、公酿 1 号等。

2. 适于酿制白葡萄酒的优良葡萄品种

(1) 灰比诺　又名李将军、灰品诺，原产法国。我国济南、兴城、南京等地均有栽培，是酿造白葡萄酒和起泡葡萄酒的优良品种。酿酒成熟快，储存半年到 1 年就出现这一品种酒的清香，滋味柔和爽口。可做干酒，也可酿甜酒。

(2) 龙眼　又名秋紫，是我国的古老品种，为华北地区主栽品种之一，西北、东北也有较大面积的栽培。这种葡萄既适于鲜食，又是酿酒的良种，用它酿制的葡萄酒，呈淡黄色有清香。储存两年以上，出现醇和酒香，陈酿 5～6 年的酒，滋味优美爽口，酒体细腻而醇厚，回味较长。也可酿造甜白葡萄酒。

(3) 意斯林　又名贵人香，原产意大利和法国南部，我国烟台、北京、天津、江苏、陕西、山西、辽宁等地均有栽培。配制的酒呈浅黄绿色，果香酒香兼备，酒体丰满，醇和优雅，柔和爽口，回味绵长，酒质优良。

此外，还有雷司令、琼瑶浆、白诗南等优良品种适于酿制白葡萄酒。

3. 调（染）色葡萄酒的优良葡萄品种

（1）紫北塞 原产法国，在我国烟台种植。

（2）烟 74 是紫北塞与汉堡麝香杂交品种，是酿制红葡萄酒的调色品种。

此外，还有晚红蜜、红汁露、巴柯、黑塞必尔等优良调色品种。

（三）葡萄采摘时间的确定

确定葡萄最适采摘时间，对葡萄酒的质量有着极其重要的影响。过早收获的葡萄含糖量低，酿成的酒酒精含量低，不易保存，酒味清淡，酒体薄弱，酸度过高，有生青味，使葡萄酒的质量降低。在生产实践中，通过观察葡萄的外观成熟度（葡萄形状、颗粒大小、颜色及风味），并对葡萄汁的糖度和酸度进行检测，就可以确定适宜的采摘日期。

1. 外观检查

葡萄成熟时，一般白葡萄变得有些透明，有色品种完全着色；葡萄果粒发软、有弹性，果粉明显，果皮变薄，皮肉易分开，籽也很容易与肉分开，梗变棕色，表现出品种特有的香味；过熟的葡萄果梗发黑，穗上四周的葡萄，尤其是日照一面的葡萄皮出现细微的皱纹，捏破后葡萄汁会有较强的黏手感觉。

2. 理化检查

主要检查葡萄的含糖量和含酸量。酿制甜酒或酒精含量高、味甜的酒时，完全成熟时采摘；配制干白葡萄酒，糖度 16～18°Bx。酿制红葡萄酒，糖度 18～20°Bx，酸含量 6.5～8.0g/L 较合适。

（四）采收

葡萄采收时应选择天气晴朗、朝露已干到中午前的一段时间为好。葡萄不宜长途运输，有条件处可设立原酒发酵站，再运回酒厂进行陈化与澄清。

（五）葡萄酒配制前的准备工作

每年葡萄进厂的投料季节之前，须准备好一切辅料、设备及仪表，并对设备进行全面检查，并对厂区环境、厂房、设备、用具等，进行全面消毒杀菌、清洗。

1. 分选

分选就是将不同品种、不同质量的葡萄分别存放。目的是提高葡萄的平均含糖量，减轻或消除成酒的异味，增加酒的香味，减少杂菌，保证发酵与储酒的正常进行，以达到酒味纯正，酒的风格突出，少生病害或不生病害的要求。分选工作最好在田间采收时进行，即采收时便分品种、分质量存放。分选后应立即送往破碎机进行破碎。

2. 破碎与除梗

破碎的目的是将果粒破裂，保证籽粒完整，使葡萄汁流出，便于压榨或发酵。要求每粒葡萄都要破裂，籽实不能压破、梗不能碾碎、皮不能压扁，以免籽、梗中的不利成分进入汁中；在破碎过程中，葡萄及其浆、汁不得接触铁、铜等金属。

红葡萄酒的酿造过程中，葡萄破碎后，应尽快地除去葡萄果核。果梗在葡萄汁中停留时间过长，会给酒带来一种青梗味，使酒液过涩，发苦；白葡萄酒生产过程中，葡萄破碎后即行压榨，最后，将果核与果渣一并除去。

3. 压核和渣汁的分离

在白葡萄酒生产中，破碎后的葡萄浆提取自流汁后，还必须经过压榨操作。在破碎过程中自流出来的葡萄汁叫自流汁。加压之后流出来的葡萄汁叫压榨汁。为了增加出汁率，压榨时一般采用2～3次压榨。第一次压榨后，将残渣疏松，再作二次压榨。当压榨汁的口味明显变劣时，为压榨终点。

用自流汁酿制的白葡萄酒，酒体柔和、口味圆润、爽口。一次压榨汁酿制的葡萄酒虽也爽口，但酒体已经欠厚实。二次压榨汁酿制的酒一般酒体粗糙，不适合酿造白葡萄酒，可用于生产白兰地。

为了提高白葡萄酒的质量，通常对葡萄汁进行“前净化”的澄清处理。方法有添加 SO_2 静置澄清、皂土澄清法、机械离心法及果胶酶法等。

在红葡萄酒酿造中，使用葡萄浆带皮发酵或用葡萄浆经热浸提、压榨取汁进行发酵。压榨则是从前发酵后的葡萄浆中制取初发酵酒。出池时先将自流原酒由排汁口放出，清理皮渣进行压榨，得压榨酒。

（六）葡萄汁成分的调整

在葡萄酒的生产过程中，由于气候条件、葡萄成熟度、生产工艺等原因，使得生产的葡萄汁成分难免会出现达不到工艺要求的情况，这就需要在发酵之前对不符合工艺要求的葡萄汁进行糖度和酸度的调整。

1. 糖分的调整

为保证葡萄酒的酒精含量，保证发酵的正常进行，酿造不同品种的葡萄酒就需要葡萄汁有固定的糖浓度。可添加浓缩葡萄汁或蔗糖提高葡萄汁的糖度。

（1）添加白砂糖　常用纯度为98.0%～99.5%的结晶白砂糖。调整糖分要以发酵后的酒精含量作为主要依据。理论上，17g/L的糖可发酵生成酒精体积分数1%，但实际加糖量应略大于该值。加糖量也不宜过高，以免发酵后残糖太高导致发酵失败。

加糖操作的要点：①准确计量葡萄汁体积。②先用冷汁溶解，将糖用葡萄汁溶解制成糖浆。③加糖后要充分搅拌，使其完全溶解并记录溶解后的体积。④最好在酒精发酵刚开始时一次加入所需的糖。

（2）添加浓缩葡萄汁　浓缩葡萄汁可采用真空浓缩法制得。果汁保持原来的风味，有利于提高葡萄酒的质量。

2. 酸度调整

葡萄汁在发酵前一般酸度调整到6g/L左右，pH3.3～3.5，一般情况下酒石酸加到葡萄汁中，且最好在酒精发酵开始时进行。因为葡萄酒酸度过低，pH值就高，则游离二氧化硫的比例较低，葡萄易受细菌侵害和被氧化。在葡萄酒中，可用加入柠檬酸的方式防止铁破败病。由于葡萄酒中柠檬酸的总量不得超过1.0g/L，所以，添加的柠檬酸量一般不超过0.5g/L。按规定：在通常年份，增酸幅度不得高于1.5g/L；特殊年份，幅度可增加到3.0g/L。

二、葡萄酒生产辅料

众所周知，优质葡萄配备一流的设备就可酿造出品质极佳的葡萄酒，然而在酿造过程中辅料是不可或缺的，这是葡萄酒走向市场保证质量最为关键的核心工序，因为葡萄汁澄清需要酶，发酵需要酵母，最后葡萄酒变得澄清透明离不开澄清剂的作用。但选择与品种相适应的并科学合理的应用对提高葡萄酒质量尤为重要。

随着葡萄酒酿造技术的发展，出现了提高葡萄酒质量的相关辅料，以下将对葡萄酒生产中常用辅料及其使用方法加以简单介绍。

（一）二氧化硫

SO_2在葡萄酒生产中的作用是多方面的，既可杀菌又可防氧化，既可澄清又有溶解作用，还能够增酸，正是由于其具有多种作用，才使其成为葡萄酒发酵过程中不可或缺的重要生产辅料。

1. 二氧化硫的作用

（1）杀菌防腐作用　SO_2是一种杀菌剂，它能抑制各种微生物的活动，若浓度足够高，可杀死微生物。葡萄酒酵母抗SO_2能力较强（250mg/L），适量加入SO_2，可达到抑制杂菌生长且不影响葡萄酒酵母正常生长和发酵的目的。

（2）抗氧化作用　SO_2能防止酒的氧化，抑制葡萄中的多酚氧化酶活性，减少单宁、色素的氧化，阻止氧化浑浊，颜色退化，防止葡萄汁过早褐变。

（3）增酸作用　SO_2的添加还起到了增酸作用，这是因为SO_2阻止了分解苹果酸与酒石酸的细菌活动，生成的亚硫酸氧化成硫酸，与苹果酸及酒石酸的钾、钙等盐类作用，使酸游离，增加了不挥发酸的含量。

（4）澄清作用　在葡萄汁中添加适量的SO_2，可延缓葡萄汁的发酵使葡萄汁获得充分的澄清。这种澄清作用对制造白葡萄酒、淡红葡萄酒以及葡萄汁的杀菌都有很大的益处。若要使葡萄汁在较长时间内不发酵，添加的SO_2量还要大。

（5）溶解作用　将SO_2添加到葡萄汁中，与水化合会立刻生成亚硫酸，有利于果皮上某些成分的溶解，这些成分包括色素、酒石、无机盐等。这种溶解作用对葡萄汁和葡萄酒色泽有很好的保护作用。

2. SO_2的来源

（1）燃烧硫黄生成SO_2气体　在燃烧硫黄时，会生成令人窒息的气体，即SO_2，它易溶于水，是一种有毒气体。这是一种古老的用法。用此法很难准确测出葡萄酒或葡萄汁吸收的SO_2量，所以目前主要用于对制酒器具的杀菌中。生产中多使用硫黄绳、硫黄纸或硫黄块等。

（2）液体二氧化硫　液体二氧化硫的相对密度为1.43368，储藏在高压钢瓶内，钢瓶内装有特殊形状的管子，可以根据钢瓶的位置，放出液体或气体的SO_2。此种方式使用最普遍，并且具有如前所阐述的对葡萄酒或葡萄汁的所有作用。

（3）亚硫酸　生产上制备亚硫酸要备一个密封性好的木桶或硬质聚氯乙烯桶，里面放约550L水，在管路接头密封良好的条件下，通入SO_2约30L。操作完毕后，检验亚硫酸中SO_2的含量，即可使用。此法制成的亚硫酸可以保存5～6天，在此期间不会被氧化，但最好在制成后立即使用，以防止亚硫酸过多地被氧化为硫酸。

（4）偏重亚硫酸钾　偏重亚硫酸钾用于果汁或葡萄酒中，由于酸的作用，产生SO_2，也可起到杀菌等作用。偏重亚硫酸钾使用比较方便，缺点是添加到酒中增加了酒中钾离子含量，使葡萄酒中的游离酒石酸过多地转变为酒石，影响了酒的风味。

3. 二氧化硫的使用方法

（1）硫黄绳、硫黄纸、硫黄块的使用　这些多用于熏储酒容器。

（2）液体二氧化硫　在大型容器中，当葡萄汁或葡萄酒中

SO_2的添加量很大时，利用这个方法最简单、最方便。

（3）亚硫酸　亚硫酸多用在冲刷酒瓶中，也有添加在葡萄酒或葡萄汁中的。

（4）偏重亚硫酸钾　偏重亚硫酸钾在使用前要先研成粉末状，分数次加入到清澈的软水中，一般每1L水可溶偏重亚硫酸钾50g，待完全溶解后再使用。一般控制使用偏重亚硫酸钾量为1000L酒（或汁）中不应超出300g。

4. 二氧化硫在葡萄汁或酒中添加量

SO_2在葡萄汁或葡萄酒中的用量要视添加SO_2的目的而定，同时也要考虑葡萄品种、葡萄汁及酒的成分（如糖分、pH等）、品温以及发酵菌种的活力等因素。SO_2加入葡萄汁或葡萄酒中，与酸、糖等物质化合，形成部分化合状态的亚硫酸，减弱了杀菌防腐能力。化合态亚硫酸的形成量与酒中的酸、糖的含量和品温的升高量成正比。酿造葡萄酒的纯粹培养酵母对SO_2的抵抗力比野生酵母、霉菌和杂菌强。通常而言，葡萄汁或酒中含有万分之一的游离状态的SO_2就已足够杀死活性菌类。使用洁净葡萄生产的良好葡萄汁，酸度在8g/L以上，酿酒品温较低时，SO_2的用量少；使用洁净、完全成熟的葡萄生产的良好葡萄汁，酸度在6～8g/L以上，酿酒品温较低时，SO_2的用量适中；使用个别生霉、破裂的葡萄生产的葡萄汁，SO_2的用量一般应高出良好葡萄汁发酵时用量的2倍以上。

SO_2用量不可过大，要分多次使用，且每次用量要少，在有把握的条件下能够少用或不用更好。使用SO_2量过多时，可将葡萄汁或酒在通风的情况下，过滤，或者适量通入氧或双氧水，均可排除或降低SO_2的含量。

在发酵过程中，由于CO_2的产生，使SO_2大部分也释放到空气中，因此，发酵完成后新酒中SO_2的含量降低。为保证葡萄酒的质量，在葡萄酒换桶时，酒液还没有完全澄清，可适量加入SO_2，促进酒液澄清和防止酒的氧化。在生产中SO_2的添加量不得超过各个国家法律颁布的最大允许量，见表4-2。

表 4-2　主要产葡萄酒国家（地区）游离总 SO_2 的法定限量

国家(地区)	葡萄酒或葡萄汁	总 SO_2 的最高限量 /(mg/L)	游离 SO_2 的最高限量 /(mg/L)
法国	白红,干佐餐葡萄酒	225	100
	干红佐餐葡萄酒	175	100
	甜白佐餐葡萄酒	275	100
	甜红佐餐葡萄酒	225	100
	其他	300	100
欧盟	干白葡萄酒	225	—
	干红葡萄酒	175	—
	甜白葡萄酒	275	—
	甜红葡萄酒	225	—
	晚收葡萄酒	300	—
	一般甜葡萄酒	400	—
德国	葡萄酒	300	50
	葡萄汁	300	—
美国	葡萄酒	450	—
意大利	葡萄酒	200	—
	葡萄汁	350	—
西班牙	干白葡萄酒	350	50
	干红葡萄酒	200	30
	甜白葡萄酒	450	100
阿根廷	葡萄酒	350	—
澳大利亚	葡萄酒	400	100
葡萄牙	原葡萄酒	—	20
	葡萄汁	—	—
希腊	葡萄酒	450	100
罗马尼亚	葡萄酒	450	100
智利	葡萄酒	200	50
巴西	葡萄酒	350	50
俄罗斯	原葡萄酒	200	20
	特殊葡萄酒	400	40
	葡萄汁	125	—
中国	葡萄酒	250	30

注：在游离 SO_2 含量上可放宽 10％。

(二) 葡萄酒酿造过程中的其他添加剂

1. 添加剂

果胶酶：用于葡萄汁澄清，在较低温度下储存。

磷酸氢二铵：酵母营养剂，须密封保存。

维生素 C：为葡萄汁及发酵酒的抗氧、防氧剂和酵母营养源。

食用酒精：用于原酒储器的封口、调整酒室，易燃，储存于密闭容器。

砂糖：发酵时添加或用于调酒。

柠檬酸：调整原酒酸度；防止铁破败病；清洗设备和管路。

乳酸：调整原酒酸度。

碳酸钙：用于葡萄汁和原酒的降酸。

酒石酸：调整原酒酸度。

酒石酸钾：用于原酒降酸。

碳酸氢钾：用于酒的降酸。

硫酸铜：去除酒中的 H_2S 气味。

植酸钙：用于酒的除铁。

2. 助滤剂及吸附剂

明胶、鱼胶、蛋清、单宁及血粉：用于葡萄酒的下胶。应密封、储存于干燥处，启封后不能久放。

皂土：去除葡萄汁及原酒的蛋白质。

硅藻土：用于葡萄汁或原酒的过滤。

活性炭：去除白葡萄酒过重的苦味；用于颜色变褐或粉红色的白葡萄酒的脱色。

聚乙烯聚吡咯烷酮 (PVPP)：吸附酒中的酚类化合物。

第三节 红葡萄酒生产工艺

葡萄酒酵母在微生物学分类上为子囊菌纲的酵母属，啤酒酵母种。葡萄酒酵母可发酵葡萄糖、果糖、蔗糖、麦芽糖、半乳糖，不发酵蜜二糖，棉子糖发酵。

葡萄果皮上除了葡萄酒酵母外，还有其他酵母，如尖端酵母、巴氏酵母、回酵母属等，统称野生酵母。野生酵母发酵力弱，生成酒精量少，不利发酵。通常可通过添加适量的糖来控制野生酵母。

葡萄酒酿造所需要的酵母，主要来源于葡萄皮和果梗上附着的野生酵母和发酵前添加到葡萄汁中纯粹培养的葡萄酒酵母。

一、葡萄酒酵母的来源

葡萄酒酵母的来源有以下三种。

（1）利用天然葡萄酒酵母　葡萄成熟时，在果实上生存有大量酵母，随果实破碎酵母进入果汁中繁殖、发酵，可利用天然酵母生产葡萄酒。此酵母为天然酵母或野生酵母。

（2）选育优良的葡萄酒酵母　为保证发酵的顺利进行，获得优质的葡萄酒，利用微生物方法从天然酵母中选育优良的纯种酵母。

（3）酵母菌株的改良　利用现代科学技术（人工诱变、同宗配合、原生质体融合、基因转化）制备优良的酵母菌株。

二、实际生产酵母扩大培养

（一）天然酵母的扩大培养

利用自然发酵方式酿造葡萄酒时，每年酿酒季节的第一罐醪液一般需较长时间才开始发酵，这第一罐醪液起天然酵母的扩大培养作用。它可以在以后的发酵中作为种子液添加。

（二）纯种酵母的扩大培养

斜面试管菌种接种到麦芽汁斜面试管培养、活化后，扩大 10 倍进入液体试管培养，后扩大 12 倍进入三角瓶培养，后扩大 12 倍进入卡氏罐培养，后扩大 24 倍左右进入种子罐培养制成酒母。

（三）活性干酵母的应用

酵母生产企业根据酵母的不同种类及品种，进行规模化生产（生产、培养工业用酵母等），然后在保护剂共存下，低温真空脱水干燥，在惰性气体保护下包装成商品出售。这种酵母具有潜在的活性，故称为活性干酵母。活性干酵母使用简便、易储存。

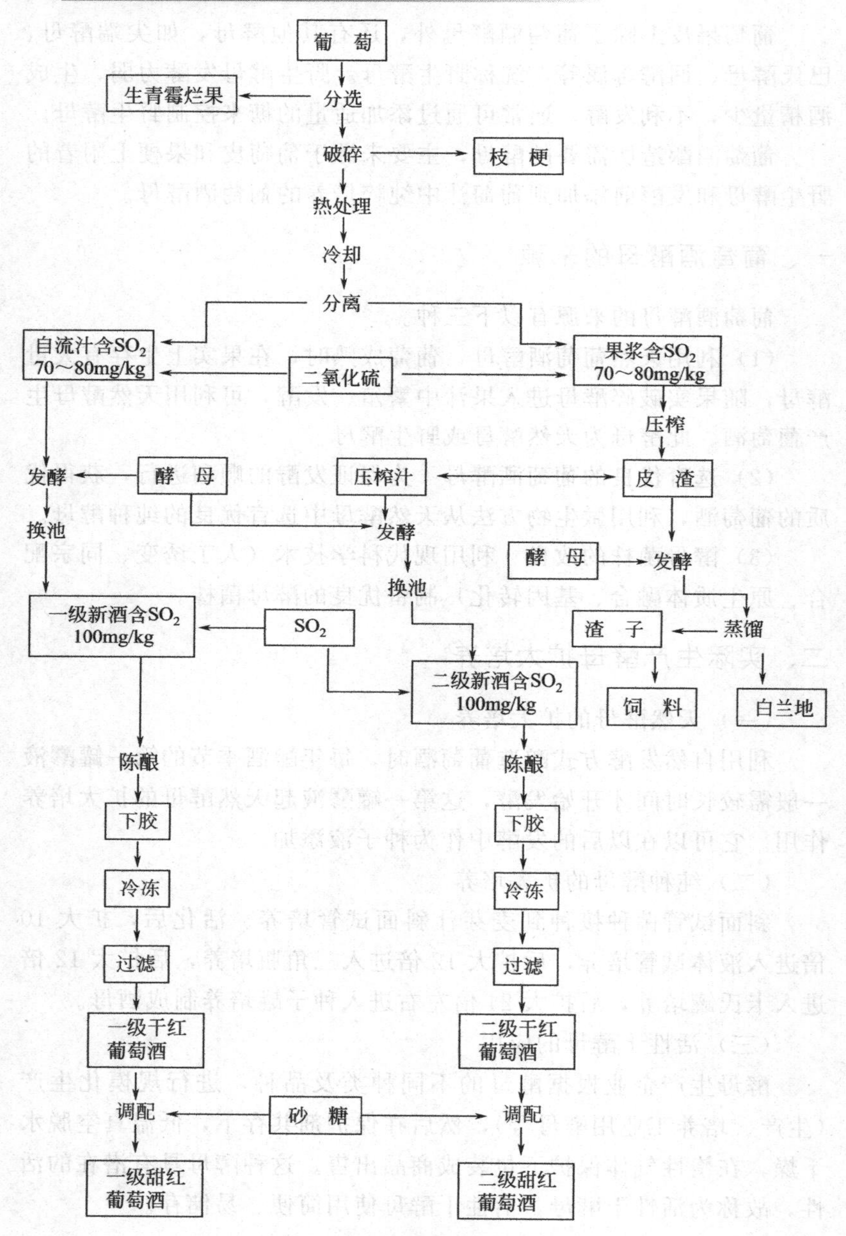

图 4-1 甜红葡萄酒生产工序

目前，国内使用的优良葡萄酒酵母菌种有：中国食品发酵科研所选育的1450号及1203号酵母；Am-1号活性干酵母；张裕酿酒公司的39号酵母；北京夜光杯葡萄酒厂的8567号酵母等；长城葡萄酒公司使用法国的SAF-OENOS活性干酵母；青岛葡萄酒厂使用的加拿大LALLE-MAND公司的活性干酵母。

三、红葡萄酒酿造工艺

该工艺过程包括葡萄的分选、破碎、热处理、分离、发酵、压榨、换池、后加工和调配等工序，如图4-1所示。

（1）分选　按分级标准将葡萄分为一等、二等和等外三级。一二级用于酿造优质酒，等外级配制普通酒。

（2）破碎　葡萄用双滚筒破碎机或离心式破碎机进行破碎，再经除梗机去掉果梗。为使配制酒的口味柔和，破碎和除梗在同一设备中完成。破碎率要求达到95%以上。传统酿造红葡萄酒是将破碎除去果梗的葡萄的浆（含有果汁、果皮、子实及少数从除梗机涌出的细小果梗），立即用泵送往发酵池，加到池深的四分之三，上面留出四分之一的空隙，以防浮在池面的皮糟因发酵产生CO_2而溢出。

（3）热处理　有条件的厂家可进行热处理，以提高果香和增进酒色。加热处理在加热罐中进行，82～83℃，保温2～3h，然后降温至25～28℃。

（4）分离　经加热处理后，放出自流汁，送入发酵池，加入二氧化硫或偏重亚硫酸钾等防腐剂。加入防腐剂的目的除了SO_2能抑制并防止有害杂菌生长繁殖外，同时可保持葡萄酒在还原状态下，以防止其品质因氧化而变劣，并防止葡萄色素变色沉淀和阻止葡萄酒的过度成熟。果浆送压榨机分离出压榨汁和皮渣。自流汁和压榨汁分别进行发酵。皮渣经发酵蒸馏得到白兰地。

（5）发酵（前发酵）　自流汁入发酵池后，加入50%的酵母液，调温至24～26℃进行发酵。发酵后的酒度要求在13°以上。葡萄皮上一般附生多种的野生酵母，虽可让其自然发酵，但这种酿造方法易造成异常发酵的危险。所以现在一般都添加2%～10%的纯培养酵母。所使用的酵母为葡萄酒酵母，这种酵母虽然发酵力旺盛，但仅使用一种酵母酿造出的酒香味单调，所以通常混用2～4种酵母或并用自然发酵为佳。

传统法的这一工序先是用开口或密闭发酵桶进行发酵的。目前仍有厂家采用。在开口发酵桶中，将果皮浸渍于果汁中，在发酵桶边钉上卡口，将若干条木板制的箅子或镀锡的金属板固定住。当压碎的葡萄全部施入桶后，果皮全部被拦在下面，不让其浮起（见图4-2）。葡萄汁则从缝隙中冒出，将果皮淹没，淹没深约6～10cm。采用密闭发酵桶，将果皮浸渍于果汁中，其色泽、香味、单宁及酸大部分被溶解出。同时果皮浸入汁中不易变冷，果汁上下一致，发酵能保持正常。如图4-3所示。另外，还有外加翻汁发酵法装置。

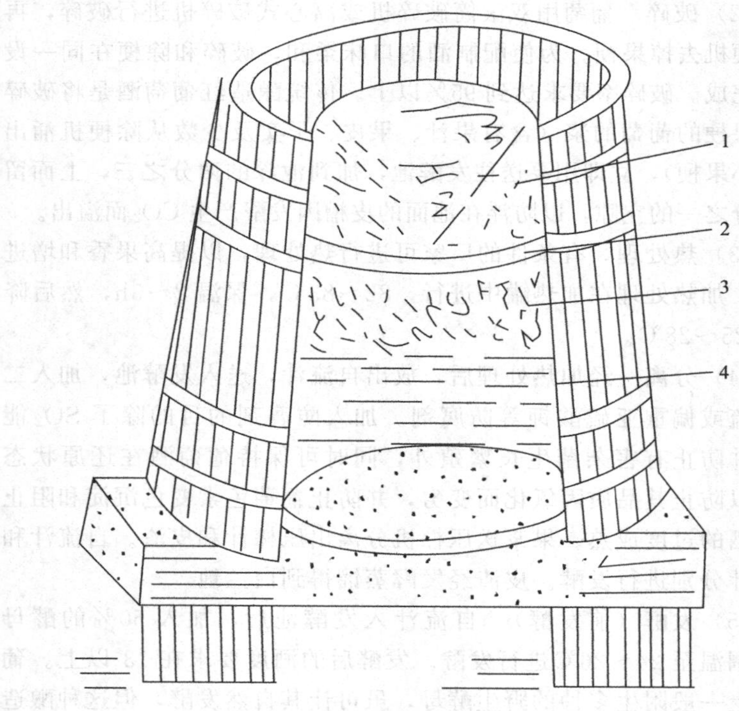

图4-2　开口发酵桶

1—上层葡萄汁；2—压箅；3—葡萄皮渣；4—下层葡萄汁

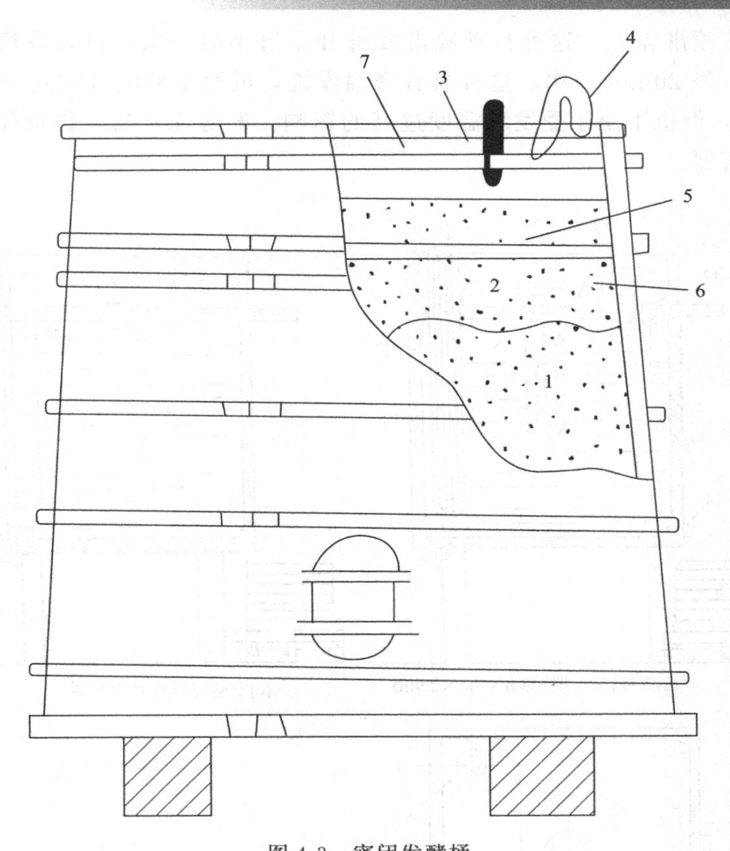

图 4-3 密闭发酵桶

1—葡萄汁；2—葡萄皮渣；3—桶门；4—弯曲的坡玻璃管式的发酵栓；
5—压葡萄皮渣的木箅子；6—压葡萄皮渣箅子的支柱；7—桶盖

现代发酵逐渐采用带降温设施的自动翻汁水泥发酵池，如图 4-4所示。这一设备包括装料孔；装料孔盖；水封可调节压力的活门；封闭活门的水池；管式冷却器；冷却氯化钙盐水管；底部发酵液上升后的承受池；水封活门，使上层排除 CO_2 后的发酵液，回流到发酵皮渣上；(a)—压力形成时（CO_2的生成结果）的去向，受到压力的发酵液，由管式冷却器 5 上升到槽 2 内；(b)—压力达到平衡后，槽 2 的发酵重力逐渐大于器内压力时，由水封活门 8 倾泻．喷淋盖上。这种自动喷淋发酵开始每小时一次，进入发酵旺期，每 20min 一次。这种具有降温设施，虽然发酵池可大到 50～75t，但也不至于受发酵温度过高的影响。发酵完毕后，仍可作储酒容器。

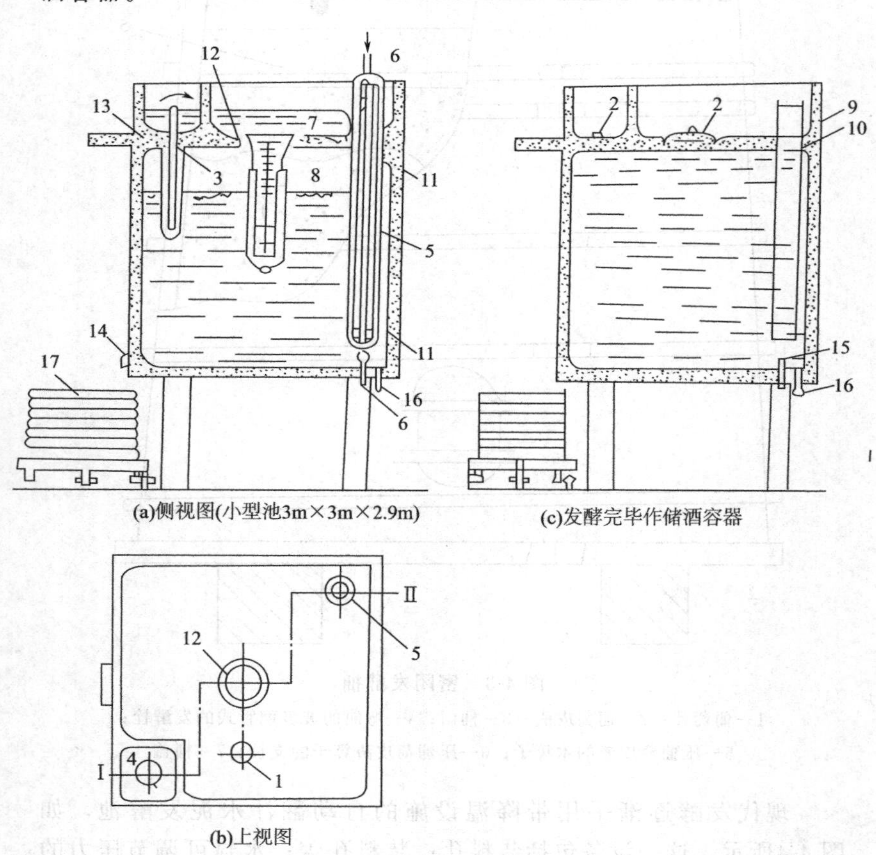

图 4-4 带降温设备的自动翻汁水泥发酵池结构及工作图

1—装料机；2—孔盖（具有排空气阀）；3—水封可调节压力的活门；4—封闭活门的水池（0.72m×0.72m）；5—管式冷却器；6—$CaCl_2$盐水管道进口；7—底部发酵液上升后的承受池（高 0.38m）；8—水封活门；9—浮标；10—液体石蜡封口；11—可拆卸的支架；12—大圆孔；13—小圆孔；14—葡萄皮渣出口；15—冷却液接口用塞封闭；16—取样口；17—压榨机

（6）换桶陈酿　发酵结束后应进行换池，转入储池陈酿。此时要注意调整酒度达 13°，SO_2含量 100mg/kg。

（7）后加工工序　是指葡萄酒在陈酿（后发酵）期间的管理。后发酵结束后，葡萄酒逐渐自然澄清，温度降低 5～6℃，不再产生 CO_2，酒中所有悬浮物、酒石酸盐类以及微生物细胞都慢慢沉降到池底，形成渣滓（酒脚），必须及时清除，这就需要倒池（或换桶）。一个月内进行第一次倒池，并除去酒脚；半年后第二次倒池，并下胶澄清。澄清后将清酒吸出进行冷冻处理，冷冻温度要控制在酒的冰点以上 0.5℃，时间 5～7 天，并过滤除去浑浊物。

（8）调配　按照产品质量标准的要求，对酒精含量、糖含量和酸度等加以调整，为了协调酒的风味，还可用其他品种或不同的干红葡萄酒进行勾兑。

第四节　白葡萄酒生产工艺

酿制干白葡萄酒应该选择色泽浅、含糖量高、质量好的优质葡萄作为生产原料。龙眼、佳利酿、白羽、雷司令、珊瑚珠、白麝香等都是酿制干白葡萄酒的优良葡萄品种。

为保证酿造干白葡萄酒的质量，葡萄汁的含酸量要比一般葡萄汁高些，同时还要避免氧化酶的产生。因此，葡萄采摘时间比生产干红的葡萄早。葡萄的含糖量在 20%～21%时较为理想。在采摘、运输和储存过程中，认真严格管理，避免同其他品种的葡萄混杂，必须使用洁净的容器装运生产干酒的葡萄；运输过程中尽量减少和防止葡萄的破碎，运到葡萄汁生产厂后，不得存放，应立即加工。有些葡萄酒和葡萄管理从采收到破碎成葡萄汁必须在 4h 内完成。

葡萄入厂后，进行分选、破碎后立即压榨，使果汁与皮渣迅速分离，尽量减少皮渣中色素等物质的溶出。酿造高档干白葡萄酒，多选用自流葡萄汁为生产原料。红皮白肉的葡萄如佳利酿、黑品乐等也能生产出优质干白，使用这类葡萄时应在葡萄破碎后，立刻将葡萄汁与葡萄渣分离。红皮白肉的葡萄酿成的干白葡萄酒比较厚实。

一、白葡萄酒生产工艺流程

以酿造白葡萄酒的葡萄品种为原料，经果汁分离、果汁澄清、控温发酵、陈酿及后加工处理而成。其工艺流程如图 4-5 所示。

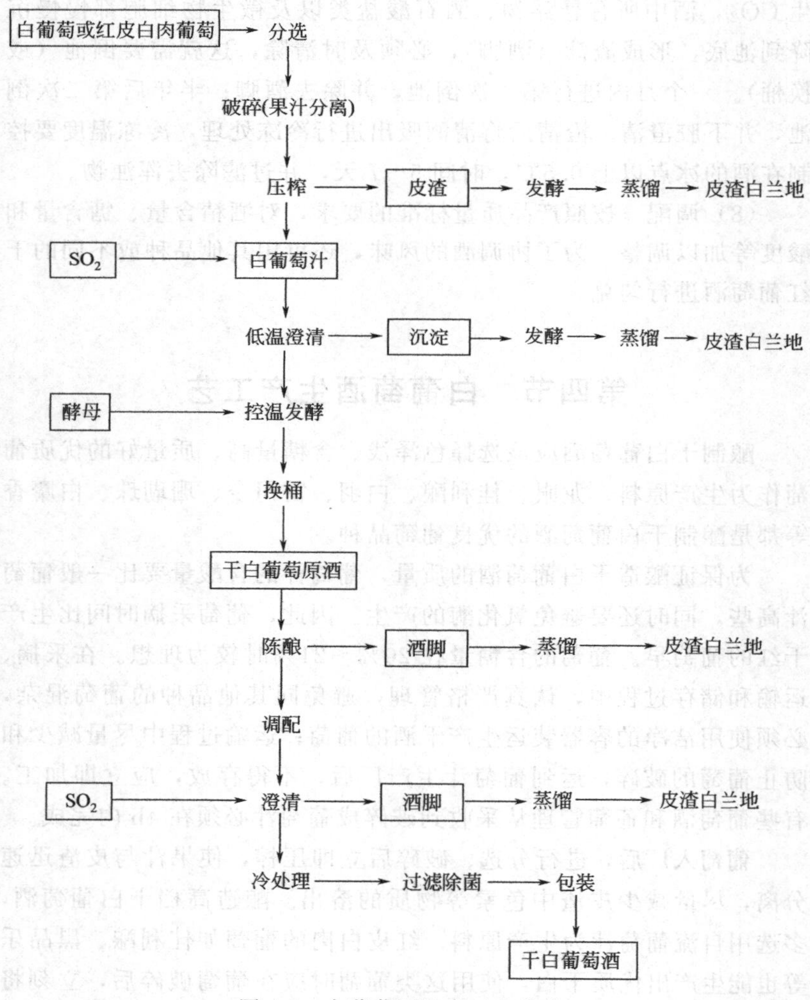

图 4-5 白葡萄酒生产工艺流程

二、白葡萄酒生产工艺操作要点

（一）果汁分离

白葡萄酒与红葡萄酒的前加工工艺不同。白葡萄酒加工采用先压榨后发酵，而红葡萄酒加工要先发酵后压榨。白葡萄经破碎（压榨）或果汁分离，果汁单独进行发酵。果汁分离是白葡萄酒的重要工艺，其分离方法有：螺旋式连续压榨机分离果汁、气囊式压榨机分离果汁、果汁分离机分离果汁、双压板（单压板）压榨机分离果汁。

果汁分离时应注意葡萄汁与皮渣分离速度要快，缩短葡萄汁的氧化。果汁分离后，需立即进行二氧化硫处理，以防果汁氧化。

（二）果汁澄清

果汁澄清的目的是在发酵前将果汁中的杂质尽量减少到最低含量，以避免葡萄汁中的杂质因参与发酵而产生不良成分，给酒带来异味。为了获得洁净、澄清的葡萄汁，可以采用以下方法。

（1）二氧化硫静置澄清　采用添加适量的二氧化硫来澄清葡萄汁，其方法操作简便，效果较好。根据二氧化硫的最终用量和果汁总量，准确计算二氧化硫使用量。加入后搅拌均匀，然后静置16～24h，待葡萄汁中的悬浮物全部下沉后，以虹吸法或从澄清罐高位阀门放出清汁。如果将葡萄汁温度降至15℃以下，不仅可加快沉降速度，而且澄清效果更佳。

（2）果胶酶法　果胶酶可以软化果肉组织中的果胶质，使之分解成半乳糖醛酸和果胶酸，使葡萄汁的黏度下降，原来存在于葡萄汁中的固形物失去依托而沉降下来，以增强澄清效果，同时也可加快过滤速度，提高出汁率。

果胶酶的活力受温度、pH 值、防腐剂的影响。澄清葡萄汁时，果胶酶只能在常温、常压下进行酶解作用。一般情况下 24h 左右可使果汁澄清。若温度低，酶解时间需延长。

使用果胶酶澄清葡萄汁，可保持原葡萄果汁的芳香和滋味，降低果汁中总酚和总氮的含量，有利于干酒的质量，并且可以提高果汁的出汁率 3%左右，提高过滤速度。

（3）皂土澄清法　皂土（Bentonite），亦称膨润土，它具有很强的吸附能力，采用皂土澄清葡萄汁可获得最佳效果。皂土处理不能重复使用，否则有可能使酒体变得淡薄，降低酒的质量。

（4）机械澄清法　利用离心机高速旋转产生巨大的离心力，使葡萄汁与杂质因密度不同而得到分离。离心力越大，澄清效果越好。离心前葡萄汁中加入果胶酶、皂土或硅藻土、活性炭等助滤剂，配合使用效果更佳。

机械澄清法可在短时间内使果汁澄清，减少香气的损失；能除去大部分野生酵母，保证酒的正常发酵；自动化程度高，既可提高质量，又能降低劳动强度。

（三）白葡萄酒的发酵

白葡萄酒的发酵通常采用控温发酵，发酵温度一般控制在16～22℃为宜，最佳温度 18～22℃，主发酵期一般为 15 天左右。

主发酵结束后残糖降低至 5g/L 以下，即可转入后发酵。后发酵温度一般控制在 15℃以下。在缓慢的后发酵中，葡萄酒香和味的形成更为完善，残糖继续下降至 2g/L 以下。后发酵约持续一个月左右。表 4-3 为主发酵结束后白葡萄酒外观和理化指标。

表 4-3　主发酵结束后白葡萄酒外观和理化指标

指　标	要　求
外观	发酵液面只有少量 CO_2气泡，液面较平静，发酵温度接近室温。酒体呈浅黄色、浅黄带绿或乳白色。有悬浮的酵母浑浊，有明显的果实香、酒香、CO_2气味和酵母味。品尝有刺舌感，酒质纯正
理化	酒精：9%～11%(体积分数)(或达到指定的酒精度) 残糖：5g/L 以下 相对密度：1.01～1.02 挥发酸：0.4g/L 以下(以醋酸计) 总酸：自然含量

由于主发酵结束后，二氧化碳排出缓慢，发酵罐内酒液减少，为防止氧化，尽量减少原酒与空气的接触面积，做到每周添罐一次，添罐时要以优质的同品种（或同质量）的原酒添补，或补充少

量的二氧化硫。

白葡萄酒氧化现象存在于生产过程的每一个工序，如何掌握和控制氧化是十分重要的。形成氧化现象需要三个因素：有可以氧化的物质如色素、芳香物质等；与氧接触；氧化催化剂如氧化酶、铁、铜等的存在。凡能控制这些因素的都是防氧行之有效的方法，目前国内在白葡萄酒生产中采用的防氧措施见表 4-4。

表 4-4 防氧措施

防氧措施	内 容
选择最佳采收期	选择最佳葡萄成熟期进行采收，防止过熟霉变
原料低温处理	葡萄原料先进行低温处理（10℃以下），然后再压榨分离果汁
快速分离	快速压榨分离果汁，减少果汁与空气接触时间
低温澄清处理	将果汁进行低温处理（5～10℃），加入二氧化硫，进行低温澄清或采用离心澄清
控温发酵	果汁转入发酵罐内，将品温控制在 16～20℃，进行低温发酵
皂土澄清	应用皂土澄清果汁（或原酒），减少氧化物质和氧化酶的活性
避免与金属接触	凡与酒（汁）接触的铁、铜等金属器具均需有防腐蚀涂料
添加二氧化硫	在酿造白葡萄酒的全部过程中，适量添加二氧化硫
充加惰性气体	在发酵前后，应充加氮气或二氧化碳气体密封容器
添加抗氧剂	白葡萄酒装瓶前，添加适量的抗氧剂如二氧化硫、维生素 C 等

第五节 葡萄酒的储存管理

刚发酵出的新葡萄酒需经过陈酿才能上市。传统的陈酿过程是在储酒室完成的。现代葡萄酒陈酿从节约投资、加速成熟等方面出发，广泛采用人工快速老熟新技术，有效地加快了葡萄酒的陈酿过程，缩短了葡萄酒的酒龄，提高了设备利用率和工厂的经济效益。所以近代葡萄酒陈酿已向半地下、地上和露天储存方式发展，而逐步取代了那些造价昂贵、施工技术复杂的地下酒窖。

一、葡萄原酒的储存与陈酿

(一) 储酒容器

储酒容器一般为橡木桶 (oak barrels)、水泥池或金属罐。

橡木桶容器储藏葡萄酒，橡木的芳香成分和单宁物质浸溶到葡萄酒中，构成葡萄酒陈酿的橡木香和醇厚丰满的口味。要酿造高质量的红葡萄酒，特别是用赤霞珠、蛇龙珠、品丽珠、西拉等品种，酿造高档次的陈酿红葡萄酒，必须经过橡木桶或长或短时间的储藏，才能获得最好的质量。橡木桶不仅是红葡萄原酒的储藏陈酿容器，更主要的是它能赋予高档红葡萄酒所必需的橡木的芳香和口味，是酿造高档红葡萄酒必不可少的容器。

由于橡木桶中可浸取的物质有限，一个新的橡木桶，使用4～5年，可浸取的物质就已经贫乏，失去使用价值，需要更换新桶。而橡木桶的造价又很高，这样就极大地提高了红葡萄酒的成本。

最近几年，国内外兴起用橡木片浸泡葡萄酒，以代替橡木桶的作用，取得了很好的效果。经过特殊工艺处理的橡木片，就相当于把橡木桶内与葡萄酒接触的内表层刮成的片。凡是橡木桶能赋予葡萄酒的芳香物质和口味物质，橡木片也能赋予。橡木片可按2/1000～4/1000的用量，加入到大型储藏葡萄酒的容器里，不仅使用方便，生产成本很低，而且能极大地改善和提高产品质量，获得极佳的效果。

(二) 储酒条件

储酒室应达到以下四个条件：温度，一般以8～18℃为佳，干酒10～15℃，白葡萄酒8～11℃，红葡萄酒12～15℃，甜葡萄酒16～18℃，山葡萄酒8～15℃。湿度，以饱和状态为宜（85%～90%）。通风，室内有通风设施，保持室内空气新鲜。卫生，室内保持清洁。

(三) 储存期

葡萄酒的储存期要合理，一般白葡萄原酒1～3年，干白葡萄酒6～10个月，红葡萄酒2～4年，有些特色酒更宜长时间储存，一般为5～10年。瓶储期因酒的品种不同、酒质要求不同而异，最少4～6个月。某些高档名贵葡萄酒瓶储时间可达1～2年。

（四）储存期间的管理

葡萄酒在储存期间常常要换桶、满桶。所谓换桶就是将酒从一个容器换入另一个容器的操作，亦称倒酒。目的其一是分离酒脚，去除桶底的酵母、酒石等沉淀物质，并使桶中的酒质混合均一；其二是使酒接触空气，溶解适量的氧，促进酵母最终发酵的结束；此外由于酒被二氧化碳饱和，换桶可使过量的挥发性物质挥发逸出及添加亚硫酸溶液调节酒中二氧化硫的含量（100～150mg/L）。换桶的次数取决于葡萄酒的品种、葡萄酒的内在质量和成分。干白葡萄酒换桶必须与空气隔绝，以防止氧化，保持酒的原果香，一般采用二氧化碳或氮气填充的保护措施。

满桶是为了避免菌膜及醋酸菌的生长，必须随时使储酒桶内的葡萄酒装满，不让它的表面与空气接触，亦称添桶。储酒桶表面产生空隙的原因为：温度降低，葡萄酒容积收缩；溶解在酒中的二氧化碳逸出以及温度的升高产生蒸发使酒逸出等。添酒的葡萄酒应选择同品种、同酒龄、同质量的健康酒。或用老酒添往新酒。添酒后调整二氧化硫含量。

添酒的次数：第一次倒酒后一般冬季每周一次，高温时每周2次。第二次倒酒后，每月添酒1～2次。

葡萄酒在储存期要保持卫生，定期杀菌。储存期要不定期对葡萄酒进行常规检验，发现不正常现象，及时处理。

从储藏管理操作上讲，一般应该在后发酵结束后，即当年的11～12月，进行一次分离倒桶。把沉淀的酵母和乳酸细菌（酒脚、酒泥）分离掉，清酒倒到另一个干净容器里满桶储藏。第二次倒桶待来年的3～4月。经过一个冬天的自然冷冻，红原酒中要分离出不少的酒石酸盐沉淀，把结晶沉淀的酒石酸盐分离掉，有利于提高酒的稳定性。第三次倒桶待第二年的11月。在以后的储藏管理中，每年的11月倒一次桶即可。

二、原酒的澄清

葡萄酒从原料葡萄中带来了蛋白质、树胶及部分单宁色素等物质，使葡萄酒具有胶体溶液的性质。这些物质是葡萄酒中的不稳定因素，需加以清除。工艺上一般采用下胶净化（澄清剂为明胶、鱼胶、蛋清、干酪素及皂土等）。此外还可采用机械方法（离心设备）来大规模处理葡萄汁、葡萄酒，进行离心澄清。

新酿成的葡萄酒里悬浮着许多细小的微粒，如死亡的酵母菌体和乳酸细菌体、葡萄皮、果肉的纤细微粒等。在储藏陈酿的过程中，这些悬浮的微粒，靠重心的吸引力会不断沉降，最后沉淀在罐底形成酒脚（酒泥）。罐里的葡萄酒变得越来越清。通过一次次转罐倒桶，把酒脚（酒泥）分离掉，这就是葡萄酒的自然澄清过程。

葡萄酒单纯靠自然澄清过程，是达不到商品葡萄酒装瓶要求的，必须采用人为的澄清手段，才能保证商品葡萄酒对澄清的要求。人工的澄清方法有以下几种。

（一）下胶

下胶就是往葡萄酒中加入亲水胶体，使之与葡萄酒中的胶体物质和以分子团聚的单宁、色素、蛋白质、金属复合物等发生絮凝反应，并将这些不稳定的因素除去，使葡萄酒澄清稳定。通常采用的蛋白质类下胶剂有酪蛋白（来源于牛乳）、清蛋白（来源于蛋清）、明胶（来源于动物组织）、鱼胶（来源于鱼鳔）。蛋白胶在葡萄酒内能形成带正电荷胶体分子团。

红葡萄酒加胶的效果，一方面取决于红葡萄酒的温度，温度最好在20℃左右。如果温度超过25℃，下胶的效果就很差。另一方面取决于红葡萄酒中单宁的含量。一般采用先往红葡萄酒中补加单宁，而后再加胶，这样效果更好。

往红葡萄酒中下胶的方法是，把需要的下胶量称好，提前一天用温水浸泡，充分搅拌均匀。加胶的数量应通过小型试验来确定，一般20～100mg/L。

下胶是人为方法加速红葡萄酒的自然澄清过程。

（二）过滤

过滤是使葡萄酒快速澄清的最有效手段，是葡萄酒生产中重要的工艺环节。

随着科学技术的进步，过滤的设备，特别是过滤的介质材料不断地改进，因而过滤的精度也不断地提高。过去在葡萄酒工业上普遍使用的棉饼过滤，现在已被淘汰。现在葡萄酒工业广泛采用的过滤设备有以下几种。

（1）硅藻土过滤机　多用于刚发酵完的红原酒粗过滤。在硅藻土过滤机内，有孔径很细的不锈钢丝网。过滤时选择合适粒度的硅藻土，在不锈钢滤网上预涂过滤层。过滤过程中，硅藻土随着被过滤的原酒连续添加，使过滤持续进行而不阻塞。

硅藻土过滤机有立式的、卧式的。过滤面积有大有小，过滤速度可快可慢。这种过滤设备在啤酒工业和葡萄酒工业上广泛使用。

（2）板框过滤机　板框过滤机多用于装瓶前的成品过滤。

（3）膜式过滤机　膜式过滤机用于装瓶前的除菌过滤。柱状的滤芯是由滤膜叠成。为达到除菌过滤的目的，滤膜上的孔径的大小是至关重要的。

（三）离心

离心处理可以除去葡萄酒中悬浮微粒的沉淀，从而达到葡萄酒澄清的目的。在红葡萄酒生产中应用不多。

三、葡萄酒的稳定性处理

葡萄酒中的色泽主要来自葡萄及橡木桶中的呈色物质，葡萄酒的色泽变化受多种因素影响，如pH作用、亚硫酸作用、金属离子作用、氧化还原作用等。为了使装瓶的葡萄酒在尽量长的时间里不发生浑浊和沉淀，保持澄清和色素稳定，需要通过合理的工艺处理。

葡萄酒的浑浊是指澄清的葡萄酒重新变浑或出现沉淀。按葡萄酒浑浊的原因，可归结为几种类型的浑浊，即微生物性浑浊、氧化性浑浊和化学性浑浊。防止微生物性浑浊的措施是将葡萄酒加热杀菌，或通过无菌过滤的方法，将葡萄酒中的细菌或酵母菌统统除去。防止氧化性浑浊的方法是，在葡萄酒储藏时。及时添加 SO_2，保持一定游离 SO_2 含量，能有效地防止氧化。在红葡萄酒装瓶时，添加一定量的维生素 C。维生素 C 和游离 SO_2 容易和葡萄酒中的游离氧结合，保护葡萄酒不被氧化。葡萄酒的化学性浑浊，是由于葡萄中含有过量的金属离子或非金属离子。通过合理的工艺，把这些不稳定的元素除去，就可以提高葡萄酒的化学稳定性。

为了提高红葡萄酒的稳定性，通常采取以下工艺措施。

（一）葡萄酒的热处理

红葡萄酒的热处理有两种作用，一方面热处理能加速红葡萄酒的成熟，促进氧化反应、酯化反应和水解反应。另一方面，热处理能提高葡萄酒的稳定性。热处理有以下几种提高稳定性的作用：热处理能引起蛋白质的凝絮沉淀；热处理可使过多的铜离子变成胶体而除去；热处理可使葡萄酒中保护性胶体粒子变大，加强其保护作用；热处理可以破坏结晶核，不容易发生酒石沉淀；加热有杀菌作用，可防止微生物引起的浑浊沉淀；加热还能破坏葡萄酒中的多酚氧化酶，防止葡萄酒的氧化浑浊。

红葡萄酒热处理的方法有三种：第一种是把装瓶的红葡萄酒在水浴中加热，品温达到 70℃、保温 15min；第二种方法是热装瓶，就是将 45～48℃的葡萄酒趁热装瓶，自然冷却；第三种方法是对大量要处理的散装葡萄酒，通过薄板热交换器，在温度较高的情况下瞬间加热，也能达到热稳定的目的。

（二）葡萄酒的冷处理

葡萄酒的低温处理，一方面能改善和提高葡萄酒的质量，越是酒龄短的新酒，冷却改善感官质量的效果就越明显。另一方面，冷却对提高葡萄酒的稳定性效果特别显著，是提高瓶装葡萄酒稳定性最重要的工艺手段。

冷却提高葡萄酒稳定性的作用，主要表现在以下几方面：冷却可以加速葡萄酒中酒石的结晶，通过过滤或离心，可把沉淀的酒石分离掉；冷却可使红葡萄酒中不稳定的胶体色素沉淀，趁冷过滤可分离掉；冷却能促进正价铁的磷酸盐、单宁酸盐、蛋白质胶体及其他胶体的沉淀。经过低温冷却的葡萄酒，在低温下过滤清后，其稳定性显著提高。

目前人工冷却葡萄酒通常有两种方法：一种是把葡萄酒放在冷却桶里，冷却降温，使温度达到该种葡萄酒冰点以上1℃的温度，在该温度下保温7天，趁冷过滤，即达到冷却目的。另一种方法是用速冷机冷冻葡萄酒，使葡萄酒瞬间达到冰点，即可趁冷过滤，也有冷冻效果。

（三）提高葡萄酒稳定性的其他方法

阿拉伯树胶能在葡萄酒中形成稳定性胶体，能防止澄清葡萄酒的胶体浑浊和沉淀。用阿拉伯树胶稳定红葡萄酒，用量为200～250mg/L，在装瓶过滤前加入。

偏酒石酸溶于葡萄酒里，由于它本身的吸附作用，能分布在酒石结晶的表面，阻止酒石结晶沉淀，能在一定的时间内延长葡萄酒的稳定期。

第六节　新型果酒生产工艺

一、苹果酒的生产

苹果品质优良、风味好，甜酸适宜，营养价值比较高。苹果酒是以新鲜苹果为原料酿造的一种饮料酒。一般制作苹果酒的果实要求成熟，无霉烂，以国光苹果和青香蕉苹果等品种为佳。

苹果果实含糖一般在5%～8%，主要为葡萄糖、果糖和蔗糖。早熟品种适宜生食不宜酿酒，而中晚熟品种既可生食又可酿酒。苹果中的总酸一般在0.4%左右，主要是苹果酸，其次是柠檬酸。总酸随果实的成熟而减少，苹果中还含有一定量的氨基酸、无机盐和维生素。苹果的含水量为84%左右。

（一）工艺流程

苹果酒的生产工艺在许多方面与葡萄酒相似，其生产工艺流程如图4-6所示。

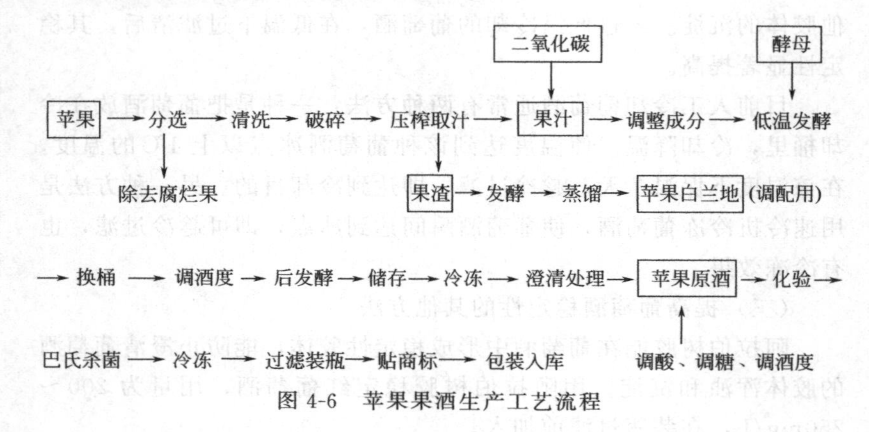

图 4-6 苹果果酒生产工艺流程

（二）技术要点

（1）原料分选 要选择香气浓，肉质紧密，成熟度高，含糖多的苹果，其中成熟度应占 80%～90%以上。摘除果柄，拣出干疤和受伤的果子，清除叶子与杂草。用不锈钢刀（不可用铁制刀）将果实腐烂部分及受伤部分清除。干疤会给酒带来苦味，受伤果和腐烂果易引起杂菌感染，影响发酵的正常进行。

苹果果实的大小对苹果酒的质量有一定的影响，苹果果实的外层果肉含汁比内层的多，苹果的香气多集中在果皮上，而小果实的比表面积大于大果实的比表面积，因此，小果实不仅出汁多、出酒多，而且果香芬芳。

（2）清洗 使用清水将苹果冲洗干净，沥干。对表皮农药含量较高的苹果，可先用 1%的稀盐酸浸泡，然后再用清水冲洗。洗涤过程中可用木桨搅拌。

（3）破碎 使用破碎机将苹果破碎成 0.2cm 左右的碎块，但不可将果籽压碎，否则果酒会产生苦味。缺乏条件的小厂可采用手工捣碎，有条件的工厂可选用不锈钢制成的破碎机破碎，或者选用轧辊为花岗石或木制的破碎机，严禁使用铁轧辊。破碎要尽可能的碎，以提高出汁率。

（4）压榨取汁 破碎后的果实立即送入压榨机压榨取汁。无条件的小厂也可采用布袋压榨。榨汁时加入20%～30%(体积分数)水，加热至70℃保温20min，趁热榨汁。在榨取的果汁中加入0.3%（体积分数）果胶酶，45℃保温5～6h，进行果汁澄清，澄清后的果汁过滤、去除沉渣（压榨后的果渣可经过发酵和蒸馏生产蒸馏果酒，用来调整酒度）。

（5）添加防腐剂　为了保证苹果酒发酵的顺利进行，压榨后的果汁必须添加防腐剂，以抑制杂菌生长。一般是加入二氧以硫，使浓度达到75mg/kg即可（60～100mg/kg）。也可按50kg果汁中添加4.5g偏重亚硫酸钾。

（6）主发酵　压榨后的果汁先放在阴凉处静置24h，待固形物沉淀后，再将果汁移入清洁的发酵桶或缸内，装量为容器体积的4/5，可采用“天然发酵”和“人工发酵”两种方法。“天然发酵”是利用苹果汁中所带有的酵母菌发酵。“人工发酵”可添加3%～5%的酒母，摇匀。发酵温度控制在20～28℃，发酵期为3～12天。如果采用16～20℃低温发酵，利于防止氧化，产品口味柔和纯正，果香浓酒香协调，发酵时间为15～20天。这主要根据当时发酵的状况而定。如温度高，酵母生长和发酵活力强，发酵期就短。发酵后期酒液应呈淡黄绿色，残糖在0.5%以下，表明主发酵结束。

（7）换桶　用虹吸方法将果酒移至另一干净桶中（酒脚与发酵果渣一起蒸馏生产蒸馏果酒）。

（8）调整　主发酵后的苹果酒一般酒精度为3%～9%(体积分数)，应添加蒸馏果酒或食用酒精提高酒精度至14%。

（9）后发酵　将酒桶密闭后移入酒窖，在15～28℃下进行1个月左右的后发酵。后发酵结束后要再添加食用酒精使酒精度提高到16%～18%(体积分数)。同时添加二氧化硫，使新酒中含硫量达到0.01%(体积分数)。经换桶后再进行1～2年的陈酿。

（10）陈酿　陈酿是将酒长期密封储存，使酒质澄清，风味醇厚。发酵液由酒泵打入洗净杀过菌的储藏容器内，装满密封，以避免氧化。储藏温度不要超过20℃。陈酿期间要换几次桶，一般新酒每年换桶3次，第一次是在当年的12月，第二次是在来年的4～5月，第三次是在来年的9～10月。陈酒每年换桶一次。

酒的储存期结束后，应采用人工（或天然）冷冻的方法进行处理，使酒在−10℃左右存放7天，然后立即过滤。以提高透明度和稳定性。

（11）调配　成熟的苹果酒在装瓶之前要进行酸度、糖度和酒精度的调配，使酸度、糖度和酒精度均达到成品酒的要求。

（12）装瓶与灭菌　经过滤后，苹果酒应清亮透明，带有苹果特有的香气和发酵酒香，色泽为浅黄绿色，此时就可以装瓶。如果酒精度在16%（体积分数）以上，则不需灭菌。如果酒精度低于16%（体积分数），必须要灭菌。灭菌方法与葡萄酒相同。

二、猕猴桃酒

猕猴桃是营养很丰富的果品，品种复杂，全国有56个品种，其中以中华猕猴桃的经济价值最高。一般成熟果实含糖8%～17%，主要为葡萄糖、果糖和蔗糖，其中葡萄糖和果糖大体相等，占总糖的85%左右。总酸含量（以柠檬酸计，本书中指葡萄酒外的其他果酒）为1.4～2.0g/100mL，主要为柠檬酸和苹果酸及少量的酒石酸。果胶在果肉中含0.5%左右，在果皮中含1.5%左右。蛋白质质量分数为1.6%左右。单宁质量分数为0.95%左右。维生素C含量在100～420mg/100g。果肉中的水分质量分数为82%～85%，出汁率一般在50%～70%。无机盐质量分数约为0.7%。

（一）工艺流程

绝大多数酒厂采用发酵法生产猕猴桃酒。发酵法生产工艺有两种，一种是按照白葡萄酒的生产工艺，采用清汁发酵；另一种是按照红葡萄酒的生产工艺采用带皮渣发酵。

猕猴桃酒的生产工艺在许多方面与葡萄酒相似，其生产工艺流程如图4-7所示。

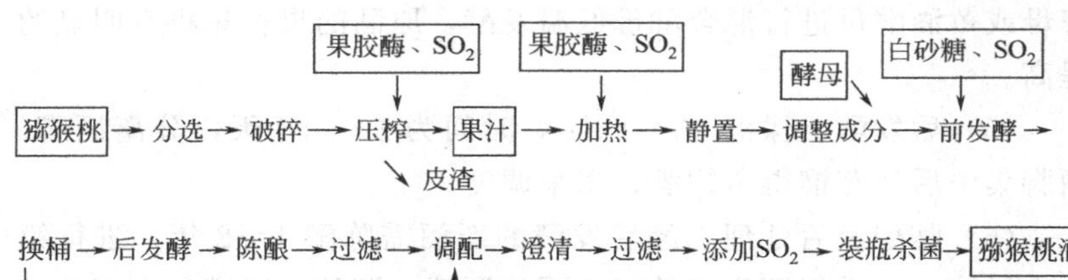

图 4-7 猕猴桃酒生产工艺

（二）技术要点

（1）分选 采集果肉翠绿、九成熟猕猴桃果实，剔除霉烂果及杂质，挑选轻微成熟变软的猕猴桃备用。用清水洗涤除去表面绒毛、污物等，以减少原料的带菌量，沥干后放置 2～3 天催熟变软。

（2）破碎榨汁 猕猴桃中含有较多的果胶，因此它的果汁黏度大。果肉中的纤维素比一般水果多，组织结构松脆，若破碎得太细，会造成以后的过滤操作困难；若破碎得太粗，其内部液汁难以从果肉组织中分离出来。一般是先把猕猴桃破碎成果浆，同时加入果胶酶 100mg/kg、二氧化硫 50mg/kg，搅拌均匀静置 2～4h 后进行榨汁。添加果胶酶的目的是水解果胶物质，使果胶在果汁中的含量降到 0.1％以下，降低果汁的黏度和浊度，有利于果汁的澄清，缩短果汁与空气接触的时间，也有利于维生素 C 的保护。

榨出的果汁要再加入果胶酶 15～20mg/kg，加温到 45℃，静置澄清 4h 以上，使果胶充分水解，同时再加入二氧化硫 30mg/kg。

（3）调整成分 将澄清果汁适当稀释，按发酵要达到的酒精度的要求，添加适量的白砂糖，加入二氧化硫 30mg/kg。

（4）前发酵 在果汁中添加 5％～10％的人工培养纯种酵母液（或采用果酒活性干酵母），保持 20～25℃发酵 5～6 天后，进行换桶，转入后发酵。也可采用低温酿造法，发酵温度为 7～10℃，发酵时间为 12～15 天，这对保留果肉的天然色泽、果香和维生素 C 都有极为明显的作用。如从猕猴桃果皮中分离出野生酵母和葡萄酒酵母或黄酒酵母进行混合酵母低温发酵，原酒的果香味将有明显的提高。

（5）后发酵　保温 15～20℃，时间为 30～50 天，分离酒脚。酒脚集中后经蒸馏得蒸馏酒，用来调度。

（6）陈酿及后处理　经后发酵的新酒需陈酿 1～2 年，进行第一次过滤，并进行酒度调整和必要的调糖、调酸，以满足人们的口味要求；再下胶澄清，以防止果渣、果胶酸钙及蛋白质的变性物质造成猕猴桃酒的沉淀。下胶的材料主要有明胶、蛋清、牛奶、高岭土等。之后进行第二次过滤，以保证酒液的澄清透明，然后加入 50mg/kg 的二氧化硫，立即装瓶。在酒的陈酿过程中，凡有暴露在空气中的，都要采取二氧化硫气体保护等措施，以防酒的氧化褐变、杂菌污染和维生素 C 的大量损失，做到封闭存放。

（7）灌装、杀菌　澄清后的猕猴桃酒用果酒灌装机灌装并密封，然后送入加压连续式杀菌机进行杀菌并冷却，最终得到成品猕猴桃酒。

三、梨酒

梨的营养价值较高，除生食外，还可加工成其他产品，梨酒就是其中的一种。

（一）工艺流程

梨酒生产的一般工艺流程如图 4-8 所示

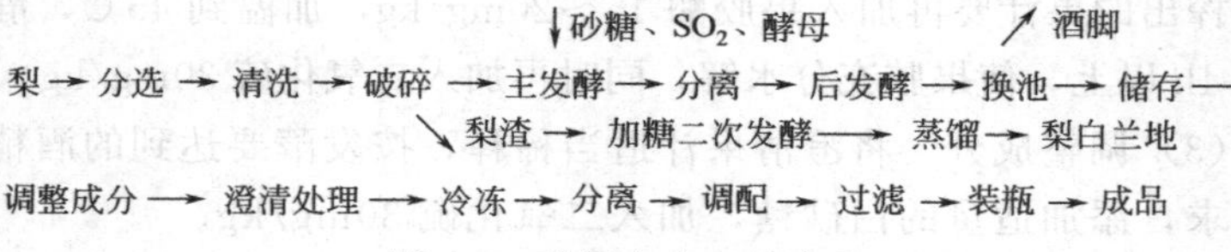

↓砂糖、SO_2、酵母　↗酒脚

梨→分选→清洗→破碎→主发酵→分离→后发酵→换池→储存→

↘梨渣→加糖二次发酵→蒸馏→梨白兰地

调整成分→澄清处理→冷冻→分离→调配→过滤→装瓶→成品

图 4-8　梨酒生产工艺流程

（二）工艺要点

（1）分选　制作梨酒的原料要求成熟度高，无腐烂，无虫蛀，无杂物，出汁率在 60%以上。按上述要求，进行分选。再将梨用清水冲洗干净，沥干备用。

（2）破碎入池　将梨用破碎机打成均匀的小块，梨块直径以1～2cm为宜入池发酵。入池量不应超过池容积的80%，以利于发酵及搅动。每池一次装足，不得半池久放，以免杂菌污染。入池过程中按发酵酒精度的需要补加白砂糖。分三次均匀地加入偏重亚硫酸钠进行杀菌，偏重亚硫酸钠的用量一般小于14g/kg。并添加5%～10%的人工培养酵母进行发酵。

（3）主发酵　主发酵温度一般为20～25℃，发酵时间为7～10天。

（4）分离　主发酵结束时，梨渣沉入池底，将清汁抽出至另一经清洗杀菌的池中进行后发酵。梨渣和酒脚加糖进行二次发酵，然后蒸馏成梨白兰地，供调配梨酒成分时使用。

（5）后发酵　后发酵温度为15～22℃，时间3～5天。后发酵中，要尽量减少酒液与空气的接触面，避免杂菌污染。

（6）分离储存　后发酵结束时，立即换池，分离酒脚，同时用梨白兰地或精制酒精调整酒度。

四、橘子酒

橘子品种比较多，果实内生长有许多肉质化的囊状物，称作砂。橘子富含浆液，风味优良，营养丰富。橘皮中含有较多的挥发油等物。橘子用途甚广，除供鲜食外，还可酿酒等。

橘子果实的食用部分占果实的70%左右，出汁率为51%左右，果汁含可溶性固形物12%左右，每100mL果汁含糖9.8g左右，含酸0.5g左右。另外还含17种氨基酸和维生素等。

（一）工艺流程

橘子酒生产的一般工艺流程如图4-9所示。

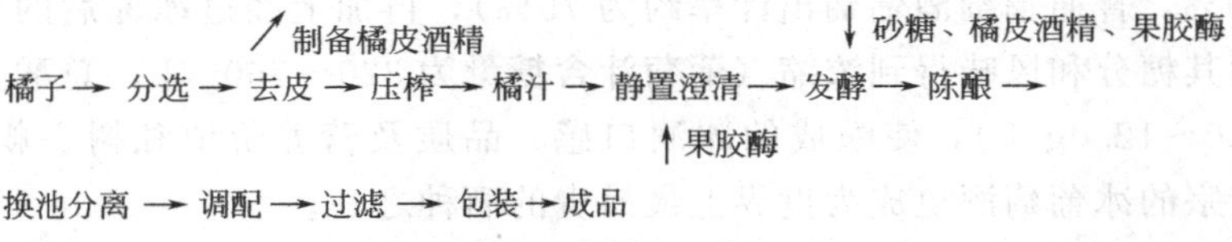

去皮 ↗ 制备橘皮酒精

橘子 → 分选 → 去皮 → 压榨 → 橘汁 → 静置澄清 → 发酵 → 陈酿 →

静置澄清 ↑ 果胶酶；发酵 ↓ 砂糖、橘皮酒精、果胶酶

换池分离 → 调配 → 过滤 → 包装 → 成品

图4-9　橘子酒生产工艺流程

（二）工艺要点

（1）原料处理　挑选质量符合要求的橘子，用90℃热水浸泡5min，去皮后进行压榨，注意不要把核压破，以免给酒增加苦味。

（2）制备橘子香酒精　将剥下的橘皮，放在箅子上面，箅下加入一定量的酒精度为60%的清香型白酒或精制酒精，盖好蒸馏锅，蒸馏30min，经冷凝器获得橘子香酒精，保管妥当，供调酒、调香使用。

（3）除果胶　在橘子汁中加入0.3%的果胶酶，保持温度20～40℃，经8～10h静置，即可得到澄清透明的果汁。

（4）发酵　在经澄清的果汁中接入1%～3%的酵母，保温25～28℃，经48～56h发酵终止。然后适当补加糖、酸和橘子香酒精。

（5）陈酿　发酵结束后，倒桶（池）去酒脚，在低温下陈酿3个月至一年。再倒桶（池），去酒脚，进行必要的调配，快速过滤，装瓶，即为成品。

第七节　著名葡萄酒生产工艺与配方

一、冰葡萄酒的生产工艺与配方

（一）冰葡萄酒的原料品种

冰葡萄酒又称为冰酒，是葡萄酒中的精品，具有色泽如金、口感滑润、甜美醇厚、甘冽爽口等特点。冰酒是以在葡萄树上经历了天然霜冻的葡萄为原料，通过特殊工艺酿制而成的甜白葡萄酒。由于生产冰酒的原料非常难得，葡萄的出汁率非常少（仅有10%～20%，普通葡萄酒葡萄出汁率约为75%），再加上经过冰冻后的葡萄其糖分和风味得到浓缩（葡萄汁含糖量为320～360g/L，总酸为8.0～12.0g/L），使酿成的冰酒口感、品质及营养价值独树一帜，正宗的冰葡萄酒也成为世界上最昂贵的酒种之一。

酿造冰酒的葡萄品种有雷司令、威达尔、霞多丽、贵人香、米勒、琼瑶浆、白品乐、灰品乐、美乐、长相思等，由于冰葡萄酒的生产受到自然气候条件的严格制约，所以在中国的各大葡萄酒产区中只有东北地区才具备生产的条件。

（二）冰葡萄酒的生产工艺流程

生产冰葡萄酒的工艺流程见图 4-10。根据冰葡萄酒的特点，在生产过程中应注意以下几点。

（1）葡萄必须经自然冰冻，不能进行人工冷冻，采摘和压榨均须在−8℃以下进行。

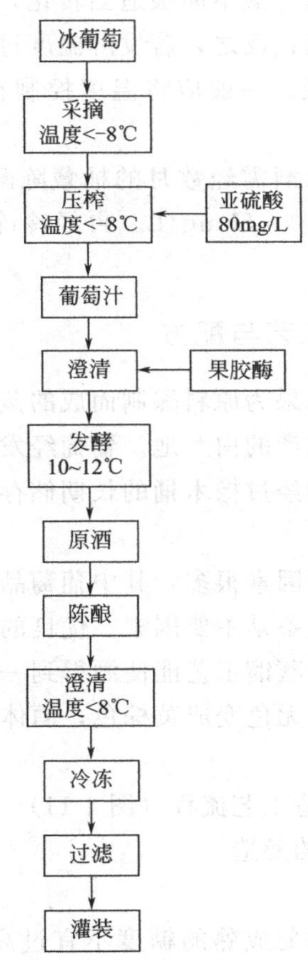

图 4-10 冰葡萄酒工艺流程

（2）由于水分以冰晶形式在压榨时被去除，所获得的为浓缩汁，故压榨过程需要施加较大压力。

（3）发酵之前应将浓缩汁升温至10℃左右，按20mg/L添加果胶酶澄清，澄清后再按1.5%～2.0%接入酵母进行控温发酵。

（4）由于冰酒的品质受温度的影响很大，所以控温发酵是一个非常关键的生产环节。如果发酵温度过低，酵母菌的活性受到抑制，会导致葡萄汁的糖、酸不能被适当转化，获得的原酒糖度、酸度过高，而酒精度过低；反之，若发酵温度过高，则会导致原酒的酒精度过高、糖度过低。一般应将温度控制在10～12℃之间，时间为数周。

（5）发酵获得的原酒需经数月的桶藏陈酿，然后用皂土澄清，同时调节有利SO_2至40～50mg/L。再经冷冻、过滤除菌、灌装，制得成品冰葡萄酒。

二、白兰地的生产工艺与配方

白兰地是一种以水果为原料酿制而成的蒸馏酒，通常所说的白兰地是以葡萄为原料生产的白兰地。葡萄经发酵蒸馏而得到的是原白兰地。原白兰地必须经过橡木桶的长期储存，调配勾兑，才能成为成品白兰地。

影响白兰地酒质的因素很多，其中葡萄品种的质量、蒸馏工艺和设备，储存工艺和设备是主要因素。优良的葡萄品种赋予白兰地酒特有的香气，适宜的蒸馏工艺能使酒得到一种独特的芳香，再经橡木桶储存，能使酒由无色变成黄棕色，酒体由辛辣变得柔和、甘洌、绵延、细腻。

（一）白兰地的酿造工艺流程（图4-11）

（二）白兰地原酒的酿造

1. 葡萄品种

要求香气一般，葡萄成熟的糖度不宜过高，在110～130g/L，但酸度应稍高。

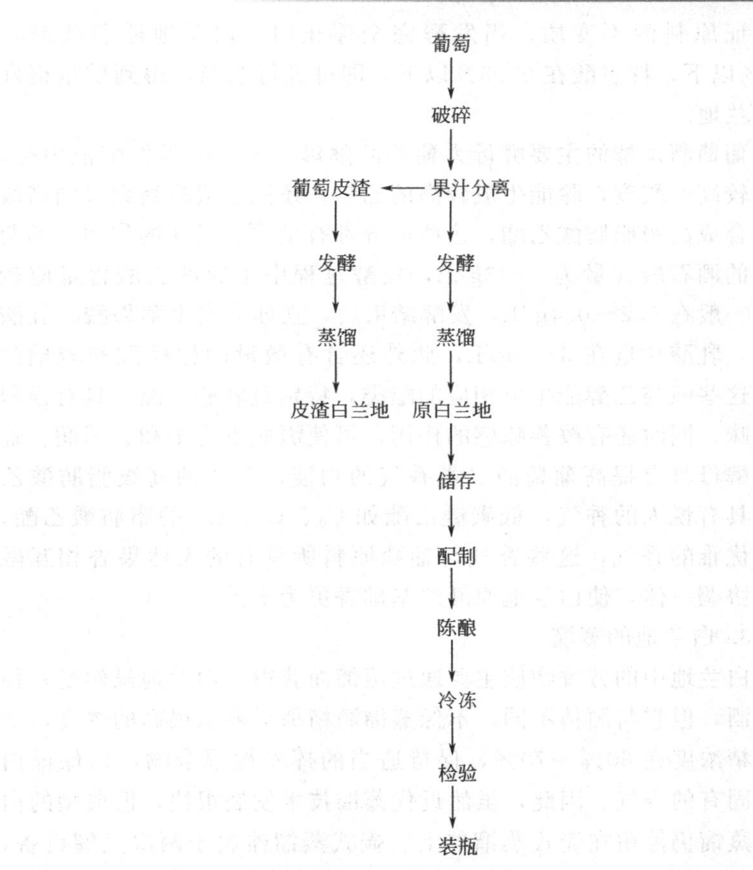

图 4-11 白兰地生产工艺流程

2. 白葡萄酒发酵

用来蒸馏白兰地的葡萄酒叫做白兰地原料葡萄酒，简称白兰地原酒。由白兰地原酒蒸馏得到的葡萄酒精称原白兰地。白兰地原酒的生产工艺与传统法生产干白葡萄酒相似，但原酒加工过程中禁止使用二氧化硫。白兰地原酒是采用自流汁发酵，原酒应含有较高的滴定酸度，口味纯正，爽快。滴定酸度能保证发酵过程顺利进行，有益微生物得到充分繁殖，有害微生物得到抑制，在储存过程中也可保证原料酒不变质。当发酵完全停止时，白兰地原酒残糖在0.3%以下，挥发酸在0.05%以下，即可进行蒸馏，得到质量很好的白兰地。

葡萄酒发酵的主要酵母为葡萄酒酵母，这种酵母发酵能力强，能耐较高的酸度，除能生成较高的乙醇，还能生成较高数量的高级醇并合成高级脂肪酸乙酯，这些成分都有呈香、呈味的作用。葡萄原料的酒石酸含量为2～3g/L，发酵过程中生成的乙酸含量应较低，一般在0.2～0.4g/L，发酵结束后，立即会发生苹果酸、乳酸发酵，乳酸含量在3～4g/L，此外还含有微量的柠檬酸和琥珀酸等。这些酸与乙醇能生成相应的酯类，特别是乳酸乙酯，具有强烈的气味，同时还有改善味感的作用，可使酒质更为柔和、圆润。葡萄酒酵母具有提高葡萄酒二类香气的功能，合成的高级脂肪酸乙酯，具有悦人的香气，低碳链乙酯如C_6、C_8、C_{10}的脂肪酸乙酯，具有优雅的香气，这些香气与葡萄原料所具有的天然果香相互融洽、协调一体，使白兰地原酒的基础香更为丰满。

3. 白兰地的蒸馏

白兰地中的芳香物质主要通过蒸馏而获得。白兰地虽然是一种蒸馏酒，但它与酒精不同，不像蒸馏酒精那样要求很高的浓度，要求酒精浓度在60%～70%，保持适当的挥发性混合物，以保证白兰地固有的香气。因此，虽然近代蒸馏技术发展很快，但典型的白兰地蒸馏仍停留在壶式蒸馏器上。壶式蒸馏器属于两次蒸馏设备，即白兰地原酒用这种蒸馏器需经2次蒸馏才能得到质量好的白兰地。第一次蒸馏白兰地原料酒，得到粗馏原白兰地，然后将粗馏原白兰地再进行一次蒸馏掐去酒头和酒尾，取中馏分即为原白兰地。

(1) 原白兰地的粗馏　将白兰地原料酒装入壶式蒸馏器中，通过直接蒸馏，得酒精含量26%～29%的粗馏原白兰地。这种蒸馏一般不掐酒头，为了使粗原白兰地达到要求的酒精含量，需切取一定的酒尾，回入白兰地原料酒中。

(2) 原白兰地的精馏　把粗馏原白兰地投入到壶式蒸馏器中，用文火蒸馏，掐去酒头，切去酒尾，取中馏分即为原白兰地。根据原料葡萄酒的质量，来确定截取酒头的数量，质量好的原酒截取酒头数量少；质量差的原酒截取酒头的数量要多些。一般截取0.5%～1.5%为酒头馏水。截取酒头的数量也不是越多越好，如果截取酒头的数量过多，由于酒头中的低沸点的芳香成分多，有时会影响白兰地的风味质量。理想的白兰地的酒精含量为70%左右，一般从58%切酒尾为宜。

4. 白兰地的储存

原白兰地需要在橡木桶中经过多年储存陈酿，才能使质量达到成熟完美的程度。白兰地在储存中的变化主要包括对橡木桶成分的萃取、化学变化、物理变化及物理化学变化。原白兰地在橡木桶中储存前是无色的，在储存过程中，橡木桶中单宁、色素等物质溶入其中，白兰地的颜色逐渐变成金黄。由于储存时空气渗过木桶的板进入酒中，引起一系列缓慢的氧化反应，致使酸及酯的含量增加，产生强烈的清香，酸来自木桶中单宁酸的溶出及酒精缓慢氧化而致。储存时间长，会产生蒸发作用，导致白兰地酒精含量降低，体积减少，为了防止酒精含量降至40%以下，可在储存开始时适当提高酒精含量。储存过程中最本质的是木桶中酚类物质的抽出及这些物质被空气氧化成过氧化物而部分沉淀。

储存温度高（25～30℃），第二年就能变成金黄色，储存温度低（8～10℃），变化速度非常缓慢。一般为15～25℃，相对湿度75%～85%。常用300～500L橡木桶储存，时间从几年至几十年。

5. 白兰地的调配

白兰地经储存后，需经调配，再经橡木桶短时间储存，再经调配方可出厂，一般要经二次调配。工艺流程如图4-12所示。

三、味美思的生产工艺与配方

味美思是一种世界性饮料，具有葡萄酒的酯香和多种药材浸渍久储后形成的特有陈酒香味，香气浓郁，药味协调醇厚，酒稍苦且柔和爽适。这类酒因加有多种名贵药材，适量常饮具有开胃健脾、祛风补血、助消化、强筋骨、滋阴肾、软化血管等功效。除了直接

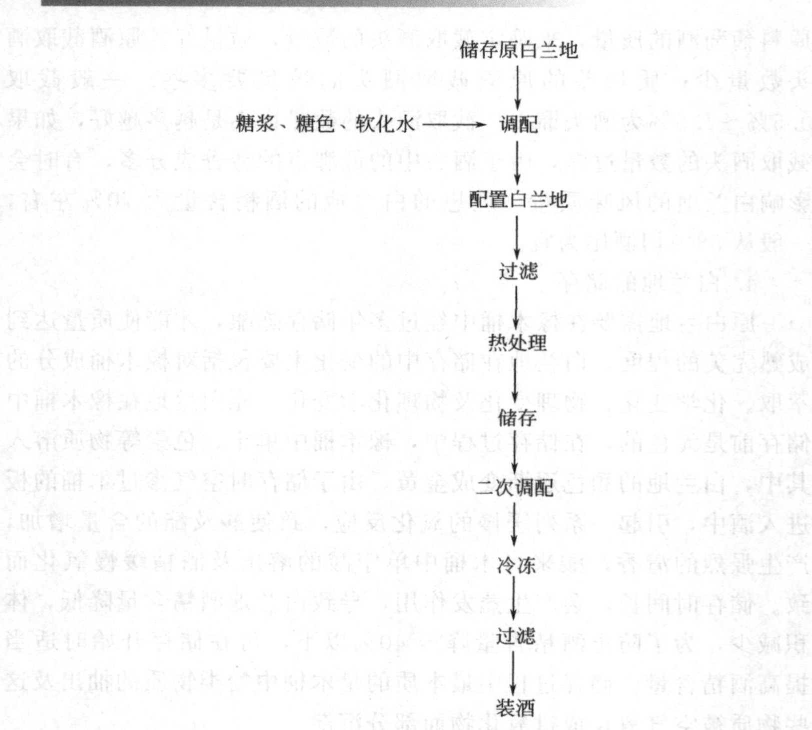

图 4-12 白兰地二次调配工艺流程

饮用外，味美思还是调配鸡尾酒的优良酒种。这是因为味美思含糖量高，所含固形物较多，相对密度大，酒体醇浓。

我国在 1892 年由烟台张裕葡萄酿酒公司首次成功生产味美思，距今已有百余年的历史。现在我国的味美思采用上等的龙眼葡萄酒，配以我国独有的中药材，色味独特，已自成一个体系。中国型味美思是用国产药材代替意大利式味美思酒的芳香植物而制得。药材主要为大黄、龙胆根、桂皮、小茴香、肉豆蔻等。酒精度为 18%（体积分数），糖度为 15%。其工艺精细，产品独具风格。

（一）原料

（1）味美思原酒　味美思原酒应为白色，酸度合适，酒质纯正、老熟、稳定。生产原酒应该选择弱香型的葡萄为原料，通常选用白羽、龙眼、佳丽酿等。玫瑰香葡萄为主要调配品种。生产工艺同干白葡萄酒。不同的成品根据其特点，采用不同的方法进行储藏。

（2）酒精　酒精含量为11%～12%的原酒，须加原白兰地或食用脱臭酒精调整酒精度为16%～18%。

（3）糖　一般用精制白砂糖、糖浆、甜白葡萄酒来调节酒的甜度。白味美思可用砂糖、糖浆或甜白葡萄酒调整糖度；红味美思通常用糖浆调整糖度。

（4）焦糖色　用蔗糖制成，目的是用它的琥珀色来着色。红味美思的色度可用糖色调整。

（5）二氧化硫　生产白味美思，尤其是清香型产品所用的原酒，储存期较短，为防止氧化，游离二氧化硫含量控制为40 mg/L。生产红味美思及以酒香或药香为主要特征的产品，采用氧化型的白葡萄原酒，原酒储存期较长，可不必补加二氧化硫或少补加。

（6）药材　主要有苦艾、石蚕、橙皮、百里香、龙胆、勿忘草、鸢尾根、香草、白芷、丁香、矢车菊、肉桂、紫苑、豆蔻、菖蒲等。药材的配方多种多样，下为意大利式味美思药材配方之一（400L酒液中加量）：苦艾450g，勿忘草450g，龙胆根40g，肉桂300g，白芷200g，豆蔻50g，紫苑450g，橙皮50g，菖蒲根450g，矢车菊450g。药材可采用直接浸泡法、浸提液法或加香发酵法进行处理。前两种方法使用较多。

（二）葡萄原酒的澄清处理

用作酒基的白葡萄酒或干白葡萄酒，由于放置时间长，会有浑浊或轻度的失光，故需进行澄清处理，以得到晶亮透明的酒液。一般添加20～50g/t的PVPP（聚乙烯基聚吡咯烷酮）或0.2～0.4 g/t的活性炭吸附几天后过滤备用。

（三）调配

调配是将各种配料在混合桶中按比例混合的过程。先将白砂糖溶解在葡萄酒中（或把糖浆加入到葡萄酒中），再加入高纯度的优质酒精或脱臭酒精，然后分批分期加入芳香抽出物，最后加焦糖色调色，以极慢的搅拌速度进行搅拌，以获得均匀一致的混合液。整个混合过程需在密闭系统中进行，以保留各种配料应有的芳香和口味强度。

（四）储存

调配好的味美思需储存半年以上。白味美思可用不锈钢罐或者木桶储存，但不宜在木桶中储存时间过长，以免色泽和苦味加重。而红味美思应先在新木桶中进行短期储存后，再转入老木桶中继续储存。高档红味美思应在木桶中储存至少 1 年以上。

（五）冷处理

酒液要经过冷冻处理，使酒中的大量胶质成分及部分酒石酸盐沉淀，以改善成品酒的风味及稳定性。冷处理温度为高于味美思冰点 0.5℃以上，时间为 7～10 天左右。

（六）澄清处理

味美思中含有药材带来的胶质成分，故黏度较高，不利于澄清处理。但有些胶质成分对具有胶体溶液特性的酒液起保护作用，若澄清、过滤操作得当，成品酒可存放 10 年以上而不产生沉淀，且口感更柔顺。可选用如下方法进行澄清处理。

（1）下胶　添加 0.03%左右的鱼胶，准确的用量应经小试而定。搅匀后静置 2 周。此法效果很好。

（2）加皂土　用量为 0.04%左右，实际用量经小试确定。搅匀后静置 2 周。

（3）鱼胶与皂土以 1∶1 的比例并用。

（七）过滤、杀菌

将上述经澄清处理后的酒液进行过滤。为了使酒体更加稳定，还可以将酒液进行巴氏杀菌（如法国式的味美思酒）。即将酒液加热到 75℃，并维持 12min，以杀死酵母等微生物和破坏酶的活性。最后再过滤一次，即可装瓶。

四、香槟酒生产工艺与配方

（一）香槟酒生产工艺流程（图 4-13）

葡萄原料→取汁发酵生产白葡萄酒原酒→化验品尝→加糖加酵母调配→装瓶二次发酵→倒放集中沉淀→去塞调味→压入木塞及罩铁丝扣→冲洗烘干→包装→成品

图 4-13 香槟酒生产工艺流程

（二）香槟酒生产配方

1. 原料

白葡萄酒生产香槟酒需较淡的颜色，一般使用自流汁发酵，最适出汁率在 50%左右。葡萄破碎时要加入定量 SO_2，防止破碎的葡萄浆及汁与空气接触而发生氧化。葡萄汁经澄清，接入优良香槟酵母，在 15℃进行低温发酵，每天降糖 1%～2%，发酵周期约 15 天，发酵结束葡萄酒的酒精含量应在 10%～12%(体积分数)。原酒需经与一般白葡萄酒一样的稳定性处理与储存。

2. 调配、加糖、加酵母

(1) 调配　单一品种的原白葡萄酒，很难具备所需的品质，因此应进行调配，以保证质量。调配应先进行实验，原酒的酸度不应低于 0.7%，酒精含量为 11%～11.5%(体积分数)，淡黄色，口味清爽。调配出的样品经过反复品尝，确定各占比例，便可正式进行。

(2) 加糖　香槟酒中的 CO_2 压力是由糖经过发酵而产生的，因此，要使香槟酒具有一定的压强，事先要计算好所用糖量。按经验，在 10℃时，每产生 0.098MPa 压力的 CO_2 气体需 0.4%的糖(4g/L)，为获得 0.588MPa 压力的 CO_2，则每 1L 需消耗 24g 糖。加糖前应先分析原酒中所含的糖分，然后计算要加的糖量。一般用蔗糖制糖浆，将糖溶化于酒中，制成 50%的糖浆，并放置数周，使蔗糖转化，经过滤除杂质后添加。

(3) 加酵母　香槟酒发酵使用的酵母比较理想的有：亚伊酵母、魏尔惹勒酵母、克纳曼酵母、亚威惹酵母 4 种。可单独使用，也可几种混合使用。酵母加入量一般为 2%～3%，培养温度先是 21℃，后逐渐降低以适应低温发酵。大规模生产香槟酒的工厂，要留一部分发酵旺盛的酵母培养液，以便下次继续使用。在装瓶时要使原酒中溶入适量的氧（泵送、泼溅或直接通气），以利于酵母生长。

3. 装瓶

发酵：将加入糖液混合均匀的原料酒装入耐压检查后的香槟酒瓶中，酵母培养液使瓶内酒液中含酵母细胞数达到600万个。用软木塞塞紧，外加倒U形铁丝扣卡牢。然后将瓶子平放在酒窖或发酵室，瓶口面向墙壁，并堆积起来，一般可堆放18～20层。发酵温度一般保持在15～16℃。酒发酵完后，在瓶中与因养分缺乏而自溶的酵母接触1年以上，可获得香槟之香。瓶内压力应达到0.588MPa。

4. 完成阶段

在此阶段，完成沉淀与酒的分离。

（1）集中沉淀　发酵完毕的香槟酒从堆置处取出，向下插在倾斜的、带孔的木架上，木架呈30°、40°、60°斜角，定时转动（左右向转动），以便使沉淀集中在瓶颈上（主要是塞上）。一般开始每天转1/8转，逐渐增加到6/8～1转。转动开始时次数多，摇动用力大些，以后逐渐减少次数及摇动力。大颗粒沉淀一周就可转至塞上，而细小沉淀则需一个月或更长些时间才能转至塞上。

（2）去除沉淀　将酒冷至7℃左右，以降低压力。将瓶颈部分浸入冰浴中使其冻结，然后使边缘部位溶化，立即打开瓶塞，利用瓶压将冰块取出，用残酒回收器回收。将瓶直立，附于瓶口壁的酵母用手或特殊的橡皮刷去，将酒补足后加塞。

5. 调味

香槟酒换塞时，根据市场需求和产品特点分别加入蔗糖浆（50%）、陈年葡萄酒或白兰地进行调味处理。加糖浆可以调整酒的风味，增加醇厚感或满足一些消费爱好；加入陈年葡萄酒可以增加香槟酒的果香味，有些国家以陈酒代替陈年葡萄酒加入香槟酒调味，也是为了使香槟酒有一种特殊香味；加入白兰地主要是补充酒精含量不足，防止香槟酒在加入糖浆后重新发酵，同时也增加香槟酒的香味，提高了香槟酒的口感质量。

第五章 黄 酒

第一节 黄酒概述

黄酒是以稻米、黍米等为原料，经加曲、酵母等糖化发酵剂酿制而成的发酵酒。它保留了发酵过程中产生的各种营养成分和活性物质，具有极高的营养价值。随着人们生活水平的提高和保健意识的增强，黄酒特有的绿色、营养、保健功效受到越来越多消费者的青睐。

黄酒是我国的民族特产，是我们的民族酒，是世界三大发酵酒（黄酒、葡萄酒和啤酒）之一。我国酿制黄酒的技术独树一帜，据载已有6000多年的历史。

元朝时，烧酒在北方得到普及，北方黄酒生产逐渐萎缩，南方人饮烧酒者较少，黄酒的生产得以保留。清朝时期，绍兴一带的黄酒称雄于国内外。目前黄酒生产主要集中于浙江、江苏、上海、福建、江西和广东、安徽等地，山东、陕西、大连等地只有少量生产。

在历史上，黄酒的生产原料在北方用粟，在南方普遍用稻米（尤其糯米最佳）。在当代，黄酒是谷物酿造酒的统称，以粮食为原料的酿造酒（不包括蒸馏的烧酒）都可归于黄酒类。但有些地区对本地酿造、且局限于本地销售的酒仍保留了一些传统的称谓，如江西的水酒、陕西的稠酒、西藏的青稞酒等。

黄酒是发酵酒，酒度不高，一般为8°～20°，多数在15°左右，颜色橙黄透亮。但黄酒的颜色并不总是黄色，古代酒的过滤技术并不成熟之时，酒是呈浑浊状态的，当时称为“白酒”或浊酒。现在，黄酒的颜色也有黑色和红色的。

一、黄酒的分类

黄酒的历史悠久、种类繁多，全国各地的名称也很不一致。

GB/T 13662—2008 中是按照产品风格和含糖量进行分类的。

（一）按产品风格分

（1）传统型黄酒　以稻米、黍米、玉米、小米、小麦等谷物为原料，经蒸煮、加曲、糖化、发酵、压榨、过滤、煎酒、储存、勾兑而成的酿造酒。

（2）清爽型黄酒　以稻米、黍米、玉米、小米、小麦等谷物为原料，加入酒曲（或部分酶制剂和酵母）为糖化发酵剂，经蒸煮、糖化、发酵、压榨、过滤、煎酒、储存、勾兑而成的口味清爽的黄酒。

（3）特种黄酒　由于原辅料和（或）工艺有所改变，具有特殊风味且不改变黄酒风格的酒，如状元红酒（添加枸杞子等）、帝聚堂酒（添加低聚糖）。

（二）按含糖量分

（1）干黄酒　总糖含量≤15.0g/L 的酒，如元红酒。

（2）半干黄酒　总糖含量在 15.1～40.0g/L 的酒，如加饭酒。

（3）半甜黄酒　总糖含量在 40.1～100g/L 的酒，如善酿酒。

（4）甜黄酒　总糖含量>100g/L 的酒，如香雪酒。

（三）按原料分

（1）稻米黄酒　包括糯米酒、粳米酒、籼米酒、黑米酒等。

（2）非稻米酒　包括黍米酒、玉米酒、荞麦酒、青稞酒等。

（四）按生产工艺分

1. 传统工艺黄酒

（1）淋饭酒　指蒸熟的米饭用冷水淋凉，然后拌入酒药粉末，最后加水发酵成酒。口味较为淡薄。有的工厂用这样酿成的淋饭酒作为酒母，即所谓的“淋饭酒母”。

（2）摊饭酒　摊饭酒是指将蒸熟的米饭摊在竹簟上，在空气中冷却，然后再加入麦曲、酒母（淋饭酒母）、浸米浆水等，混合后直接发酵酿制的酒。该方法多用来生产干型、半干型黄酒，如绍兴的加饭酒、元红黄酒。

（3）喂饭酒　喂饭酒即在黄酒发酵中多次投料，米饭不是一次性加入，而是分批加，经多次发酵酿制的黄酒。一般为三次喂饭

（投料），也有四次喂饭。该方法的特点是分批多次喂饭，发酵持续保持旺盛状态，酿成的酒苦味减少，酒质醇厚，而且出酒率比较高。浙江嘉兴和福建红曲黄酒多采用此方法。

2. 新工艺黄酒

在传统工艺的基础上，经过改进和创新，从浸米、蒸饭、摊凉、发酵、压榨、包装到物料输送等整个系统采用机械化管道化生产，在糖化发酵上采用纯菌种或纯混菌种相结合的方法，在工艺上采用摊、淋、喂相结合的方法，在调控上有的还采用计算机技术，用这种方法生产的酒，称为新工艺黄酒。该方法生产的黄酒，质量稳定，批量较大，属于机械化、自动化大生产，是黄酒工业发展的方向。

二、黄酒生产的特点

黄酒与其他酿造酒相比，在生产工艺、产品风格等方面，都有其独特之处。

1. 浓厚的地方色彩

我国幅员辽阔，自然条件不一，各地生产黄酒所使用的原料、糖化发酵剂的种类不尽相同，工艺操作也各具一套，酒体风格亦与当地人们的习惯爱好密切相关，因而，我国黄酒的品种繁多，其中的绍兴酒是我国黄酒的典型代表。

2. 生产季节性强

传统的黄酒生产常在冬季气温较低的时期进行，生产中强调使用“冬浆冬水”。因为低温环境有利于发酵温度的控制，减少杂菌的污染，保证生产的安全，也有利于微生物在低温下长时间作用，积累黄酒中特有的风味物质。

3. 稻米类是酿造黄酒的主要原料

酿制黄酒以大米、黍米等米类为主要原料，其中以糯米酿成的酒质最佳。为了扩大原料品种，节约粮食，降低成本，近年来也有采用玉米等为原料的。

4. 典型的边糖化边发酵工艺

黄酒酿造时，糖化作用和发酵作用同时并进，人们利用糖化发酵剂中微生物及其所含酶的生化特性，调节糖化速度和发酵速度，使酒醪中糖分不致积累过多，酒精成分能逐步升高，驯化了酵母菌的耐酒精能力和酒精发酵能力，使黄酒发酵后的酒精体积分数高达15%～18%。

5. 独特的曲法酿造

用曲酿酒，我国最早，在世界酿酒史上留下了光辉的一页。黄酒生产所用的小曲、麦曲、红曲等，既是糖化发酵剂，又是酒的增色剂、增香剂及增味剂。曲的种类不同，形成的黄酒风格也不一样。

三、黄酒的营养价值

黄酒是一种低酒度的酿造酒，营养丰富，有益于健康。有的学者认为黄酒是世界上最营养健身的酒。还有位著名专家说，外国人把啤酒称为“液体面包”，而中国黄酒应称为“液体蛋糕”。

（一）黄酒中含有丰富的氨基酸

据国内外研究者对黄酒分析结果表明，黄酒中含有丰富的氨基酸，见表5-1。

表5-1 酿造酒中氨基酸的含量

酒种 氨基酸含量/(mg/L)	黄酒	清酒	啤酒		红葡萄酒
	绍兴加饭酒		Ⅰ	Ⅱ	
丙氨酸	596.9	340	122	42	67
α-氨基丁酸	—	—	—	—	31
γ-氨基丁酸	—	—	—	30	—
精氨酸	599.6	390	58	46	84
天冬酰胺	—	—	—	—	56
半胱氨酸	微量	120	—	—	106
谷氨酸	418.1	420	46	5	334
谷氨酰酸	—	—	—	—	46
甘氨酸	287.4	290	39	10	12
酰胺酸	130.4	80	25	16	34
异亮氨酸	186.7	210	21	16	36
亮氨酸	490.6	310	34	36	36

续表

酒种 / 氨基酸含量/(mg/L)	黄酒	清酒	啤酒		红葡萄酒
	绍兴加饭酒		Ⅰ	Ⅱ	
赖氨酸	431.2	180	12	11	43
蛋氨酸	64.9	40	5	—	28
苯丙氨酸	351.4	230	73	72	22
丝氨酸	348.1	200	8	—	9
苏氨酸	334.4	130	8	—	27
色氨酰	—	10	—	41	—
酪氨酸	306.0	230	81	64	32
缬氨酸	278.9	320	74	53	19
天冬氨酸	307.7	290	5	—	76
脯氨酸	515.4	400	380	131	531
合计	5647.7	4190	991	573	1629

（二）黄酒的热值较高

黄酒的热值见表5-2。

表5-2 黄酒的热值比较

酒名	酒精含量/%	浸出物含量/%	每升酒的热值/kJ
绍兴元红酒	16.0	3.5	4.24
绍兴加饭酒	17.5	5.0	5.02
绍兴善酿酒	16.0	1.5	4.89
绍兴香雪酒	20.0	24.0	8.40
啤酒	3.5	4.0	1.49
日本清酒	16.0	7.0	4.92
葡萄酒	13.0	3.0	3.54

碳水化合物主要供给人体热量、维持体温、构成机体组织。不同类型的黄酒适合不同类型的人饮用，如瘦弱人、营养不良的人，可饮用甜型黄酒；干型黄酒适用体重超重者或轻度肥胖者饮用；沿海渔民、低温作业者可饮用酒度在16°～18°黄酒。每度酒精可产生热量能29.288kJ（7kcal），实际被人身利用的热能为20.92kJ（5kcal）。

（三）黄酒中的维生素含量（表 5-3）。

表 5-3 黄酒中的维生素含量（以质量百分比计）

酒 名	产 地	硫胺素（维生素 B_1）	核黄素（维生素 B_2）
贡米佳酿	北京	0.02	0.02
黄酒	北京	0.04	0.01
元红酒	绍兴	0.01	0.08
加饭酒	绍兴	0.01	0.10
善酿酒	绍兴	0.01	0.10
香雪酒	绍兴	0.01	0.07
平均含量		0.07	0.06

（四）黄酒中无机盐及微量元素

黄酒内还含有钙、镁、磷等无机盐，铁、铜、锌、硒、锰等微量元素。黄酒中的镁，每 100mL 中含 20～30mg，比白葡萄酒高 10 倍，比红葡萄酒高 5 倍。绍兴元红酒每 100mL 酒含锌 0.85mg，北京黄酒含锌 0.97mg/100mL，因此饮用黄酒有促进食欲的作用。绍兴元红酒和加饭酒中含铁 1～1.2mg/100mL，比白葡萄酒高 20 倍，比红葡萄酒高约 12 倍，因此适量饮用黄酒对心肌有保护作用。

四、黄酒发酵的机理

黄酒发酵是在霉菌、酵母菌及细菌等多种微生物及其酶类共同参与下进行的复杂的生物化学过程。黄酒发酵过程可分为前发酵、主发酵和后发酵三个阶段。前发酵是指酒精大量生成前的酵母迅速增殖阶段，约为投料后的十几个小时内。主发酵是指酒精大量生成阶段，此阶段释放出大量热量。实际生产中，酵母菌的有氧繁殖和厌氧发酵同时进行，通常把前发酵、主发酵统称为前发酵。后发酵是指最后长时间低温发酵阶段，此阶段是形成黄酒风味物质的重要阶段。从主产物酒精生成过程来看，首先是曲霉糖化原料中的淀粉质原料，生成可发酵性糖，同时酵母利用可发酵性糖生成了酒精。在生成主产物酒精的同时，微生物和酶的共同作用又在发酵醪液中累积了糖、氨基酸等多种营养物质和多种风味物质，共同构成了黄酒的色、香、味、体。

（一）淀粉的分解

酵母体内不含有水解淀粉的酶系，淀粉要先被分解为可发酵性糖后，才能被酵母所利用。白米中淀粉含量在70%以上，小麦含淀粉约为60%，这些淀粉能被黄酒酒曲和淋饭酒母中的淀粉酶作用分解成糊精和葡萄糖。其反应式如下：

$$(C_6H_{10}O_5)_n + nH_2O \longrightarrow nC_6H_{12}O_6$$

淀粉酶主要有两类：①α-淀粉酶，它可以将淀粉分解成糊精和糖类；②葡萄糖淀粉酶，它可以将淀粉和糊精分解为葡萄糖。米和小麦中的淀粉经过这两种酶的综合作用，大部分被分解成为葡萄糖。一般糖分的含量在发酵初期最高，其后，随着酵母的酒精发酵而逐渐降低，到发酵终了时，还残存少量的葡萄糖和糊精，给予黄酒甜味和黏稠感。还有一部分糖在微生物分泌的葡萄糖苷转移酶的作用下，生成麦芽三糖、异麦芽糖等非发酵性低聚糖。淀粉酶的活力经过长时间的发酵，多少有些降低，但大部分尚保存。α-淀粉酶的一部分残留在米粒中，经过压榨留在糟粕中；而淀粉糖化酶残留很少，压榨后进入新酒中，在澄清阶段继续将部分糊精分解成糖分，可促进酒的成熟，但也是造成蛋白浑浊的原因。

（二）酒精发酵

在黄酒醪中，酵母利用淀粉酶水解淀粉生成的可发酵性糖，进行一系列的生命活动。在有氧的条件下，将葡萄糖氧化分解成二氧化碳和水，繁殖大量的酵母菌体并放出大量的热量；在无氧的条件下，在一系列酒化酶的作用下，经糖酵分解途径，将葡萄糖分解成丙酮酸，再将丙酮酸氧化成酒精和二氧化碳，并放出热量，在发酵过程中，使酒醪的品温上升，其反应式如下：

$$C_6H_{12}O_6 + 2ADP + 2H_3PO_4 \longrightarrow 2C_2H_5OH + 2CO_2 + 2ATP + 10.6kJ$$

通常，绍兴黄酒的发酵过程可分为前发酵、主发酵和后发酵三个阶段，在前发酵阶段，酵母主要消耗发酵醪中的氧气进行增殖，发酵作用较弱；当酒醪中酵母数量繁殖得多了，就进入了主发酵阶段，酒精发酵很旺盛，醪液品温上升较快；不久，随着酒精的蓄积和糖分的减少，酵母的生命活动和发酵作用变弱，就进入后发酵阶段，此时主要是利用残余的淀粉和糖分，发酵作用已接近尾声，温度也不会再升高很多。榨酒时，醪中酒精浓度可达16%(体积分数）以上。

（三）酸的生成

黄酒中的有机酸一部分来自原料、酒母、酒曲和淋浆水（或添加乳酸），但大部分是在发酵过程中由酵母生成的。在正常的发酵醪中，有机酸以乳酸和琥珀酸为主，此外还含有少量的柠檬酸、苹果酸、延胡索酸和醋酸等，这些有机酸对黄酒有一定的缓冲作用，并构成香味的前体。酸败变质的酒醪中含醋酸和乳酸特别多，琥珀酸等的含量减少。黄酒的总酸含量在0.4%左右较好，过高或过低都会影响到黄酒的质量。

（四）蛋白质的变化

米中蛋白质的含量为6%～8%，小麦中含蛋白质约12%。蛋白质在发酵过程中主要受酒曲和淋饭酒母中蛋白酶的作用，分解形成胨和氨基酸。在发酵醪中，氨基酸的种类多达18种，而且含量也较多，各种氨基酸都具有独特的滋味，如鲜、甜、涩、苦等。氨基酸的一部分被酵母所同化，成为合成酵母蛋白质的原料，同时生成高级醇。这些物质赋予黄酒浓厚的香味。氨基酸的生成，除了醪中蛋白质的分解外，还有些是微生物菌体自溶产生的。

（五）脂肪的变化

糙米和小麦中都含有约2%的脂肪，米经过精白后，其脂肪含量减少。在发酵过程中，脂肪被微生物中的脂肪酶作用，分解成甘油和脂肪酸，甘油给予黄酒甜味和黏性，脂肪酸受到微生物的氧化作用而生成低级脂肪酸，脂肪酸与醇结合形成酯。酯与高级醇等一起成为黄酒的芳香成分。

五、黄酒发酵的主要微生物

（一）霉菌

（1）曲霉菌　曲霉菌主要存在于麦曲、米曲中，重要的有黄曲霉（米曲霉)，另外有较少的黑曲霉等。黄曲霉最适生长温度为

37℃，孢子老熟后呈褐绿色。黄曲霉能产生丰富的液化型淀粉酶和蛋白酶，但某些菌系能产生强致癌物黄曲霉毒素，特别在花生或花生饼粕上易于形成。为防止污染，酿酒所用的黄曲霉均需经过检测。目前用于制造纯种麦曲的黄曲霉菌，有中国科学院的3800和苏州东吴酒厂的苏-16等。

黑曲霉主要产生糖化型淀粉酶，糖化能力比黄曲霉高，并且能分解脂肪、果胶和单宁。因其耐酸、耐热，故糖化活力持久，出酒率高；但酒的质量不如采用黄曲霉好，所以黄酒生产常以黄曲霉为主，有些酒厂也添加少量黑曲霉，以提高出酒率。

（2）根霉菌　根霉菌是黄酒小曲（酒药）中含有的主要糖化菌。根霉糖化力强，几乎能使淀粉全部水解成葡萄糖，还能分泌乳酸、琥珀酸和延胡索酸等有机酸，降低培养基的pH，抑制产酸细菌的侵袭，并使黄酒口味鲜美丰满。根霉菌的适宜生长温度是30～37℃，41℃也能生长。

（3）红曲霉　红曲霉是生产红曲的主要微生物，由于它能分泌红色素而使曲呈现紫红色。红曲霉能产生淀粉酶、麦芽糖酶、蛋白酶、柠檬酸、琥珀酸、乙醇等。

（二）酵母菌

传统黄酒酿造属多种酵母菌的混合发酵，有些可发酵生成酒精，有些可发酵产生黄酒特有香味。传统黄酒酿造中酵母菌主要存在于酒药、米曲中。新工艺黄酒生产主要采用优良的纯种酵母，不但可以产生酒精，也能产生黄酒的特有风味。

在选育优良黄酒酵母菌时，除了鉴定其常规特性外，还必须考察它产生尿素的能力，因为在发酵时产生的尿素，将与乙醇作用生成致癌的氨基甲酸乙酯。

（三）黄酒酿造中的主要有害细菌

黄酒酿造属开放式发酵，来自原料、环境、设备、曲和酒母的细菌会参与霉菌和酵母菌的发酵过程，如果发酵条件控制不当或灭菌消毒不严格，就会造成产酸细菌的大量繁殖，导致黄酒发酵醪的酸败。常见的有害微生物主要有醋酸菌、乳酸菌和枯草芽孢杆菌。

第二节 黄酒生产原料及处理

黄酒生产的主要原料是米类和水。米类主要为大米（糯米、粳米或籼米），少数厂家用黍米（大黄米）或玉米等。我国南方都用大米，北方以前仅用黍米和粟米（小米），现在也开始使用糯米、粳米或玉米酿酒。有些厂还试用糯高粱米或甘薯酿制黄酒。生产黄酒的辅助原料有用于制麦曲的小麦等。

在黄酒生产中，米、曲、水分别被喻为“酒之肉”、“酒之骨”、“酒之血”，这表明了米、曲、水对酿制黄酒的重要性。

一、淀粉质类原料

黄酒的主要原料是大米，包括糯米、粳米和籼米，也有用黍米和玉米的。对淀粉质类原料的要求是：①淀粉含量高，蛋白质、脂肪含量低，以达到产酒多、酒气香、杂味少、酒质稳定的目的。②淀粉颗粒中支链淀粉比例高，以利于蒸煮糊化及糖化发酵，产酒多，糟粕少，酒液中残留的低聚糖较多，口味醇厚。③工艺性能好，吸水快而少，体积膨胀小。

（一）大米

黄酒酿造用米，应淀粉含量高，蛋白质、脂肪含量少；米粒大，饱满整齐，碎米少；精白度高；米质纯，糠秕等杂质少；尽量使用新米，陈米对酒的质量有不利影响；尽量使用直链淀粉含量低、支链淀粉含量高的大米品种。

1. 糯米

糯米在北方也称江米，可分为粳糯和籼糯两类。粳糯米粒较短，一般呈椭圆形，所含淀粉几乎全部都是支链淀粉；籼糯米粒较长，一般呈长椭圆形或细长形，所含淀粉绝大多数也是支链淀粉，直链淀粉只有0.2%～4.6%。

糯米由于所含淀粉几乎都是支链淀粉，在蒸煮过程中很容易完全糊化，糖化发酵后酒中残留的糊精和低聚糖较多，酒味香醇，是传统的酿制黄酒的原料，也是最好的原料，尤其以粳糯的酿酒性能最优。现今的名优黄酒大多都是以糯米为原料酿造的，如绍兴酒即是以品质优良的粳糯酿制的。

2. 粳米

粳米粒形较宽，呈椭圆形，透明度高；直链淀粉含量为15%～23%；亩产量比糯米高。直链淀粉含量高的米粒，蒸饭时饭粒显得蓬松干燥，色暗，冷却后变硬，熟饭伸长度大；另外，浸米吸水及蒸饭糊化较为困难，在蒸煮时需要喷淋热水，使米粒充分吸水和糊化彻底，以确保糖化发酵的正常进行。

粳米因直链淀粉含量较高，质地较硬，浸米时的吸水率较低，蒸饭技术要求较高，用作酿黄酒原料也有不少优点，即糖化分解彻底，发酵正常而出酒率较高，酒质量稳定等，加上粳米亩产量较糯米高，因而，粳米已成为江苏、浙江两省生产普通黄酒的主要用米，部分粳米黄酒产品可以达到高档糯米黄酒的水平。

3. 籼米

籼米米粒呈长椭圆形或细长形，直链淀粉含量较高，一般为23%～28%，有的高达35%。杂交晚籼米可用来酿制黄酒。杂交晚籼如军优2号、汕优6号等品种，直链淀粉含量在24%～25%，蒸煮后米饭黏湿而有光泽。但过熟会很快散裂分解。这类杂交晚籼既能保持米饭的蓬松性，又能保持冷却后柔软性，其品质特性偏向粳米，较符合黄酒生产工艺的要求。一般的早、中籼米酿酒性能要差一些，因其胚乳中的蛋白含量高，淀粉充实度低，质地疏松，碾轧时容易破碎；蒸煮时吸水较多，米饭干燥蓬松，色泽较暗，冷却后变硬；淀粉容易老化，出酒率较低。老化淀粉在发酵时难以糖化，成为产酸菌的营养源，使黄酒酒醪升酸，风味变差。故一般的早、中籼米酿酒性能要差一些。

（二）黍米和粟米

黍米是我国北方人喜爱的主食之一，能用来酿酒和制作糕点。黍米从颜色来区分大致分为黑色、白色、梨色（黄油色）三种。其中以大粒黑脐的黄色黍米酿酒品质最好，它俗称为龙眼黍米，是黍米中的糯性品种，蒸煮时容易糊化，出酒率较高。其他品种则米质较硬，蒸煮困难，出酒率较低。黍米亩产量较低，供应不足，现在我国仅少数酒厂用黍米酿制黄酒。代表性的黍米黄酒有山东省的即墨黍米黄酒和兰陵美酒，以及辽宁省的大连黄酒等。

除黍米外，我国北方以前还曾用粟米酿造黄酒。粟米又称小米，主要产于华北和东北各省，虽播种面积较广，但亩产量很低。现由于供应不足，酒厂很少使用。

（三）玉米

近年来，国内有的厂家开始用玉米为原料酿制黄酒，一方面开辟了黄酒的新原料，另一方面为玉米的深加工找到了一条很好的途径。

玉米与大米相比，除淀粉含量稍低于大米外，蛋白质和脂肪含量都超过大米，特别是脂肪含量丰富。淀粉中直链淀粉占10%～15%，支链淀粉为85%～90%；黄色玉米的淀粉含量比白色的高。玉米所含的蛋白质大多为醇溶性蛋白，不含β-球蛋白，这有利于酒的稳定。玉米所含脂肪多集中于胚芽中（胚芽干物质中脂肪含量高达30%～40%），它给糖化、发酵和酒的风味带来不利的影响，因此，玉米必须脱胚加工成玉米糙后才适于酿制黄酒。另外，与糯米、粳米相比，玉米淀粉结构致密坚硬，呈玻璃质的组织状态，糊化温度高，胶稠度硬，较难蒸煮糊化。因此，要十分重视对颗粒的粉碎度、浸泡时间和水温、蒸煮温度及时间的选择，防止因没有达到蒸煮糊化的要求而老化回生，或因水分过高饭粒过烂而不利发酵，导致糖化发酵不良和酒度低、酸度高的后果。

（四）小麦

小麦是制作麦曲的原料。小麦中含有丰富的淀粉和蛋白质，以及适量的无机盐等营养成分，并有较强的黏延性以及良好的疏松性，适宜霉菌等微生物的生长繁殖，使之产生较高活力的淀粉酶和蛋白酶等酶类，并能给黄酒带来一定的香味成分。小麦蛋白质含量比大米高，大多为麸胶蛋白和谷蛋白，麸胶蛋白的氨基酸中以谷氨酸为最多，它是黄酒鲜味的主要来源。制曲小麦应尽量选用皮层薄、胚乳粉状多的当年产的红色软质小麦。一般要求麦粒完整、饱满、均匀、无霉烂、无虫蛀、无农药污染。要求干燥适宜，外皮薄，呈淡红色，两端不带褐色的小麦为好，青色的和还未成熟的小麦都不适用。另外，还要求尽量不含秕粒、尘土和其他杂质，并要防止混入毒麦。

在制曲麦时，可在小麦中配10%～20%的大麦，以改善曲块的透气性，促进好氧微生物的生长繁殖，提高麦曲的酶活力。

二、水

黄酒中水分含量达80%以上，是黄酒的主要成分。黄酒生产用水量很大，每生产1t黄酒需耗水10～20t。用水环节包括制曲、浸米、洗涤、冷却、发酵和锅炉用水等。其中制曲、浸米和发酵用水为酿造用水，直接关系到黄酒质量。

酿造用水应基本符合我国生活饮用水的标准，某些项目还应符合酿造黄酒的专业要求：pH理想值为6.8～7.2，最高极限6.5～7.8；总硬度理想要求2～7德国度，最高极限12德国度；硝酸态氮理想要求0.2mg/L以下，最高极限0.5mg/L；游离余氯量理想要求0.1mg/L，最高极限0.3mg/L；铁含量要求0.5mg/L以下；锰含量要求在0.1mg/L以下等。

当水中杂质超过规定标准时，应选择经济有效、简单方便的方法，加以适当的改良和处理。

三、原料的处理

（一）稻米原料的处理

(1) 浸米　浸米目的是利于蒸煮和糊化。较长时间的浸米，可因乳酸菌的自然滋生而获得含有乳酸的酸性浸米和酸浆水。传统的摊饭酒酿造，冬天糯米浸泡的时间很长，少则13～15天，多则20天左右。浸米后要求米粒保持完整，用手指捏米粒呈粉状。浸米所得的酸浆水在发酵时可作配料，一方面使在黄酒发酵初期就形成一定的酸度，抑制了杂菌的生长，另一方面，溶解在酸浆水中的氨基酸、生长素等成分为酵母的生长繁殖提供了良好的营养。同时，酸浆水中有机酸等有益成分参与发酵、储存等，促进黄酒形成良好的风味。

(2) 蒸煮　严格地讲，以大米为原料的只蒸不煮，而以黍米为原料的只煮不蒸。

蒸煮的主要目的是使大米中的淀粉充分糊化，同时也起到杀灭原料中杂菌的作用。蒸煮后要求饭粒疏松均匀，外硬内软，熟而不烂，透而不糊。

(3) 米饭的冷却　有淋冷和摊冷两种方式。冷却后的米饭品温一般高于投料品温，具体品温视气温、水温及投料品温要求等因素决定。

(二) 其他原料的处理

以黍米、玉米生产黄酒，因原料性质与大米相差很大，其处理方式也截然不同。黍米一般要经过烫米、浸渍和煮米三个阶段，玉米一般先碎成渣，经浸泡、蒸煮后拌入翻炒过的玉米渣，拌匀后再加入糖化发酵剂。

第三节　糖化发酵剂的制备

糖化发酵剂是黄酒酿造中使用的酒药、酒母和曲等微生物制品(或制剂)的总称。糖化发酵剂中含有大量的微生物细胞、各种水解酶类及其他一些代谢产物。在黄酒酿造中，酒药具有糖化和发酵的双重作用，是真正意义上的糖化发酵剂，而酒母和麦曲仅具有发酵或糖化的作用，分别是发酵剂和糖化剂。

不同糖化发酵剂因其所含有的微生物种类不同，在培养过程中产生不同的代谢产物，赋予黄酒不同的风味。其质量直接影响到黄酒的质量和产量，由于其地位之重要，被喻为“酒之骨”。

一、酒药

酒药又称小曲、酒饼、白药等，主要用于生产淋饭酒母或以淋饭法酿制甜黄酒。酒药中的微生物以根霉为主，酵母次之，另外还有其他杂菌和霉菌等。因此，酒药具有糖化和发酵的双重作用。酒药具有制作简单，储存使用方便，糖化发酵力强，用量少的优点。目前酒药的制造有传统的白药（蓼曲）或药曲、纯种培养的根霉菌等几种。

（一）白药

1. 工艺流程

白药制作工艺流程如图 5-1 所示。

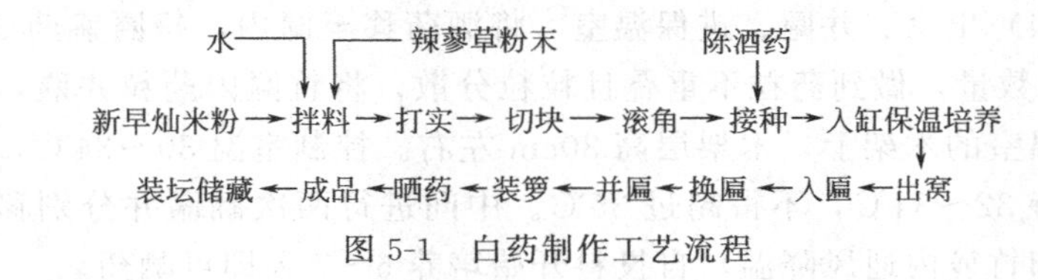

图 5-1　白药制作工艺流程

2. 工艺要点

（1）原料的选择与配方

① 原料的选择

a. 米粉　选用当年产的早籼糙米加工制成的。早籼糙米富含蛋白质和灰分，有利根霉、毛霉和酵母的生长。陈米的表面和内部附着许多细菌和放线菌，所以不采用。

b. 辣蓼草　辣蓼草含生长素，而且能起疏松作用，因此在米粉中加入少量的辣蓼草粉末可促进微生物的生长繁殖。辣蓼草在每年 7 月前后收割，挑选色绿、尚未开花的辣蓼草，并于当天晒干，然后取叶磨成粗粉备用。

c. 接种用的微生物，可使用质量上乘的陈酒药，也可选用优良的纯种根霉、毛霉和酵母。

d. 配料用的水为清洁的河水。

② 配方　糙米粉：辣蓼草：水＝20：(0.4～0.6)：(10.5～11)。

（2）拌料接种　白药制作一般在立秋前后进行。在白药制作前一天，将早籼稻谷去壳磨成糙米粉，将米粉及辣蓼草按比例混合加水拌匀，先制成 2～2.5cm^3 方块，再将方形滚成圆形，然后筛入 3%的陈酒药，也可选用纯种根霉菌、酵母菌经扩大培养后再接入米粉，进一步提高酒药的糖化发酵力。

（3）保温培养　将药粒放于保温缸中加草盖，盖麻袋，进行保温培养，30～32℃培养14～16h，品温升到36～37℃时去掉麻袋，再经6～8h培养，当放出香气时，观察此时药粒是否全部而均匀地长满白色菌丝并覆盖住辣蓼草粉的浅草绿色，直至药粒菌丝不粘手，像白粉小球一样，将缸盖完全揭开以降低温度。再经3h可出窝，晾至室温，经4～5h，待药坯结实即可出药并匾。

（4）出窝、并匾、进保温室　将酒药移至匾内，每匾盛药3～4缸的数量，做到药粒不重叠且粒粒分散，将竹匾内药粒并匾，置于保温室的木架上，木架层高30cm左右。控制室温30～34℃，品温保持32～34℃，不得超过35℃。中间进行两次翻匾并分别移至竹席和竹箩内通风降温，自投料开始培养6～7天即可晒药。

（5）晒药、装坛　一般需在竹席上晒药3天。第1天晒药时间为上午6：00～9：00，品温不超过36℃；第2天为上午6：00～10：00，品温37～38℃；第3天晒药的时间和品温与第1天相同。之后趁热装坛密封保存。坛需洗净晒干，坛外粉刷石灰。

3. 酒药的质量

酒药成品率约为原料量的85%。优良的成品酒药应表面白色，口咬质地疏松，无不良气味，糖化发酵力强，米饭小型酿酒试验要求产生的糖化液糖度高，口味香甜。酒药质硬带有酸成味的则不能使用。

4. 药曲

生产中添加中药的酒药称为药曲。现代研究结果表明，酒药中的适量中药具有为酿酒菌类提供营养和抑制杂菌生长的作用，并能产生特殊的香味。

（二）纯种根霉酵母曲

采取纯根霉菌和纯酵母菌分别在麸皮或米粉上培养，然后按比例混合。采取纯根霉曲生产的黄酒具有酸度低、口味清爽一致的特点，出酒率比传统酒药提高5%～10%。

1. 工艺流程

纯种根霉酵母曲生产工艺流程如图5-2所示。

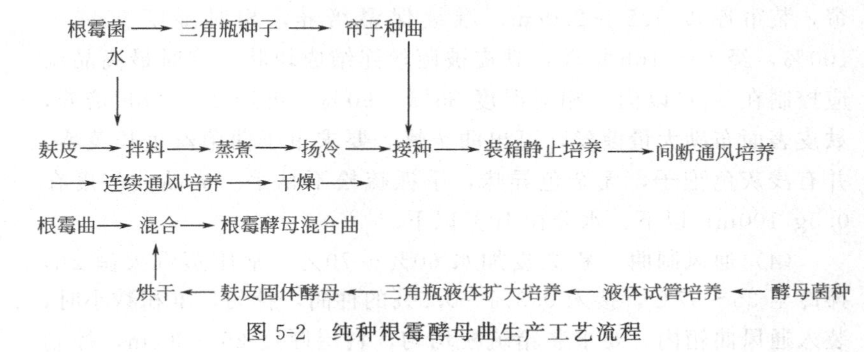

图 5-2　纯种根霉酵母曲生产工艺流程

2. 工艺要点

(1) 斜面菌种的制备　一般都采用13～16°Bé的米曲汁琼脂培养基，121℃灭菌30min。30℃左右培养3天，当培养基上长满白色菌苔即可。另外，可利用麸皮制作固体斜面菌种。

(2) 三角瓶种子培养　取过筛后的麸皮（也有用米粉作培养基的）加水80%～90%，拌匀，分装于经干热灭菌的500mL三角瓶中，料层厚度在1.5cm以内。高压蒸汽灭菌后趁热摇散瓶内曲块，冷却至35℃左右时，从斜面试管接种2～3针至麸皮上，充分摇匀，30℃培养20～24h，此时培养基上已有菌丝长出，并已结块，轻微摇瓶以调节空气，促进菌丝繁殖。继续培养1～2天，当出现孢子，菌丝布满整个培养基并结成饼状时，进行扣瓶。方法是将三角瓶倾斜，轻轻敲动瓶底，使麸皮脱离瓶底，悬于瓶的中间，目的是增加空气接触面，利于菌丝生长繁殖。之后继续培养1天，使继续生长孢子，成熟后可出瓶干燥。一般干燥温度37～40℃，干燥至水分含量10%以下后，用灭菌组织捣碎机或乳钵研磨成粉末，装进纸袋，存放在用硅胶或生石灰作为干燥剂的玻璃干燥器内备用。整个过程要求无菌操作。

(3) 帘子曲培养　麸皮加水80%～90%，拌匀堆积30min润料，经常压蒸煮或高压法灭菌，摊冷至30℃左右，接入0.3%～0.5%的三角瓶种曲，拌匀，堆积保温、保湿，控制室温28～30℃，促使根霉菌孢子萌发。经4～6h，品温开始上升，进行装帘，装帘厚度 1.5～2.0cm。继续保温培养，相对湿度 95%～100%，经 10～16h 培养，麸皮被菌丝连结成块状，这时最高品温应控制在 35℃以内，相对湿度 85%～90%。再经 24～28h 培养，麸皮表面布满大量菌丝，可出曲干燥。要求帘子曲菌丝生长茂盛，并有浅灰色孢子，无杂色异味，手抓疏松不粘手。成品曲酸度在 0.5g/100mL 以下，水分在 10%以下。

(4) 通风制曲　粗麸皮加水 60%～70%，常压蒸汽灭菌 2h，摊冷至 35～37℃，接入 0.3%～0.5%的种曲，拌匀，堆积数小时，装入通风曲箱内。要求装箱疏松均匀，料层厚度 25～30cm，控制装箱后品温为 30～32℃。先静止培养 4～6h，此时期为孢子萌芽期，控制室温 30～31℃，相对湿度 90%～95%。此阶段菌丝网结不密，品温上升缓慢，不需要通风。当品温升至 33～34℃时，开始间断通风。由于前期菌丝较嫩，故通风量要小，通风前后温差不能太大，通风时间可适当延长。待品温降到 30℃即停止通风。接种后 12～14h，根霉菌生长进入旺盛期，品温上升迅猛，曲料逐渐结块坚实，散热比较困难，需要进行连续通风。通风时尽量加大风量和风压，通入的空气温度应在 25～26℃左右，最高品温可控制 35～36℃。通风后期曲料水分不断减少，菌丝生长缓慢，进入孢子着生期，品温降到 35℃以下，可暂停通风，培养时间一般为 24～26h。培养完毕应立即将曲料翻拌打散，通入干燥空气进行干燥，使水分下降到 10%左右。

(5) 麸皮固体酵母　以米曲汁或麦芽汁作为黄酒酵母菌的固体试管斜面、液体试管和液体三角瓶的培养基，在 28～30℃下逐级扩大培养 24h。以麸皮作固体酵母曲的培养基，加入 95%～100%的水，搅拌均匀后蒸煮灭菌。温度降到 31～32℃时，接入 2%的三角瓶酵母成熟种子液和 0.1%～0.2%的根霉曲，其中根霉的作用是对淀粉进行糖化，供给酵母必要的糖分。接种拌匀后装帘培养。装帘时要求料层疏松均匀，料层厚度为 1.5～2.0cm，在品温 30℃下培养 8～10h，进行划帘，排除料层内的 CO_2，交换新鲜空气，降低品温，促使酵母均匀繁殖。继续保温培养，至 12h 品温复升，进行第2次划帘。15h后酵母进入繁殖旺盛期，品温升高至36～38℃，再次划帘。一般培养24h后，品温开始下降，待数小时后，培养结束，进行低温干燥。

（6）混合　将培养好的根霉曲和酵母曲按一定的比例混合成纯种根霉曲，混合时一般以酵母细胞数4×10^{8}个/g计算，加入根霉曲中的酵母曲量应为6%最适宜。

二、麦曲

让曲霉菌在小麦上生长繁殖，用这样的方法制得的曲称为麦曲。麦曲在黄酒生产中使用较为普遍。曲霉菌含淀粉酶、酸性蛋白酶和脂肪酶，因此麦曲能够将原料中的淀粉、蛋白质和脂肪分解，在酒母协同作用下，生成有机酸、醇和酯等代谢产物，使黄酒具有独特的风味。麦曲的质量好坏，直接关系到黄酒的质量和产量。使用麦曲酿酒，麦曲含量要占原料大米的1/6，麦曲的质量是不能掉以轻心的。

目前生产上使用的麦曲有两种类型：①自然培养的生麦曲——块曲。②纯培养黄曲霉的熟麦曲。因为酶制剂的酶系单纯，不像麦曲含有多种酶系，而且麦曲中还有许多与黄酒香味和口感有关的微生物代谢产物存在，所以用酶制剂替代麦曲酿制出来的黄酒，其质量比较差，尽管使用麦曲有制曲操作麻烦、花费时间长、曲的质量波动和出酒率不高等不足之处，但至今还做不到取消麦曲而用酶制剂代之。

（一）生麦曲

1. 工艺流程

生麦曲生产工艺流程如图5-3所示。

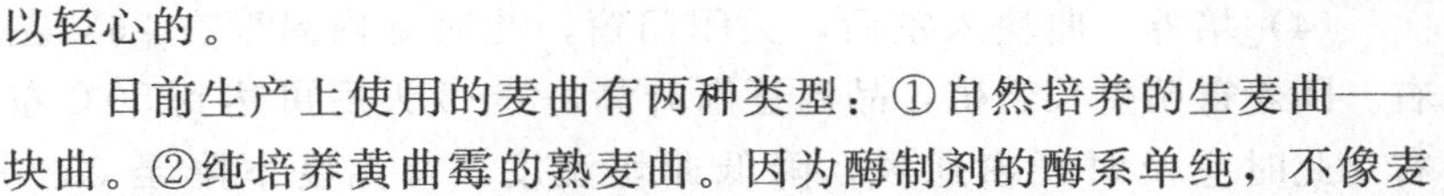

小麦 → 过筛 → 轧碎 → 拌曲 → 制曲块 → 堆曲 → 培养 → 通风干燥 → 成品曲

（水 ↑ 加入拌曲）

图5-3　生麦曲生产工艺流程

2. 工艺要点

（1）过筛和轧碎　经过筛处理后，得到大小均匀、无杂物的麦粒。用轧碎机将麦粒轧碎，一粒小麦碎成3～4片较适当，过大或过小都会影响曲的质量。轧碎的好处是：麦粒中的淀粉外露，水分容易进入淀粉粒，糊化淀粉彻底；麦粒总表面积增加，且碎麦粒间空隙增大，对曲霉菌生长有利。

（2）拌曲　在小麦碎片中加入适量水，拌匀，堆积3～4h后制曲块。加水量要恰当，以小麦片湿润为妥，一般每100kg小麦加水50kg左右。若加水不足，曲霉菌不易生长；加水过量，曲霉菌生长过于迅速，品温难以控制，容易造成烧曲。曲霉菌是从自然环境中进入曲块的，也可以在拌曲时加入少量陈曲作为种子。

（3）制曲块和堆曲　用制曲机将曲料压成砖块，然后移入曲室，堆放在铺有稻壳的地面上，铺成丁字形，有利于曲块间空气流通。

（4）培养　曲块入室后，关闭门窗，此时室内温度在26℃左右。随着霉菌生长繁殖，品温逐渐升高，3～5天后可达到50℃左右。此时应及时开窗通风，降低曲块温度，待温度下降至35～40℃，再关窗培养。在培养期间进行2～3次翻曲，使各块曲块的曲霉菌生长情况基本相似。整个培养时间约需20天。培养结束，将曲块储存在阴凉处，使其自然干燥。培养好的块曲，要求坚韧而疏松，有适量黄绿色分生孢子。

（二）熟麦曲

麦曲中主要是黄曲霉或米曲霉，还有根霉和毛霉，以及少量的黑曲霉、灰绿曲霉和青霉。采用纯黄曲霉或米曲霉的熟麦曲来替代生麦曲，不仅酒质得到保证，而且用曲量减少、生产周期缩短、出酒率有所提高，因此，熟麦曲的开发，给生产上提供了一种新的糖化剂。熟麦曲的制备，一般采用机械通风的方法，对曲块的温度、氧气和二氧化碳的浓度加以调节。

1. 工艺流程

熟麦曲生产工艺流程见图5-4。

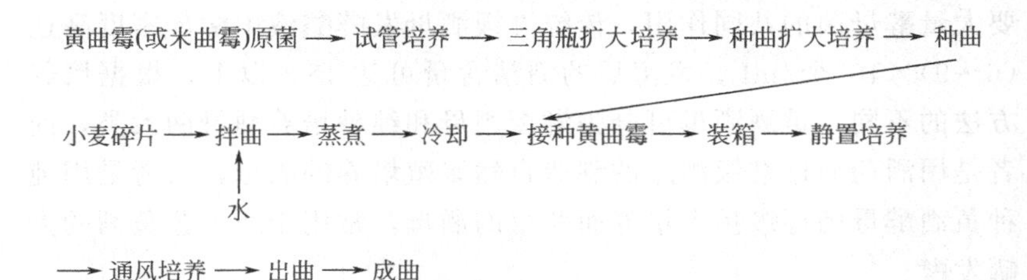

图 5-4　熟麦曲生产工艺流程

2. 工艺要点

（1）拌曲　每 100kg 小麦碎片加水 50kg，拌匀，堆积 3～4h 后翻料，打散团块。

（2）蒸煮和冷却　将曲料装甑，在常压下蒸煮 40min 后出甑。用铁锹翻扬曲料并使曲料降温至 40℃，待接种。

（3）接种　接种量为 0.2%～1.0%。先将一部分曲料与种曲拌匀，然后与剩余的曲料混合均匀。

（4）装箱　将接种后的曲料冷却至 30℃左右，在曲室内装箱。料层厚度控制在 20～25cm。料层太厚，则上下层温差大，易造成霉菌生成不均匀；太薄，则维持品温不易。

（5）培养和通风　曲室温度控制在 30℃左右，相对湿度在 95%以上。经 5～8h，曲霉菌开始形成幼嫩的菌丝，品温升至 33～34℃，此时应短时间通湿度较大的小风，当温度降至 30℃即停风，待温度上升至 34℃时再通小风，如此反复进行。在菌丝大量生成，品温上升迅速时，应连续通低湿度的风，将室温维持在 38～40℃，其间进行翻曲 1～2 次。当有分生孢子柄和分生孢子出现时，表示曲霉菌已成熟，可以出曲。整个培养时间为 36～40h。

（6）出曲　因为孢子的大量生成会使曲霉菌的淀粉酶活力下降，所以在出曲前几小时开始通入干热空气，让菌丝萎缩。成曲不经过储存，随做随用。

三、酒母

酒母是由少量酵母逐渐扩大培养形成的酵母醪液。黄酒发酵需要大量酵母菌的共同作用，传统淋饭酒母发酵醪液中酵母密度高达$(6\sim9)\times10^8$个/mL，发酵后的酒精含量可达18%以上。根据培养方法的不同，黄酒酒母可分为淋饭酒母和纯种培养酒母两大类，前者是用酒药通过淋饭酒醅的制造自然繁殖培养的酒母，后者是用纯种黄酒酵母菌逐级扩大培养而获得的酒母，常用于新工艺黄酒的大罐发酵。

（一）淋饭酒母

淋饭酒母又叫“酒娘”，在传统的摊饭酒生产以前约20～30天，要先制作淋饭酒母。

1. 工艺流程

淋饭酒母生产工艺流程见图5-5。

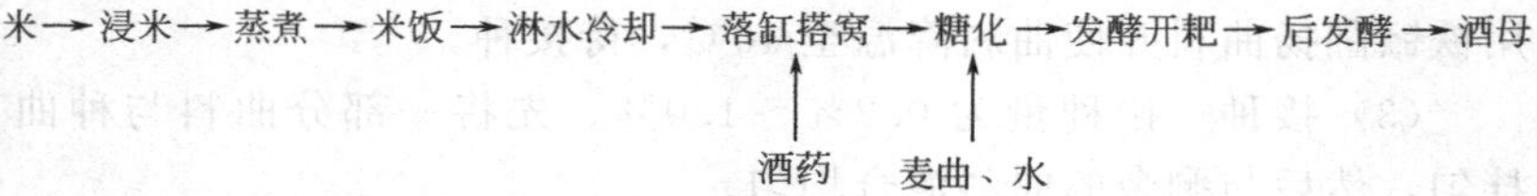

米→浸米→蒸煮→米饭→淋水冷却→落缸搭窝→糖化→发酵开耙→后发酵→酒母

（落缸搭窝←酒药；糖化←麦曲、水）

图5-5 淋饭酒母生产工艺流程

2. 工艺要点

（1）配方 制备淋饭酒母常以每缸投料米量为基准，根据气候的不同有100kg和125kg两种，麦曲用量为原料米的15%～18%，酒药用量为原料米的0.15%～0.2%，控制饭水总重量为原料米量的3倍。

（2）精米 用精米机将米粒外层碾去，通常米的精米率越低（即米的精白度越高），发酵过程越易控制。但黄酒的酿制，对米的精白度要求并不高，质量精米率达到90%左右即可，也可直接以标一粳米或标二粳米作投料用米。

$$质量精米率=\frac{白米总质量}{米总质量}\times100\%$$

（3）洗米 用洗米机除去精白米上的糠、尘土等。

（4）浸米 浸米目的是使米中的淀粉粒子吸水膨胀，淀粉颗粒变得容易糊化。浸米时间一般为1～3天，温度为10～13℃。当用手指捏米粒成粉状时，即可结束浸米。传统工艺浸米时间长达18～

20天，目的是取得浸米浆水，因浆水含大量乳酸，可用来调节发酵醪酸度。大米的浸渍要保证吸足水分，这样蒸煮时淀粉才能被充分糊化，如果生淀粉和熟淀粉共存，一方面影响出酒率，另一方面因为酵母细胞选择熟淀粉酶解而给杂菌提供利用生淀粉进行增殖的机会，以致发酵过程中升温幅度太大，甚至发生酸败。

（5）蒸煮　蒸煮一方面是为了杀菌，另一方面是使淀粉糊化，便于下一步酶的水解。一般蒸煮方法是：在常压下蒸煮15～20min，蒸煮过程中喷洒85℃左右的热水并搅拌米饭。对米饭的质量要求是：外硬内软，内无白心，疏松不糊，透而不烂。

（6）淋饭　将冷水从米饭上面淋下，使米饭温度下降至30℃左右，与此同时米饭含水量上升，对微生物生长有利，米饭表面经水淋后也变得光滑。淋饭水的温度可以按需而定。冷却的时间不宜太长，否则容易招致杂菌污染，而且糊化了的淀粉容易失水形成晶体结构，对于这种老化淀粉，酶很难作用，导致淀粉水解不完全。

（7）落缸搭窝　将米饭和酒药充分拌匀，搭成倒喇叭形的凹圆窝，以增加米饭和空气的接触，有利微生物生长，同时也便于取样了解糖化情况。窝搭成后，在上面再撒一些酒药粉末。

（8）糖化　控制品温在27～30℃，经36～48h后，在饭面上有白色菌丝出现，圆凹形窝内有糖液积聚。

（9）加曲冲缸　当窝内糖液的高度超过饭窝高度的大半时，按原料配比的规定量加入麦曲和水，充分搅匀，让发酵继续进行。加水冲缸的时机要掌握好，冲缸太早，酵母细胞数太少，品温又较低，加水冲缸后酵母细胞浓度被稀释下降很多，再加上此时酒精生成量少，杂菌就容易乘机繁殖，结果造成酒醪酸败；冲缸太晚，加水后酵母细胞浓度较高，在发酵前阶段因发酵旺盛而使品温上升过高，结果导致酵母细胞早衰。麦曲和水的添加，以及物料搅拌所提供的充足氧气，都为促进酵母的大量增殖创造了条件。

（10）开耙　由于发酵产生的CO_2，使发酵醪酒液上面堆积起一层曲和米饭，它的存在阻碍了热量的散发和氧气的进入，因此必须进行搅拌。所谓开耙，就是用木耙搅拌发酵物料，让物料散热降温。由于霉菌和酵母的增殖，品温逐渐升高，为了防止高温引起的糖化酶活力下降和酵母细胞衰老，同时也为了排出物料中二氧化碳，换进新鲜空气，当品温超过 30℃时就要进行开耙。整个主发酵期间，大约开耙 4 次。开耙时间太晚品温在 35℃以上刚开头耙的话，容易造成酵母早衰，发酵力不持久；如在 30℃以下开头耙，会因氧气补入太早引起发酵过猛，而使酒液中高级醇、醛类物质过多，造成酒味辛辣。

(11) 后发酵　自落缸搭窝第 7 天左右，发酵进入后发酵阶段，经过 20～30 天，发酵醪成熟，酵母细胞即可作为酒母使用，发酵醪中酒精含量在 15%以上，这些酒精的存在既起到抑制杂菌生长的作用，又起到筛选耐酒精酵母的作用。

3. 酒母质量

成熟的酒母醪应发酵正常，酒精含量在 16%左右，酸度在 0.4%以下，品味爽口，无酸涩等异杂气味。

(二) 纯种酒母

纯种酒母按糖化与发酵关系分为两种：一种是仿照黄酒生产的双边发酵酒母，因其制造时间比淋饭酒母短，又称速酿酒母；另一种是高温糖化酒母，首先采用 55～60℃高温糖化，糖化完后高温灭菌，冷却后接入纯种酵母进行培养。

1. 速酿酒母的制备

在米饭中加入大米用量 1 倍量以上的净水和大米用量 13%的麦曲，有时为了提高酵母发酵能力，可往水中添加磷酸二氢钾，用量为每 100L 水加入 24～28g。米饭、水和麦曲三者混匀后，用乳酸将物料的 pH 调至 4.0，再接入 2%～5%纯粹培养的酵母菌，在 26～30℃培养，当品温超过 30℃时，即开耙散热，培养时间为 2～3 天。对酒母质量要求是：酵母粗壮，大小均匀，酵母细胞数 3×10^8个/mL 以上，杂菌很少。制造速酿酒母过程中用来抑制杂菌生长的乳酸是人工添加的，这与淋饭酒母的制备不同。

2. 高温糖化酒母的制备

在米饭中加入大米用量3倍量的净水和大米用量15%的麦曲，混匀，保持温度在55～60℃，静置糖化4～6h。由于采用高温糖化，原料中细菌和野生酵母就不能生存，对纯粹培养酒母有利。糖化结束，添加乳酸将糖化醪pH调至4.0，并降温至28～30℃，接入2%～5%纯粹培养的酵母菌，保温培养20h左右，即得酒母。这与制备速酿酒母相同，也是由人工加入乳酸来调节物料pH。

第四节 黄酒生产工艺

按生产工艺不同，黄酒生产可分为摊饭法、淋饭法、喂饭法和大罐法4种。无论哪种生产工艺，对水和米的处理方法是相同的，详细操作可参阅淋饭酒母制备中的有关部分。不同的黄酒生产工艺，自米饭冷却开始的操作方法出现差别。

一、工艺流程

（一）摊饭法

摊饭法生产黄酒工艺流程见图5-6。

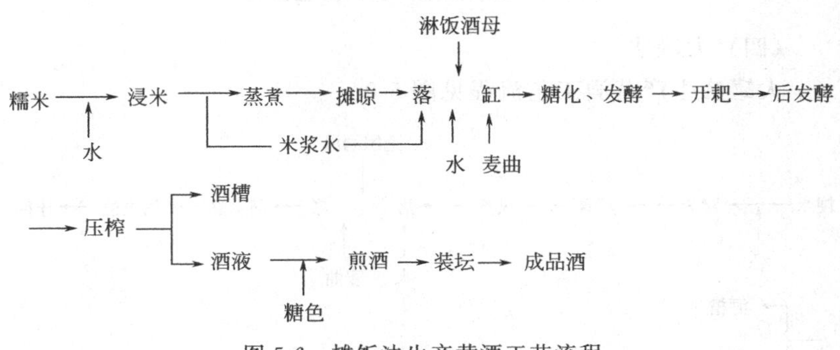

图5-6 摊饭法生产黄酒工艺流程

（二）淋饭法

淋饭法生产黄酒工艺流程见图5-7。

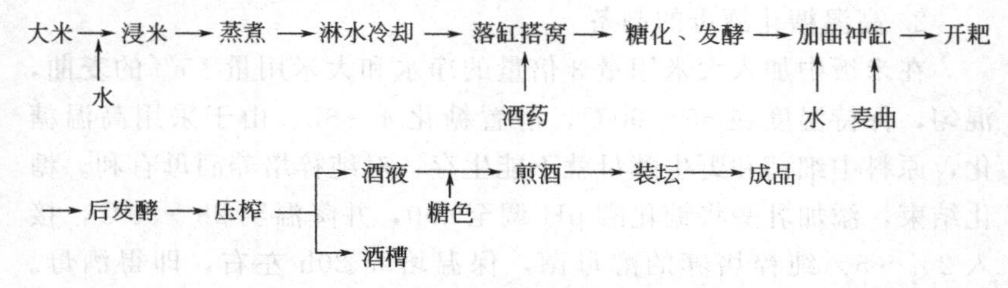

图 5-7 淋饭法生产黄酒工艺流程

（三）喂饭法

喂饭法生产黄酒工艺流程见图 5-8。

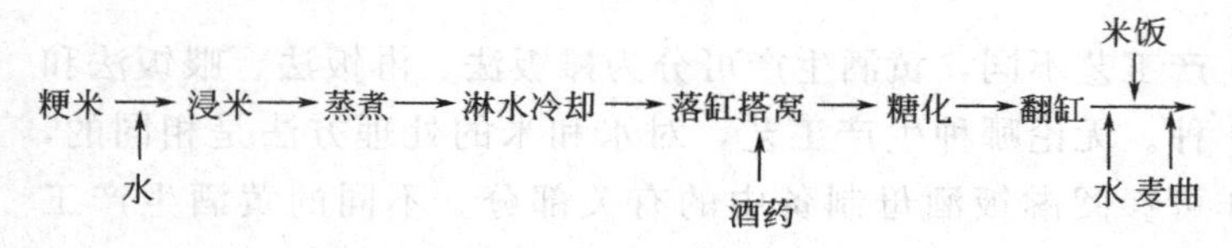

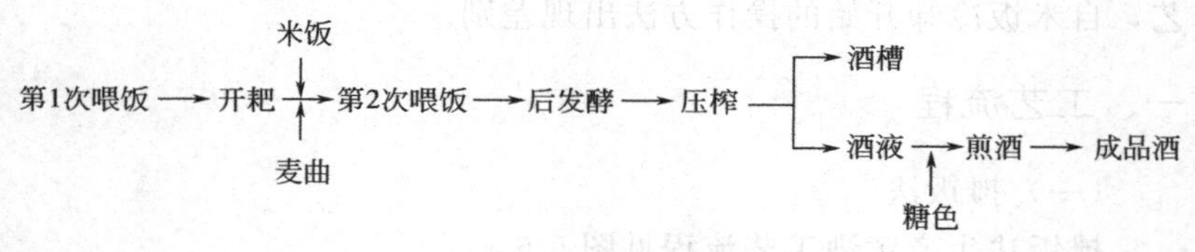

图 5-8 喂饭法生产黄酒工艺流程

（四）大罐法

大罐法生产黄酒工艺流程见图 5-9。

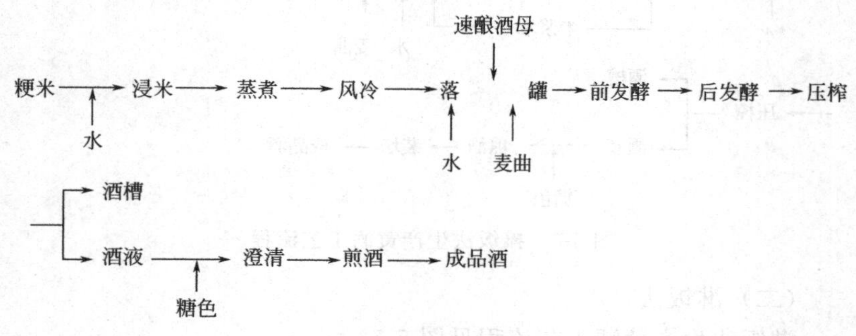

图 5-9 大罐法生产黄酒工艺流程

二、工艺要点

（一）原料配比

（1）摊饭法配料　糯米144kg、麦曲22.5kg、水112kg、米浆水84kg、淋饭酒母8～10kg。

（2）淋饭法配料　糯米125kg、麦曲19.5kg、酒药0.18～0.25kg，总质量375kg。

（3）喂饭法配料　粳米50kg、麦曲10kg、酒药0.2～0.25kg、水420kg。

（4）大罐法配料　粳米100kg、麦曲10kg、速酿酒母10kg，总质量340kg，水＝340(kg)－20(kg)－米饭质量(kg)。

（二）米饭冷却

（1）摊饭法的米饭冷却　在竹帘上置布，将米饭摊放在布上，用木耙翻拌，利用室外冷风使米饭冷却。摊饭法冷却米饭速度较慢，且容易出现淀粉老化现象，用这样的米饭去酿酒，因为酶对老化淀粉作用困难，所以出酒率低，对含直链淀粉较多的籼米更应注意。

（2）淋饭法和喂饭法的米饭冷却　将冷水从米饭上面淋下使米饭冷却。淋饭的好处是快而方便，并可根据淋水的温度来调节饭温的高低。

（3）大罐法的米饭冷却　一般采用风冷却米饭的方法。米饭先经风冷却后再进入拌料器。

（三）落缸（罐）

缸（罐）和落缸（罐）所用的工具事先都要清洗和灭菌。

（1）摊饭法的落缸　将24～26℃的米饭放入盛有清水的缸中，然后加入麦曲和淋饭酒母，最后加入浆水，混匀。

（2）淋饭法和喂饭法的落缸　将沥去水的27～30℃的米饭放入大缸，然后加入酒药，用手拌匀，搭成倒喇叭形的凹圆窝，然后再在上面撒上些酒药。

（3）大罐法的落罐　将25℃左右的米饭连续进入拌料器，同时不断地加入麦曲、水和纯种培养的速酿酒母或高温糖化酒母，拌匀后落入发酵罐。

（四）糖化和主发酵

1. 摊饭法

米饭、水、麦曲和酒母在缸内混匀后，加入酸浆水使发酵醪酸度在0.3～0.35g/100mL，控制初始发酵温度在27～29℃，约经12h发酵，进入主发酵期，此时期应注意温度的控制，在主发酵期间需开耙3～4次，特别要掌握好开头耙的时机，一般选择酒醪还原糖含量在5%～6%、品温不超过30℃时进行。每隔3～5h再开一次耙，不让品温超过30℃。自始发酵起5～8天，品温逐渐下降至接近室温，主发酵即告结束。

2. 淋饭法

维持品温在32～33℃，经36～48h发酵，在凹圆窝内出现甜液，此时开始有酒精生成。由于延胡索酸、乳酸等酸性物质的存在，甜液的pH在3.5～4.0左右，发酵醪的低pH有力地抑制了产酸细菌的生长。待甜液积聚到圆窝高度4/5左右时，加曲和水冲缸，搅匀，发酵由半固态转为液态，由于渗透压下降和氧气的补入，酵母增殖变得迅速。当发酵温度超过32℃，即开耙散热降温，使物料温度降至26～27℃，一当品温升高至32℃，再次开耙，如此反复。自始发酵起经7天完成主发酵；在搭窝时使用酒药，除酵母细胞外它还含有根霉、毛霉等水解淀粉的糖化菌，为了防止淀粉酶的不足，因此在冲缸时需要添加麦曲。但麦曲的添加不能过量，否则发酵速度跟不上糖化速度而导致糖分积累，一方面因为醪液渗透压升高而影响酵母细胞活力，另一方面糖分的积累会招致杂菌增殖，这是不希望的。

3. 喂饭法

搭窝后经45～46h，将发酵物料全部翻入另一盛有120kg左右清水的洁净大缸内。翻缸后24h，加2kg麦曲，3h后喂50kg大米用量的米饭，品温维持在25～29℃，约经20h，再进行第2次喂饭，操作方法如前，也是先加曲后加饭，加饭的量仅是第1次的一半。第 2 次喂饭后经 5～8h，主发酵结束。喂饭法发酵的温度也应前低后高，前期控制较低，是为了在低温下限制杂菌增殖，而在主发酵后期，酵母细胞数已足够多，且酵母活力又强，酵母的竞争力已占优势，加上酒精浓度比较高，杂菌已不可能增殖，发酵醪酸败的可能性很小。喂饭引起酒醪 pH 的波动不大，基本稳定在 4.0 左右，这样的酸度对生酸杆菌增殖不利，但十分适合酵母细胞增殖和发酵。每次喂饭的数量不能过多，应避免醪液酸度下降太多而引起杂菌滋生。由于采用喂饭的方式，不仅酵母能获得新鲜营养生长良好，而且因为起到酵母扩大培养作用，酵母新细胞比例高，使发酵力保持长久旺盛。用喂饭法酿制的黄酒，口味醇厚，出酒率高，酒液苦味少，酒精含量较高。

4. 大罐法

落罐后 12h 开始进入主发酵期，可采用通入无菌空气的方法，将主发酵期的温度控制在 28～30℃。自始发酵起 32h，品温改为维持在 26～27℃，之后品温自然下降。大约自始发酵起经 72h，主发酵即告结束，进入后发酵淀粉酶活力大小、发酵醪糖浓度高低、酵母细胞数多少和酵母增殖能力强弱是这一时期需要关注的要点，事关发酵能否正常进行。

（五）后发酵

经过前发酵后，酒醪中还有残余淀粉，一部分糖分尚未变成酒精，需要继续糖化和发酵。因为经前发酵后，酒醪中酒精浓度已达 13%左右，酒精对糖化酶和酒化酶的抑制较强烈，所以后发酵进行得相当缓慢，需要较长时间才能完成。

（1）摊饭法　将酒醪分盛于洁净的小酒坛中，上面加瓦盖，酒坛堆放在室内，后发酵需 80 天左右。

（2）淋饭法　大约在物料落缸第 7 天左右，发酵开始进入后发酵，从散热容易考虑，应将醪液分装到坛中，后发酵在坛中进行，一般需 30 天左右。

（3）喂饭法　后发酵在酒坛中进行，花费时间较多，需 90 天左右。

(4) 大罐法　主发酵结束后，将酒醪用无菌压缩空气送入后发酵罐，在15～18℃下后发酵16～18天。

醪的发酵是黄酒生产最重要的操作，要从曲和酒母的质量以及发酵过程中防止杂菌污染两个方面抓管理，任何一个差错都可以引起发酵异常。

(六) 压榨

酒醪发酵成熟，应及时将酒液和糟粕分离，先是将酒醪过滤，然后对酒脚进行压滤。如果酒色淡而浑浊，说明酒醪尚未成熟。成熟的酒醪，糟粕应完全下沉，上层酒液清澈黄亮、酒精含量超过14%、口味较浓。若酒醪已成熟而不及时进行分离，那么发酵过度的酒液不但酒色发暗，而且有成熟味，口感变差。采用板框式压榨机将黄酒醪压榨，得酒液（生酒）。生酒中含淀粉、酵母、不溶性蛋白质和少量的纤维素等物质，因此必须在低温下对生酒进行澄清处理。具体做法是：先在生酒中加入酒色（按100kg酒液添加260g糖色计算），搅匀后置于低温下静置2～3天，取出上层清液；下层的酒脚中加入硅藻土，搅匀后进行压榨过滤，滤得的酒液与上述上层清液合并。

(七) 煎酒

煎酒的目的是杀死酒液中微生物和破坏残存酶的活力，确保黄酒质量稳定。另外，经煎酒处理后，除去了生酒杂味，又使蛋白质等胶体物质凝固沉淀，黄酒的色泽变得明亮。煎酒温度应根据生酒的酒精含量和pH而定，对酒精含量高、pH低的生酒，煎酒温度可适当低些。一般采用蛇管或列管等热交换器，对生酒进行连续灭菌，酒液温度达到85℃左右。

(八) 包装

灭菌后的黄酒，应趁热灌装，入坛储存。陶罐包装是黄酒传统的包装方式，具有稳定性高、透气性好、绝缘、防磁和热膨胀系数小等特点，有利于黄酒的自然老熟和香气的形成，目前还被许多企业采用。黄酒灌装后，立即用荷叶、箬壳扎紧坛口，趁热糊封泥头或石膏，以便在酒液与坛口之间形成一酒气饱和层，使酒气冷凝液流回至酒液里，造成一个缺氧、近似真空的环境。新工艺黄酒采用不锈钢大容器储存新酒。目前黄酒储罐的单位容量已发展到50t左右，比陶坛的容积扩大近2000倍，大大节约了储酒空间，此外，大容器在放酒时很容易放去罐底的酒脚沉淀。

（九）储存

新酿制的酒香气淡、口感粗，经过一段时间储存后，酒质变好，不但香气浓，而且口感醇和。在储存陈酿过程中，发生着色、香、味的变化。陈酿期间，黄酒中的氨基酸与葡萄糖的脱水分解反应产物5′-羟甲基糠醛，生成有色物质，逐渐引起酒色加深。含糖分、肽和氨基酸多的酒，例如甜黄酒和半甜黄酒，酒色容易变深；高温储存，可促进色变；长时间储存，酒色随着加深。陈酿过程中酒液色泽变深是黄酒老熟的标志。黄酒通过陈酿，酒的香和味也有提高，这主要是酒液中的成分发生变化的结果。这种变化可分成5种类型：①氧化反应：例如乙醇氧化成乙醛，乙醛是黄酒香气的组成成分。②有机酸和醇的成酯反应，酯是黄酒香味的重要组分。③分解反应。例如发酵后期从菌体溶出的S-腺苷甲硫氨酸会逐渐分解成5′-甲硫基腺苷和高丝氨酸，其中5′-甲硫基腺苷对改善酒味有益。④分子内部的基团反应。例如二肽分子内氨基与羧基反应生成的内酰胺；α-羟基戊二酸分子中的羟基与羧基结合生成内酯，这些物质可使酒液变得醇和。⑤缔合反应，水和酒精分子间的缔合减少了酒精分子的活度，从而使酒液变得醇和，消除了辛辣味。

储存时间要恰当，陈酿太久，若发生过熟，酒的质量反而会下降。陈酿期长短由酒的成熟速度来决定。而成熟速度快慢，与酒液所含成分和数量以及酒液pH等因素有关，成分丰富且pH较高的酒液，成熟速度就快。为了防止产生酒色过深和酒液带焦糖味的过熟现象，一般普通黄酒的储存期为1年；甜黄酒和半甜黄酒的储存期可适当缩短些；酿制方法特殊的黄酒，其储存时间按实际情况来定。

第五节 几种名优黄酒生产工艺

一、绍兴酒

绍兴酒的传统品种有元红酒、加饭酒、花雕酒、善酿酒、香雪酒、糟烧、老酒江等。糟烧和老酒江属于白酒类，它是黄酒酿造后的副产品。花雕酒是加饭酒的另一种命名形式，是绍兴手工彩绘包装的一种延伸，其实就是加饭酒。绍兴酒最为著名的传统品种就是元红、加饭、善酿、香雪四大品种，它们分别代表中国黄酒的四大类型，即干型、半干型、半甜型、甜型。

（一）元红酒（摊饭法）

元红酒，又称状元红，是绍兴酒中的大宗产品。因其酒色与中药中的“状元红”所煎煮或浸泡后的颜色接近，故称。通常元红酒的酒精度在15°～17°，总糖（以葡萄糖计）在1%以上，总酸（以琥珀酸计）在0.45g/100mL以下。颜色是典型的琥珀红，清亮透明有光泽；具麦曲稻米黄酒特有的浓郁醇香；口味醇和、鲜爽无异味。绍兴元红酒是干型黄酒中产量最多的酒，是摊饭酒中的最具有代表性的品种。它用糯米为原料，经过70天的低温发酵，如果使用粳米或籼米为原料，按其方法酿成的酒则属地方黄酒。元红酒与其他黄酒比较，具有以下特点：使用浸米时间长的酸浆水进行发酵；用淋饭酒母为发酵剂，生麦曲为糖化剂；采用摊饭法或鼓风机冷却法冷却米饭；每年农历节气小雪时开始浸米，至翌年立春停酿，生产周期长；采取低温发酵促进酒的风味。

1. 生产工艺流程

元红酒（摊饭法）生产工艺流程见图5-10。

2. 工艺要点

（1）原料配方 糯米144kg，麦曲22.5kg，酒母5～8kg，浆水84kg，水112kg。

（2）过筛 目前所用糯米精白度为90%，再经过筛米机除去糠秕、碎米及其他杂物，提高酒的品质，并减少碎米因浸渍而造成

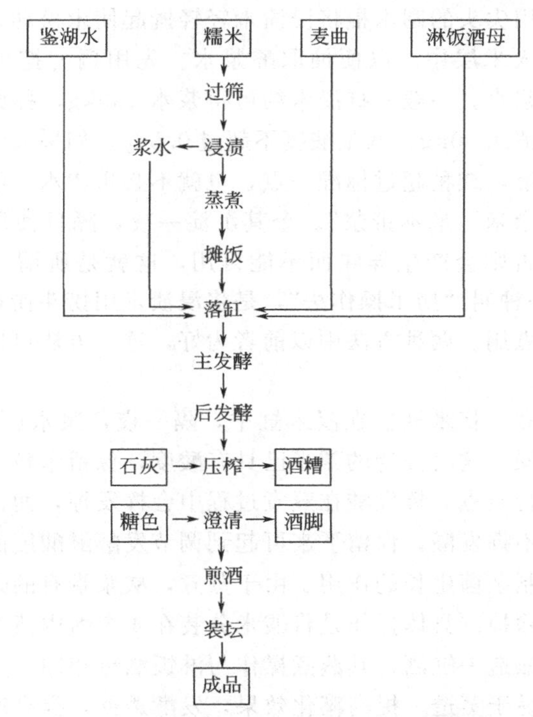

图 5-10　元红酒（摊饭法）生产工艺流程

的损失。

（3）浸渍　每缸浸米 288kg，可供酿造 2 缸酒用。浸渍水高出米层 6cm 左右，注意在浸渍过程中及时补水，使米保持在水面下。浸渍数天后，就有小气泡不断冒出液面，说明乳酸发酵在进行，蛋白质的水解成分变化都在进行。有时在液面出现产膜酵母的菌醭，对酸浆水的质量有不良影响，要用竹篾编成的捞斗捞除，或用水冲出缸外，如在浸米期间发现酸浆水发黏，有恶臭味等现象，须用清水冲洗干净。酸浆水的制备须在低温下进行，低温下一切生物化学反应进行得很缓慢，需要 20 天左右。浸米以手捏米粒成粉状者为适当。

取用酸浆水时，先在蒸熟的前一天，用水管流水将表面浸渍水冲去，然后用尖头的圆木棍将浸渍米轻轻撬起使米松动，再用米抽慢慢摇动插入米层中，以便抽取酸浆水。先用铜勺挖出米抽里的米，汲取酸浆水。一般一缸浸米约可得浆水100kg，称原浆，每缸原浆再掺入清水50kg，调整酸度不超过0.5%。如果天气严寒，酸度未超过标准，或稍超过标准一点，也就不必再掺水，汲取浆水要做到“浆不带米，米不带浆”。令其沉淀一夜，隔日使用，但不能放置过久，否则会产生异味而不能再用，这就是所谓“抽米操作法”。还有一种叫“捞米操作法”，是将浸渍米用捞斗捞在竹箩内淋干，以备蒸煮用。两种方法中以前者为好，这一方法可以避免捞米时米粒破碎。

(4) 蒸煮　将米抽插在浸米缸中，隔一夜，浆水已全部汲出，米已相当干燥，这时浸透的糯米已具有酸度，保留米粒上附着的酸浆，直接进行蒸煮，挥发酸在蒸煮过程中会挥发掉，而占主要成分的乳酸因是不挥发酸，保留下来可起到调节发酵醪酸度的作用，同时也起到抑制杂菌生长的作用。由于蒸煮，酸浆带有的杂味及挥发物质也就被除掉。具体操作是将酸米分装在4个甑内蒸煮，每两个甑的蒸米可酿造一缸酒，其蒸煮操作与淋饭酒母相同。为了增加出饭率，使米易于蒸透，提高糊化效果，发酵透彻，提高产酒率，当蒸汽从饭面上大量冒出后，用洒水花壶均匀地洒温水约5.5kg，加盖、再蒸、出锅。这样可以提高产酒率，而且质量并未降低。

(5) 摊饭　蒸熟的糯米饭立即抬至室外，摊在洒有少量冷水的竹簟上，以防饭粒粘在竹簟上，每张竹簟共盛装4甑蒸饭，竹簟事先洗净、晒干，摊在通风阴凉处，用木楫摊开，加以搅拌，使品温迅速下降，降至入缸要求的品温。如气温高不易摊冷，则用4～5张竹簟轮换，并摊薄些，勤加翻拌；如气温低，则可摊厚些，用3张竹簟连续不断地轮换操作，稍加翻拌，就可以达到入缸要求温度。现在都已改用鼓风机冷却，有的厂已采用蒸料机结合冷却装置实现了连续化，提高了效率。一般要求60～65℃下缸，气温与要求摊冷温度之间关系的经验数据见表5-4，并将蒸煮与摊饭过程中所测数据见表5-5，作参考。

表 5-4 气温与要求摊冷温度之间的关系

气温/℃	摊冷后饭温/℃	气温/℃	摊冷后饭温/℃
0～5	75～80	11～15	50～65
6～10	65～75		

表 5-5 蒸煮与摊饭过程中所测数据

项目	例一	例二
浸渍米重/kg	198	201
蒸汽透面所需时间/min	11.5	12.0
浇水量/kg	11.0	11.0
蒸饭时间/min	23.5	20.0
摊冷时间/min	35	30
摊冷后饭重/kg	218.50	222.25
蒸煮后饭含水分/%	49.42	50.54
气温/℃	11.0	8.0
摊冷后饭温/℃	60.0	65.0
下缸后品温/℃	24.5	25.0

(6) 落缸 为了防止杂菌侵入，所用工具事先均经过灭菌。在下缸的前日，事先将酿酒用的鉴湖水 112kg 盛于发酵缸中，根据配方分两次将冷却的糯米饭加入，第一次加入米饭用木楫搅散饭块，第二次倒入米饭时，依次投入麦曲 22.5kg，酒母 5～8kg，最后冲入酸浆水 84kg。投饭量要严格掌握，酒母用量要根据气候和落缸迟早而有所增减，并务使酒母接触热饭，以免降低酒母效果。用木楫及小木钩将米饭及麦曲等料充分混合，并搅碎饭块，使均匀一致，这样能取得物料温度一致的效果。为了使缸中的物料和发酵温度均匀一致，采取倒缸措施，即将物料倒入附近的空缸中，并随时将饭块戳碎。下缸温度根据当时气温灵活掌握，气温与落缸要求温度的关系数据见表 5-6。一般控制在 27～29℃，并及时进行发酵缸的保温工作，务必使各缸的发酵情况一致，以便打耙在同一时间内进行。

表 5-6 气温与落缸要求温度

气温/℃	落缸后要求品温/℃	备 注
0～5	25～26	每缸原料落缸时间总共不超过 1h，每缸口须加草盖保温
6～10	24～25	
11～15	23～24	

(7) 糖化与发酵 物料下缸后，麦曲中的淀粉酶会将饭粒中糊化了的淀粉分解成葡萄糖，但是由于缸内品温被控制在 27～28℃，并不是糖化的最适温度，所以糖化进行得很慢，而这一温度却是适合于酵母繁殖的，所以初期是以酵母增殖为主，酒精发酵为辅的状态，此时，温度上升缓慢，应该注意保温。糖化所产生的糖分既是酵母增殖的能源，又是酒精发酵的基质，糖化与酵母增殖和酒精发酵平衡地进行，糖的生成速度不会使糖分积累得很高，这种长时间的较低温度发酵虽形成了高浓度酒精，却不会发生糖化与酒精发酵不相适应的情况，这正是黄酒复式发酵的特点或其优越性。一般经过 10h 左右，酵母已大量增殖，缸中已有大量 CO_2 冒出的嘶嘶声，CO_2 上冲把酒醅顶上醪面，形成厚厚的酒盖，酒味已很浓郁，这时已进入主发酵阶段。酒精发酵是生热反应，随着酒精发酵的进行，醪温升高。此时在黄酒工艺上，用打耙这一方式，使品温下降，控制品温使糖化及发酵平衡地进行，又使酵母处于最适合繁殖的状态。由此可以看出在主发酵时期正确打耙的重要性。开耙温度的掌握因人而异，有掌握高点的，有掌握低点的，于是又有热作酒和冷作酒之分。

① 热作酒（老口酒） 由于绍兴酒的配料每缸要投糯米 140kg，蒸成饭后所增加的水分加上落缸时的水分，共计 274kg 左右，所以落缸后半小时，饭粒便迅速吸水而膨胀，形成了一个凸起的大饭团，从落缸开始到开耙为止，热作酒法不加搅拌，为此发酵所产生的热集聚起来，不易发散，形成了品温上下不一样，缸心与缸底的品温相差有 10℃以上之多，一般测定品温是以饭面下 10～20cm 处的缸心温度为准，一般开耙即以此深度的品温为依据，当

品温达到37℃左右，才开始用木耙插入缸底上下搅动，称为头耙。品温明显下降，缸底已出现液体，酒醪开始稀薄起来，此后各次打耙后品温下降幅度就变得小些。正常开耙品温及各打耙前后的品温变化经验数据见表5-7，供参考，在实际操作中还要根据具体情况灵活掌握。

表5-7 热作酒开耙品温控制经验数据

耙次	品温/℃		相隔时间/h
	耙前	耙后	
头耙	35～(36～37)～39	22～26	下缸后算起，经11～13h
二耙	29～(30～32)～33	26～29	3～4
三耙	27～30	26～27	3～4
四耙	24～25	22～23	5～6

注：括号内数字是最适品温。

头耙和二耙可根据所测品温掌握开耙时间，至于三耙、四耙，品温的变化已变得缓和，为了保证酒的风味，还要品尝酒的味道，一般室温低，品温上升慢，酒味要淡，甜味强时说明是发酵缓慢的缘故，这时应将打耙时间拖后些，是稍稍提高落缸品温的依据，或用灌入温水的小坛浸入缸中，以提高发酵醪品温，或减少打耙次数，或加大打耙强度，作为补救措施。如果发酵激烈，品温上升太快，则需增加打耙次数，压入空气或进行分缸以降低品温，否则就有发生产酸过多，甚至酸败的危险。适当打耙压入空气不但可降温，还可排除CO_2，通入氧，促进酵母增殖，促进发酵，得以抑制产酸菌的活动。热作酒由于发酵温度较高才打耙，发酵迅速，加上品温高（实耙品温35℃以上），会缩短发酵时间，这样会使酵母早衰，发酵能力减弱，容易获得酒味较甜的酒，正因如此，三耙、四耙的强度或时间更要注意，以免无谓地损失酒精，加重成品酒的甜味。

总之，热作酒所掌握的发酵经过应该说是前急后缓的发酵型，开始达到较高温度的品温才开耙，并根据温度的高低决定打耙。总的说来，品温是根据耙次而逐次降低，控制比较困难，发酵后期容易出现酸度高的情况，即使酸度不太高，也需要加少量石灰。据说加入适量石灰可以使酒的口味老（一般把热作酒称为“老口酒”，把冷作酒称为“嫩口酒”），爽口，煎酒后易于澄清。绍兴本地人及上海人喜欢老口酒。

② 冷作酒（嫩口酒） 当每批酒开始落缸至第六缸时，前三缸的饭粒已然吸水而膨胀成饭团，于是用木楫将这三缸的饭料撬松进行散热，以抑制厌氧乳酸菌的生长，同时促进酵母增殖，这样每三缸进行撬松，所以各缸间的温差不像热作酒那样悬殊，管理起来比较容易，其打耙前后品温情况见表 5-8。

表 5-8 冷作酒开耙品温控制情况

室温/℃	耙次	品温/℃		相隔时间/h	保温及掺耙
		打耙前	打耙后		
0～10	头耙	23～24 25～30	19～20 22～26	10～20	打耙后 19～20℃双缸盖；22～23℃单缸盖；23～25℃不加盖
	二耙	24～27 28～31	19～22 22～27	6～7	打耙后 19～20℃双缸盖；21～22℃单缸盖；23℃以上不加盖；25℃以上者掺耙
	三耙	21～23 24～28	20～21 22～27	4～5	打耙后 21℃以下者单缸盖，其余不加盖，25℃以上者掺耙
	四耙	21.5～23 23.5～27	19～23 23～27	4～5	全部不保温
11～15	头耙	25～27 28～31	22.5～24 24～28	10～20	打耙后全部不加保温物
	二耙	26～27 28～31	23～26 26.5～27.5	4～5	打耙后 26℃以上经 1h 后掺耙；25℃以下单缸盖；其余不加盖
	三耙	27～29 30～31	25～26 27～28	7	全部不保温；27℃以上者掺耙
	四耙	26～28 28～29	25～26 26～27.5	5	全部不保温

冷作酒从头耙到四耙，可以定时开耙，但是由于各缸品温有些差异，可以用嗅觉嗅察酒香以及观察品温的高低，以便调整保温方法和掺耙（指在两次打耙之间插入一次搅拌）来调节品温。冷作酒法利用酒味来控制品温的做法，显得比热作酒更为重要。冷耙在第一天有捣至5～6次之多，两天以后可以减少至每天搅1～2次。其控制的原则是：如发酵快、糖分低、酒度高，就要多打耙；反之尽可能少打耙，以便保持品温，促进发酵，此为有道理的经验之谈。

总之，冷作酒的特点是头耙控制在较低温度，采取如增加打耙次数等方法，也要控制品温28℃以下的水平，目的是使酵母发酵保持在最适温度附近，使发酵持续而平稳，这样可以保持发酵能力的持久，获得酒度较高的酒。这种酒为杭州人所喜爱。可能是地方习俗，各有所好的缘故，这两种酒的酿法都有市场，各有各的意见，尚不能一概论之。

（8）后发酵　主发酵完成时，一般情况是品温降至接近室温，糟粕下沉。由打耙阶段进入静止后熟阶段。这时可以并缸，静置于缸中，俗称“缸养”；或将酒醪搅拌后分装于酒坛，称为“带糟”，使其进一步进行糖化和发酵，提高酒精含量，这需要2个月以上的时间，但提高风味效果较为明显。目前仍以缸养为主，这是因为受气候影响较小，又可避免灌坛的损失，同时可缩短后熟期5～10天。

灌坛时先加入1～2坛淋饭酒母于缸中，以增强发酵能力，充分搅拌后，再将缸中的酒醪分装于酒坛，每坛约装25kg，坛口盖上一张荷叶。2～4坛堆为一列，堆放在室外，最上层坛1：3除盖上荷叶外，还要罩上小瓦盖（俗称带糟盖），以防雨水淋入坛内。露天堆积是受气候影响的，因此在寒冷时初酿的酒醪可堆在向阳处，促其发酵成熟。最后酿制的几批要堆积在温凉的室内，以免后期气温升高，导致发酵过期而酸败，或来不及压榨而产酸。

（9）加石灰　热作酒不论酒醪的酸度如何，有加用石灰的习惯，目前冷作酒规定的酸度不超过0.45%，不再添加石灰。加石灰的作用，可以降低酒醪中的酸度，加速酒液的澄清，但据工人说元红酒内加石灰，可使酒味爽口，一般称之为老口酒，加石灰是老口酒的一个特征。

元红酒中添加的石灰有其独特的制法，将大瓦缸放屋檐下，放入石灰，加清水，任其日晒夜露和雨淋，陈放一年以上，用时取缸底的石灰浆。据说如用新石灰，会使酒产生异味，元红酒用石灰的这种处理方法是有其道理的。长时间暴露在空气中，目的是使其充分吸收 CO_2，绝大部分都已变成碳酸钙，但溶液仍为碱性，用起来影响风味较小。

（10）压榨、灭菌、灌装　绍兴酒的压榨原来使用木榨，并用绸袋装酒醪，每台木榨由一技工负责掌握。后来改用水压机压榨，现已有采用板框式气膜压滤机进行压榨的。

榨出的酒液称为生酒，将此酒移入大瓦缸内，每 100kg 酒液加焦糖色 100～300g，搅拌后静置 2～3 天，沉降物质当即沉入缸底，吸取上部澄清酒液，灌入锡壶，沉渣重新压滤。

绍兴酒的灭菌是采用锡壶（图 5-11）水浴锅煮沸，称“煎酒”，后来曾用过滤管式、列管式热交换器加热进行灭菌，现在多

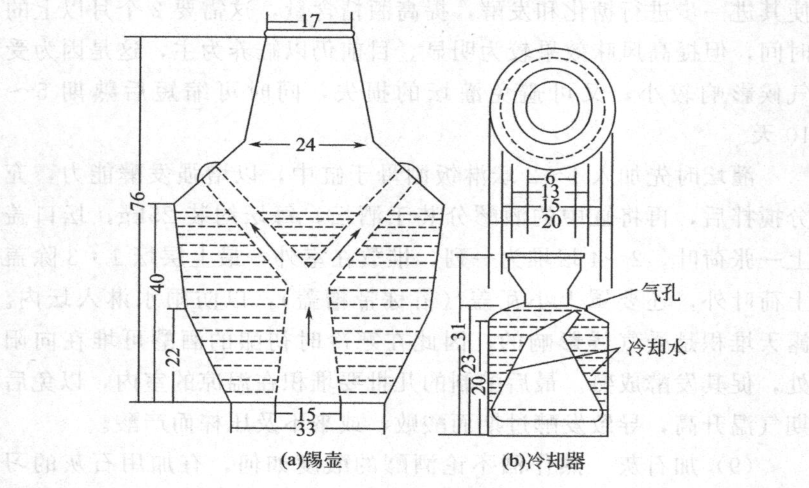

图 5-11　煎壶（单位：cm）

采用超高温瞬时灭菌器。黄酒成品的包装自古以来采用陶坛包装，便于陈酿老熟，酒坛清洁目前多采用洗坛机，新坛不能用来装成品酒，装过酒醪的旧坛才能灌装成品酒。近年已使用大罐储酒，玻璃瓶灌装成品酒。

（二）加饭酒

加饭酒是绍兴酒中的一个品种，而且是销量很大的上品，酒精度通常在16°～18°；总糖在1%～3%；总酸在0.45g/100mL以下；清亮透明有光泽，具有稻米麦曲黄酒特有醇香；口味醇厚柔和，鲜爽无异味；具备典型的绍兴酒风格。它是用摊饭方式酿造的。由于在配料中减少了制醪水，相对地说是增加了饭量，所以才有“加饭酒”这一称呼。因而酒醪浓稠，是为浓醪发酵的代表，发酵过程中散热很难，因此它的生产被安排在最寒冷的时节，充分发挥低温发酵的优越性，虽然分解缓慢，但产品风味上乘，质量优良，色泽呈琥珀色，味道醇厚，甜度适口，香气浓郁，诚为绍兴酒中的上品，在国内外久负盛名。

加饭酒具有的特点有以下几点。

（1）配料上加饭酒与元红酒有较大区别，二者的投米量虽然是一样，但加饭酒却减去制醪用水，并减掉一部分酸浆水。另外，加饭酒的用曲量较元红酒有所增加，由于麦曲基本上是淀粉原料，也等于增加了主料比重，因此从发酵角度来讲，加饭酒确实是名副其实的浓醪发酵。麦曲的作用主要是糖化作用，另外也有一定的发酵能力，增加了用曲量实际上是发挥了它的糖化力，增加了产品中的糖分，使加饭酒成为含糖在1%～2%的半干型黄酒，糖分的增加更说明加饭酒发酵过程中发生了高糖抑制酵母的酒化作用，而积累了一定的糖分。

（2）加饭酒配料中的酸浆水用量较元红酒要少些，但不会影响乳酸抑制杂菌的作用；由于是浓醪发酵，并且是在低温条件下进行发酵，总的说来发酵的进行是缓慢的，所以生长周期长达80～90天。正因为如此，对风味物质或其前体的生成、重组等生化或化学反应是有利的，低温使加饭酒的质量和风味优异，为世人所承认，产品行销国内外。

（3）加饭酒的含糖量达到7.48°Bx，为元红酒的2倍，还原糖的含量为元红酒的3倍，所以加饭酒主要与曲量的增加、制醪水用量的减少、抑制了酵母作用以及添加5%浓度酒糟蒸馏酒有关。

（4）由于发酵醪浓稠，发酵分解不彻底，产生较多的固形物，使压榨较为困难，所以产酒率低。固形物即酒中可溶性物质，如含氮溶解物、糖分、糊精等物质，却构成了加饭酒风味物质的基础，提高了加饭酒的质量和风味。

（5）加饭酒酿成后，一般经过8年的陈酿，使酒进行低温熟成，酒味柔和，气味更加香馥，证明了“越陈越香”之说的正确性。

1. 生产工艺流程

加饭酒生产工艺流程见图5-12。

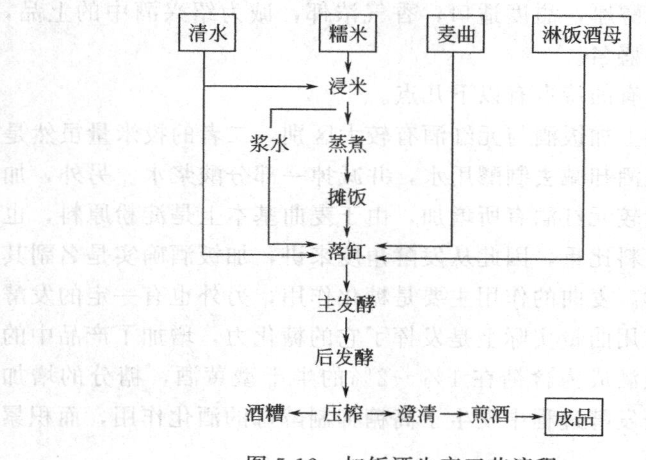

图5-12 加饭酒生产工艺流程

2. 工艺要点

（1）原料配方 糯米144kg，麦曲27.5kg，酒母5～8kg，酸浆水60kg，水25kg，50%酒糟蒸馏酒5kg。

（2）加饭酒生产过程基本上与元红酒相同，但是由于加饭酒要求含有1%～2%糖分及原料配比，故在某些环节上操作有些不同。

(3) 由于落缸时减少了总制醪水量，成为不易搅匀的浓醪，虽然用力搅拌，也达不到混匀的要求，于是另取一空缸，上面架好大眼筛子，将搅拌过的饭料倒入筛子上，使小块饭料漏入缸内，随手将大块饭块捏碎，这样达到饭料均匀，温度一致，俗称之为“盘缸”。

(4) 由于配料液体少，成极浓的发酵醪，主发酵阶段所产生的分解热很难散发，不但安排在严寒的冬天生产，并且将落缸品温控制在22℃左右，可根据当时气温加以调整。

(5) 由于要求要有一定的糖分及一定的酒精含量，如何使糖化和发酵均衡地进行，掌握好开耙的时机非常重要，开耙过早酒精发酵迟缓，酒精生成缓慢；过晚，酒精发酵旺盛会消耗大量糖分，需要一定经验。可参考表5-7（见元红酒）中主发酵期的温度的控制及打耙的进行。头耙温度较高，一般在35～36℃，这样有利于糖化迅速进行，为酵母提供充分的发酵糖，促进酒精发酵，迅速产生酒精，所以称之为“热作开耙法”，二耙、三耙以及四耙的开耙温度逐次降低些，使酒精发酵较旺盛地进行，糖分也随之降低，酒精发酵旺盛的主发酵3～4天内即可完成。如高温持续时间长，会严重地影响酵母的增殖和发酵，所以在升温高潮时应及时打耙散热以降温。这样也有利于把后发酵的品温控制在10℃以下的低温，做到逐步走向低温，得到低温熟成，有利于酒的风味物质的生成及转化。

(三) 善酿酒

善酿酒是绍兴酒中以酒代水酿成的名酒，也是古酒的今传。酒精度在14°～17°；总糖3%～10%；总酸0.55g/100mL以下。琥珀色清亮透明有光泽；醇香浓郁；口味醇厚、鲜甜爽口；酒体协调无异味。从其酿造开始已有较高的酒精含量，在一定程度上抑制了酵母的繁殖，使酒精发酵不能充分进行，结果保留下来相当量的糖分。由于使用了陈元红酒，使善酿酒具有了绍兴酒特有的芳香，并具有酒度适中、味道甘甜的特点，所以适于不常饮酒的人饮用。

1. 生产工艺流程

善酿酒生产工艺流程见图 5-13。

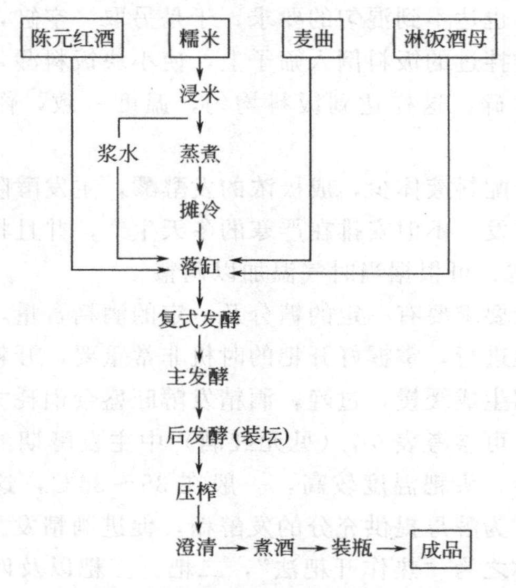

图 5-13　善酿酒生产工艺流程

2. 工艺要点

(1) 原料配方　糯米 144kg，麦曲 22.5kg，酒母 7～9kg，浆水 55kg，陈元红酒 82.5kg。

(2) 工艺要点　善酿酒是采用摊饭法酿成的半甜型黄酒，基本上与元红酒相同，但是由于落缸时用陈元红酒代替了水，一开始的酒度就达到了 6%左右，酵母的增殖受到了抑制，发酵进行得很缓慢，所以在原料配方上就增加了块曲和酒母的用量和一定量的酸浆水，并提高发酵温度到 30～31℃，采取了保温措施，以加强糖化和发酵。为此一般把善酿酒的生产安排在不太冷的时期。

落缸后 20h 左右，品温就升至 30～32℃，即可开始打耙，打耙之后品温下降 4～6℃，再经过 10h 左右，温度又会升至 30～31℃，进行打二耙，再过 6h 左右，品温达 30℃左右，进行打三耙。酒精含量基本上保持在 10%～12%范围内，说明酒精发酵进行得缓慢，糖分始终维持在7%左右，四耙以后品温略有下降。这时就可灌坛，使醪温下降，进行缓慢的后发酵，经过70天左右即可上榨。压榨时醪液黏稠，压榨困难较多，需48h。

善酿酒的发酵管理相当难，依靠经验成分较大。表5-9是善酿酒酿制过程的变化，可作参考。

表5-9 善酿酒酿制过程的变化

日序	摘要	室温/℃	品温/℃	酒精/%	糖分/%	总酸/%
0h	下缸	12.0	24.0	—	—	—
40.5h	头耙	15.0	37.0→31.0	10.2	7.40	0.35
50h	二耙	12.0	33.0→31.5	11.7	8.45	0.38
55h	三耙	13.0	29.0→28.5	12.6	7.52	0.38
70h	四耙	14.0	24.5→23.0	13.3	7.52	0.40
4天		13.0	18.5	13.3	7.01	0.41
5天		12.0	16.5	13.2	6.59	0.41
6天		7.0	12.0	13.5	7.08	0.41
7天		2.0	9.5	13.6	7.33	0.41
12天		10.0	2.0	13.7	8.46	0.41
21天		4.0	3.0	14.2	8.94	0.42
28天		7.0	5.0	14.2	8.08	0.43
35天		4.0	6.0	14.6	7.78	0.44
42天		6.0	5.0	15.1	7.70	0.44
49天		15.0	17.0	15.4	7.52	0.44
55天		15.0	10.0	15.6	7.32	0.45
62天		13.5	15.0	15.6	7.30	0.45
70天		16.0	18.0	16.6	7.20	0.45
85天		—	—	16.7	7.00	0.49

（四）香雪酒

香雪酒，是绍兴酒中最甜的酒。在原发明时，由于酒中不加使酒色变深的麦曲，只用白色的酒药，其酒糟色如白雪；又以糟烧代水，味特浓、气特香，故名为香雪酒。它是以糯米酒药为原料，经搭窝工艺酿成酒酿，先加麦曲进行糖化，再投入40%～50%大米白酒抑制酒精发酵而制成的甜型绍兴酒。含酒精17%～20%，总糖18%～25%，总酸0.40g/100mL以下。色淡黄清亮透明有光泽；味鲜甜醇厚，酒体协调无异味。由于糖分高，酒精含量高，不会污染杂菌，安排在夏季生产；由于经过陈酿，并无白酒辛辣味；由于使用糯米、酒药、麦曲按绍兴酒发酵工艺进行，保持了绍兴酒特有的浓郁芳香风味，与其他甜型酒有些不同，是国内外消费者所欢迎的品种。

1. 工艺流程

香雪酒生产工艺流程见图5-14。

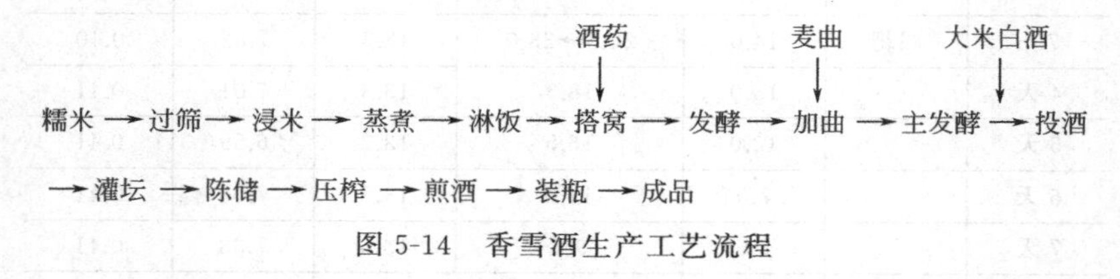

图5-14 香雪酒生产工艺流程

2. 工艺要点

(1) 原料配方 糯米150kg，酒药0.186kg，麦曲5kg，大米白酒150kg。

(2) 香雪酒的制备不须加酸浆水，所以浸米时间短，只要将糯米浸透，无生米心即可。蒸饭采用淋饭法进行冷却，使饭粒充分吸水，以利糖化的彻底进行。

(3) 为了获得绍兴酒固有风味，仍然使用酒药和蒸饭搭窝，在固态发酵形式下进行糖化和酒精发酵，在此阶段以生产糖分为主要目的，因此当窝中积集的糖液快满，尚有甜味，酒味不浓时，即刻加入麦曲，充分加以搅拌，这样补充了糖化酶，继续保温，进一步进行糖化。这时必然产生大量糖分，达到最高点时，就可加入40%～50%浓度的大米白酒150kg，抑制酵母的增殖，减弱酒精发酵，尽量减少糖分变酒的损失。获得最大糖分是技术管理的中心，但不能加酒太早，否则酒精发酵太弱，也会使产品的风味不足。

（4）酒醪加白酒后，静置一天，充分搅起酒醪后，即可灌坛，应注意使各坛的浓度一致。然后用荷叶箬壳封好坛口，3～4 坛为一列堆在室内，也可用柿涩桃花纸直接封住坛口，防止酒精挥发。用缸封存时，每隔 2～3 天搅拌一次，搅 2～3 次后可用清洁缸覆盖，并用荷叶衬垫缸口缝隙，然后再用盐卤拌泥封口。一般经过 4～5 个月的陈酿储存，白酒的辛辣味就完全消失，即可进行榨酒。香雪酒黏度大，酒稍稠，压榨须较长时间，榨出的酒稍显浑浊，经过煎酒，便澄清下来，清澄透明。

（5）香雪酒在陈储阶段，酒中各种成分之间进行着后熟反应。从灌坛开始酒精含量有所下降，应该说是挥发所造成的损失，糖度和酸度有明显增高，说明糖化酶仍在发挥着作用。在第 7 天的镜检酵母数达 1 亿个/mL 以上，可谓绍兴淋饭酒母中的耐酒精能力很强的酵母，这与淋饭酒精度达到 16%有关。淋饭酒母长时间培养出耐酒精高的酵母仍算是有价值的。

二、山东即墨老酒

北方黄酒多以黍米（大黄米）为原料，过去以山东黄酒及山西黄酒最为有名。其中以山东即墨县所产的即墨老酒最为有名，其历史已很悠久，其产品具有焦香味，酒味微苦而爽口，成为焦香型黄酒的代表。

（一）工艺流程

即墨老酒生产工艺流程见图 5-15。

（二）工艺要点

（1）洗涤　称取黍米 45kg，放入瓦缸（口径 76～87cm，底径 28cm，高 85cm）中，同时注入适量清水，水量距缸口 23cm，用木锹搅动，使米翻动起来，洗涤。用笊篱捞出水面上漂浮的杂物，再用两把笊篱循环地把米捞到另一缸内。缸中先加清水 10～21kg。

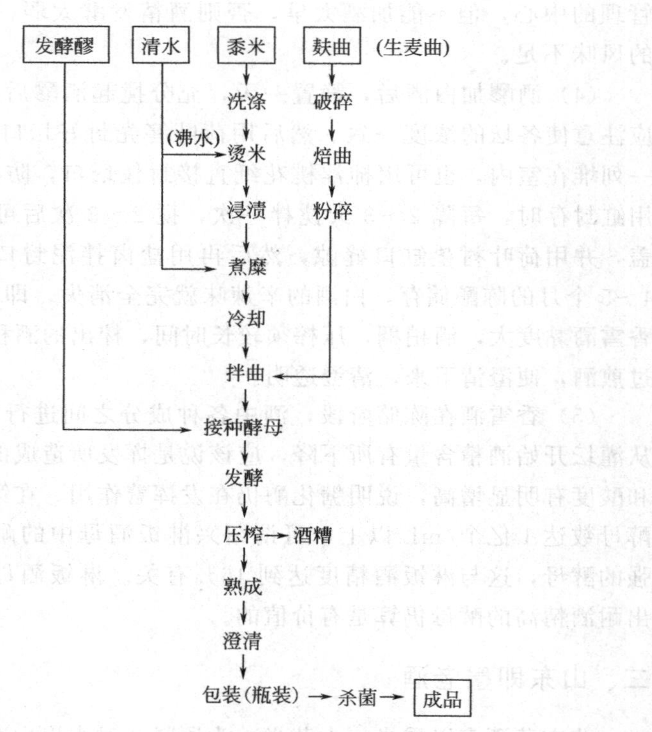

图 5-15 即墨老酒生产工艺流程

(2) 烫米 由于黍米外壳较厚而硬，况且颗粒较小，单纯靠浸渍不易使黍米充分吸水，会使糊化困难。因此，必须用热水烫渍黍米，促使黍米外壳软化，并裂开，这样比较容易吸水，黍米组织松软，达到浸渍的目的。于是注入沸水 78kg，并用木楫急速搅匀，进行烫米，如果烫米不好，在煮糜时米粒会蹦出锅外。待水温因搅动而降至 44℃左右（夏季应较低些），即可进行浸渍。如果不进行降温，直接加入冷水浸渍，米粒就会急剧收缩而发生开裂现象，暴露出淀粉，造成淀粉损失。

(3) 浸渍 为了使黍米充分吸水，根据季节掌握浸渍的时间和温度以及换水次数，浸渍的操作条件见表 5-10。

表 5-10　按季节掌握浸米时间、温度及换水次数

项　目	春　季	夏　季	秋　季	冬　季
浸渍水初温/℃	35～40	33～35	35～40	40～44
换水次数/次	—	2～3	1～2	—
浸渍时间/h	18～20	8～12	18～20	22～24

(4) 煮糜　煮糜的主要设备是传统的锅灶，一般有多组，每组设有煮糜锅和烧水锅各一口，煮糜锅设在灶的前端，锅的口径103cm，深约43cm，锅底距炉底栅27cm，恰好装50kg黍米，灶的后端设有煮水锅，口径89cm，深34cm。锅灶上方装有木制烟雾排出道，以利煮糜时抽吸弥漫的烟雾，对操作环境的改善有利。

在大铁锅中煮黍米，先加入清水115～120kg加热至沸，把浸米逐次加入，约20min加完，开始先用猛火熬，不断地用木楫搅拌，直至米粒出现裂口，有黏性，此时要改用铁铲继续不断地搅拌，注意铲锅底及锅边附近所粘的糜，约经2h，黍米由黄色逐渐变成棕色，而且产生焦香气，此时即应将锅灶的火势压弱，并用铁铲将糜向上掀起，以便散发烟雾及水汽，这样持续2～3min即可迅速出锅。整个煮糜过程需2h。煮糜操作是即墨老酒生产技术环节之一。煮糜的火候应产生最大焦香气，但又不能有煳味，米质不焦，无过火锅巴是关键。煮糜的目的不单纯是为了糊化，而是要使之产生焦香气味，当然色泽也就较一般黄酒深重。从化学反应讲，煮糜是进行轻度的麦拉德褐变反应，产生非常复杂的香气成分和色泽。

煮糜完全是人工操作，不仅劳动强度大，而且所产生的大量烟气使人难以忍受，现已采用电动铲糜机，并安装上吸烟罩，劳动条件大为改善，提高了工作效率和产品质量。

煮好的糜放在经过开水烫过的浅木槽内，用木楫翻拌，促使其冷却，待降温至35℃即移入开水灭菌的发酵缸中拌曲。

(5) 拌曲、发酵　糖化用麦曲为砖状的小麦大曲，须进行一年

陈储。破碎成较大的小块，对水分大的曲，在煮糜锅内翻拌焙烤30min，除去水分，并消除残存的产酸菌，同时也进行轻度的焦化，然后用石磨磨成粉末，取5.5～6.0kg，加入装有蒸糜的发酵缸内，同时加入发酵旺盛的酒醪0.5～1kg，作为接种引醪酵母的引醪。混拌均匀，盖上稻草编成的缸盖，外覆麻袋进行保温，进行复式发酵。这时的品温一般控制在28～30℃，经过24～48h，品温上升至35℃，即进行第一次打耙，将浮起的醪盖压入醪液中，揭去保温物，又经8～12h，再进行第二次打耙，将缸盖掀起或去掉，一般经过7天发酵即告成熟，即可进行压榨。

(6) 压榨、熟成　过去压榨使用木榨，现在改用板框式气膜压榨机，榨出清酒。经过澄清和加热灭菌，泵入不锈钢陈储罐，经过90天的熟成，产品风味得以大幅度提高，装瓶、灭菌后出厂。

三、福建龙岩沉缸酒

龙岩沉缸酒历史悠久，17世纪明代末叶即有酿造。今福建龙岩酒为国家名牌产品，以优质糯米为原料，自产药曲、散曲及厦门白曲三种为糖化发酵剂，发挥了多菌种混合发酵的优势，先制成甜酒酿，再分别投入古田红曲改进其色泽，用大米白酒抑制酵母菌的酒精发酵，而获得高糖分含量的黄酒。该酒在酿造时酒醪必须沉浮三次，最后沉于缸底，所以称作沉缸酒。沉浮三次，“沉”就是加烧酒抑制了酒精发酵后酒精发酵停止，无CO_2气泡使其沉下的现象；“浮”是酒精发酵旺盛，CO_2气泡大量上冒将酒醪浮起的现象，加酒后不沉或沉浮不到三次，说明其含糖量不够，质量不佳，是完全有道理的。

该酒的色泽鲜艳，有来自红曲的琥珀光泽，酒香浓郁、风味独特是其最大特点。饮后余味绵长，糖度虽高而无黏甜感，诚属佳品。

(一) 对原料及曲的质量要求

1. 糯米

精白度应在88%～90%，蛋白质应在8%以下，脂肪含量在

2%以下。没有虫蛀，无霉烂，颗粒完整饱满，糯性强，蒸熟后的饭软而黏，可溶性无氮化合物含量在70%以上。杂米不得超过8%，碎米不得超过5%，水分在14%以下。

2. 米白酒

米白酒的色、香、味对沉缸酒质量的影响很大，应储存三个月以上，另外须符合下列感官指标及理化指标。

（1）感官指标　无色清亮，无悬浮物质及沉淀，具有小曲白酒的清香，无杂味，味道醇正，无焦苦及其他异味。

（2）理化指标　酒精含量：(53±0.3)%；总酸（按乙酸计）：0.01～0.05g/100mL；总酯（按乙酸乙酯计）＞0.025g/100mL；总醛（按乙醛计）＜0.009g/100mL；甲醇＜0.04g/100mL；铅＜1.0mg/L。

3. 古田红曲

一般以轻曲2号和库曲为主，要求外观呈枣红色，内红稍带白心，相对密度较小，置于水中漂浮而不下沉，既不过老又不过嫩，应有红曲香，无虫蛀，不霉不潮，糖化力28左右（以林德纳值计算），酸度0.8g/100mL以下（直接测定），水分在11%以下。

4. 药曲

自制，据说所用中药达30多种，成品要求曲粒洁白，无杂色，菌丝丰满，曲心带黄色，质地疏松，曲心有一定量菌丝生长，具有特殊的药曲香，无酸、霉、坏等异杂气味。

5. 散曲

外观要求菌丝多，结块好，有正常曲香，无不良气味，无杂菌，以手握有弹性，口尝略带苦涩味，不酸不甜，此外，要求糖化力在2.5以上，发酵力110以上，酸度0.2g/100mL以下，水分含量在2.8%以下。

6. 厦门白曲

以白曲根霉2号纯粹培养而成，外观要求菌丝多，结块良好，有正常曲香，手压有弹性，无干皮，无杂菌，无不良气味，糖化力在3.5以上，酸度在0.3g/100mL，水分在28%以下。

（二）工艺流程

福建龙岩沉缸酒生产工艺流程见图 5-16。

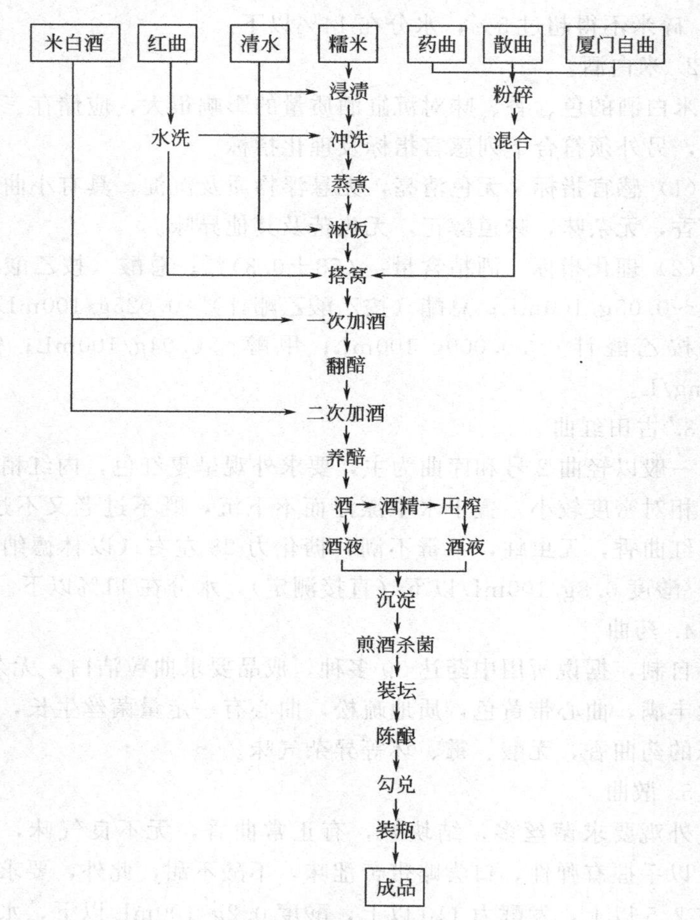

图 5-16　福建龙岩沉缸酒生产工艺流程

（三）工艺要点

（1）原料配比　糯米 30kg，米白酒 25kg，古田红曲 1.5kg，药曲 0.1kg，散曲 0.05kg，厦门白曲 0.05kg，水 22～25kg。应该根据气温变化及曲的质量好坏，进行适当的调整。气温高时，可适当增加米白酒的用量，药曲糖化力、发酵力高，酸度低时，应减少散曲及厦门白曲用量。

（2）浸米　浸米池要刷洗干净，并定期用石灰水灭菌，冲洗干净，装好清水，然后将定量的米投入，耙平，放水至高出米表面6cm，用铲子上下翻动，洗去糠秕，把水放掉，再用清水冲净池壁及米表面上的水沫，待水流尽关闭阀门。再度放水洗米，捞去水面漂浮物，进行浸渍。注意水面保持在浸米之上，浸米时间夏秋季一般10～14h，冬春季12～16h，用手捻即粉碎，吸水率可达33%～36%。

（3）蒸饭　将浸米捞起放入竹箩，用水冲洗至水清，并淋干，将浸米分为两份，先将部分装入蒸桶扒平，待蒸汽全部透出米面，将所剩浸米均匀地撒至透气部位。撒完待蒸汽完全冒出米面，即可盖上麻袋，闷蒸30～40min。如米质硬，每甑可淋入温水1～1.5kg，再蒸15～20min，以便蒸得匀透，软而不烂，无夹生米心。蒸饭过程吸水率可达14%。

（4）淋饭　饭蒸熟后抬至淋缸的木架上，用冷水冲淋降温，淋水用量根据气温、水温及要求品温进行调整，其目的是使米饭温度内外一致，取淋缸内温水复淋的水温也要根据下缸品温及室温而定，其间的关系见表5-11。

表5-11　淋水及复淋水用量、复淋水与室温的关系

室温/℃	淋饭用冷水量/kg	复淋用温水量/kg	复淋水温/℃	淋水后饭温/℃
10～15	60	30	50～60	34～36
15～20	60	30	40～50	32～34
20～25	60～90	30	30～40	25～32
25以上	105			25以下

（5）落缸搭窝　称好每缸所用各种曲的重量，边下饭边撒曲，然后用手翻拌均匀，用木棍在缸中央摇出一个V形窝，冬季窝要小些，窝口直径约20cm，夏季窝要大些，窝口直径25cm，用手将窝表面轻轻抹平，以不使饭粒下塌为度，再用竹扫帚扫去缸壁所附

着饭粒，用湿布擦净缸口，插入温度计，盖上缸盖，冬天注意保温，室温与落缸品温的控制很重要。沉缸酒落缸搭窝品温的控制情况见表5-12。

表5-12 沉缸酒搭窝时温度的控制

室温/℃	10～15	15～20	20～25	25以上
落缸后品温/℃	32～34	30～32	28～30	28以下

(6) 第一次加酒　落缸12～24h后，饭粒上开始有白色菌丝生长，缸中已开始较旺盛的酒精发酵，发出CO_2嘶嘶冒出的声音，用手轻轻地下压饭面，就有气泡外溢，同时饭面下陷，饭粒已无强度而似乎已分解成空壳，窝内已有糖化液出现，略带酒味，最高品温可达37℃，发酵已很旺盛。36～48h后，窝中聚积糖液4/5，酒精含量3%～4%，加第一次白酒前将称好的红曲倒入另一缸内，加100%清水洗涤，清除孢子、灰尘和杂质，立即倒入箩筐内淋干，加酒时先把淋干红曲均匀地分放各缸，倒入配料规定的20%米白酒（每缸约5kg），用手翻拌均匀，擦净缸壁，测定品温，加盖保温。

(7) 翻醅　加酒后约24h（气温高时约12h）进行第一次翻醅，然后用手将缸内四周的醪盖压入液下，把中心部位的醪盖翻向四周，使中央形成一个锅形洞。上、中、下品温差别在2℃以下，室温在25℃以上时每天翻两次，室温在25℃以下时，应每天翻一次，翻醅时间要根据经验掌握，这时醪液逐渐变甜，酒的辣味减少。

(8) 第二次加酒　落缸后7～8天（秋、夏季5～6天）酒醪温度在28℃以上，酒精含量9%以上，总酸0.5g/100mL左右时，即可第二次加酒，将剩余的80%白酒（每缸约20kg）倒入醅内搅拌均匀，擦干缸壁，加盖密封。如发酵缸下酒不够用，可并缸或分装于清洁酒坛中。加盖后用两层漆纸扎紧坛口，堆叠整齐。

(9) 养醅（熟成）　加完二次酒后进行熟成，使微弱的糖化发酵作用持续进行，产生芳香成分，消除强烈白酒气味，增加醇香、柔和及协调感。养醅时间根据气温灵活掌握，一般在40～60天。

当酒醪糖度达到25%～27%，酒精含量降至20%以下，酸度上升到0.4%左右时，即可压榨。熟成期间不宜经常开启，更不应搅动酒醪，以免感染杂菌。

(10) 抽酒 发酵好的酒醅用泵或勺桶送入另一口已灭菌的空缸上架好的分离筛内，使酒液与糟分离，糟送去压榨。

(11) 澄清 将抽出及压榨的酒液都泵入澄清桶内，加酱色，搅拌均匀，静置5～7天，泵入储桶内，灭菌，沉降的酒糟最后进行压榨。

(12) 压榨 将糟醅搅匀，用漏斗灌入绸袋，扎紧袋口，用清酒液冲去绸袋外面的糟粕，下接木挽斗，轻轻放入木榨内，排列整齐，一层一层往上堆叠，至糟醅装毕为止。先利用绸袋内的糟液本身重量压出酒液流入下接的缸内。当流量逐渐减少时，陆续在榨杆的另一端添加石块，使石块的重量以不流出浑浊液为度。经5～7h，袋内糟醅中大部分酒液已经流出，糟粕压成饼状。此时打开木榨，取出绸袋，解去扎口绳，在绸袋的1/3处折叠起来，整齐排列在榨箱内，重新加石块压榨，第二天取出重新折叠重复压榨一次，至第三天压榨结束，取出绸袋中压干的糟粕于箩中。压出的酒液并入沉淀桶内，将其混合后澄清。

(13) 沉淀 将抽出和压出的酒液一起泵入沉淀桶内，根据酒色每50kg酒液加糖色0～70g不等，搅拌均匀，静置5～7天，将上部澄清透明的酒液泵入储酒桶内灭菌。沉淀物压榨。

(14) 煎酒（灭菌） 将储酒桶内经沉淀的清酒液泵入管式灭菌器内，开启蒸汽阀门，注意调节酒液流量，使热酒管的温度达86～90℃，灭菌后的新酒装入已洗净并经严格灭菌的酒坛内，每坛盛酒25～30kg，坛口立即盖上瓦盖，以减少挥发损失。待坛内酒温稍冷时（一般是第二天早晨），取下瓦盖，加上木盖，用三层棉纸、三层板纸涂以猪血石灰浆密封坛口，并在坛壁标注生产日期、成酒日期、皮重、净重后进库储存。

(15) 陈酿 为了提高酒质，使糖、酒、酸成分协调，增加酒的醇厚感，必须经较长时间的储存，沉缸酒一般储存期为三年。储存过程应经常（最好每季）检查一次储存库，检查酒坛有无渗漏，以便及时更换或改正。储存库要求干燥、通风，无直射阳光。

（16）勾兑、包装 为了达到统一的质量标准，必须将每批不同质量的酒进行勾兑。勾兑是由专职人员先经小试验，确定勾兑配方，再进行大型勾兑。勾兑好的酒装入预先洗刷干净并经严格灭菌的瓶中。

（四）成品质量

一般龙岩沉缸酒内销陈储两年，外销为三年，若储存时间4～5年味道反而不好，焦香味突出。其成品酒的质量见表5-13。

表5-13 龙岩沉缸酒成品质量（其中固形物含量以质量百分比计）

名称	优级酒	一级酒
酒精/%	14±1	16.0±1
总糖/%	25.5±1	22.5±1
总酸/%	0.38±0.04	0.36±0.06
挥发酸/%	<0.09	<0.09
固形物	27.0±1	24.0±1

四、丹阳封缸酒

丹阳地处江苏省南部，土地肥沃，盛产糯稻，素有“酒米出三阳，丹阳为最良”之说，历史上绍兴酒也是外购丹阳糯米酿制的，丹阳封缸酒当然也是以当地盛产的优质糯米为原料，这种糯米性黏，颗粒大，易于糖化，发酵后糖分高，糟粕少，出酒率高，非常适合生产糖度高的甜型黄酒，并且以酒药为糖化发酵剂，在糖化发酵中，糖分达到最高峰时，兑入50°以上优质的小曲米烧酒，抑制酒精发酵，保持高度糖分，经过一定发酵，提取60%澄清酒液，再将残余醪液压榨出酒，勾兑在一起，灌坛陈酿方为成品。酒液明亮，呈琥珀色或棕红色，香气醇浓，口味甜香而独特，别具一格。酒度14°，糖分28%以上，总酸0.2%以下。

（一）工艺流程

丹阳封缸酒生产工艺流程见图 5-17。

水 → 浸渍；水 → 洗米；水 → 淋饭；酒药 → 搭窝；米白酒 → 加酒

糯米 → 浸渍 → 洗米 → 蒸煮 → 淋饭 → 搭窝 → 加酒 → 搅拌 → 进罐 → 熟成 → 压榨 → 澄清 → 勾兑 → 装瓶 → 成品

图 5-17　丹阳封缸酒生产工艺流程

（二）工艺要点

（1）原料配方　按每罐酒用量计：糯米 10000kg，酒药 40kg，米白酒 5000kg，水适量。

（2）浸渍　用真空输送机将原料糯米吸入浸米池中，注入清水，使水面高出米层 15cm 左右，一般浸渍 6～8h，实际应根据气温而决定浸渍时间，吸水率达到 25%～30%，用手捻之即碎为度。

（3）洗米　浸渍好的糯米须洗至无白浊水流出为止，并淋干，然后用蒸饭机蒸煮。

（4）蒸煮　由于丹阳糯米质量好，吸水率高，易于蒸熟，可以达到外硬内软，内无硬白心，蒸后疏松不黏，透而不烂，所以淀粉糖化完全，发酵正常，为提高酒的质量创造了基础条件。

（5）淋饭　淋饭是将清洁冷水从米饭上面淋下，使糯米降温的同时淋去糯米表面黏附物质，使糯米疏松，并增加米饭的含水量，有利于拌酒药和搭窝操作，也有利于搭窝后糖化及酒精发酵顺利进行。

（6）搭窝　冷却至规定温度后的米饭倾入发酵缸中，每缸投入 150kg 米饭，然后按原料米重量的 0.4% 拌入酒药，拌匀后搭成 15cm 直径的 V 形窝，要求窝米饭疏松，以不下塌为度，增加与空气接触面积，有利于根霉及酵母的增殖，并在表面上撒些酒药，加稻草盖保温，经 24h 窝中已出现糖液，泼洒在饭面上，促进糖化和酵母的增殖，48h 后，品温会逐渐下降至 24～26℃，糖液几乎快满窝，糖化已达到最高峰。

（7）加酒　糖化进行到 72h，即加入 50°白酒，每百千克原料米加白酒 50kg，然后用木耙搅拌均匀，并入大罐，进行熟成，约 100 天即可压榨。

（8）压榨　丹阳封缸酒醪的糖分高，黏稠，比一般干型酒压榨困难得多，因此现已改用板框式气膜压滤机，较原用木榨效率提高。压榨后的榨饼尚含挥发成分 40%～49%。

（9）陈储　为了保证封缸酒的风味，压榨出的酒不经灭菌，直接泵入罐储存，进行陈酿及澄清。老熟后的封缸酒经过勾兑，即可出厂。

（三）质量标准

丹阳封缸酒的质量要求为：酒精度（14±0.5)%，糖分28%～30%，酸度 0.5%以下。

第六章 配制酒

第一节 配制酒概述

一、配制酒含义与特点

配制酒（Integrated Alcoholic Beverages）是以烈性酒或葡萄酒为基本原料，配以糖蜜、蜂蜜、香草、水果或花卉等制成的混合酒。配制酒有不同的颜色、味道、香气和甜度，酒精度从16°～60°不等。法国、意大利和荷兰是著名的配制酒生产国。此外，鸡尾酒也属于配制酒范畴，但是鸡尾酒是在饭店、餐厅或酒吧配制，不是酒厂批量生产，其配方灵活，因此鸡尾酒常作为一个独立的种类。

二、配制酒的起源

我国早在3000年前就有香草药酿制配制酒的记载，药酒和补酒是我国配制酒的雏形。中医6种方剂中的汤剂即为最早的配制酒。最早是用黄酒，而后用白酒为溶剂，浸泡药材制成。近代才出现以葡萄酒、果酒或食用酒精为酒基制作配制酒。配制酒的配方由原先的“一酒一药”逐渐发展到使用多种药材。

早在1600年前，欧洲的贵族们就雇用药剂师以葡萄酒为酒基，用芳香植物浸泡制成餐前饮用的开胃酒。到了公元13世纪，阿拉伯人将蒸馏技术传至西班牙，有位名叫ArnandeVilanova的医生运用蒸馏法去除酒中使人不悦的成分，有效地提高配制酒的品质，被誉为“近代利口酒之父”。时至今日，色泽与口味多样的利口酒已成为西方上流社会人士的佳饮。

三、配制酒的分类

由于配制酒是一类较为复杂的酒品，其在分类方法上也不统一，以下介绍较为通用的分类方法。

（一）按照饮用时间分类

（1）开胃酒（Aperitifs） 开胃酒宜于餐前饮用，具有刺激食欲的作用。其主要有味美思、比特酒、茴香酒三种。

（2）甜食酒（Dessert Wines） 甜食酒宜与甜点配饮，如雪利酒、波特酒、马德拉酒等。

（3）利口酒（Liqueurs） 利口酒宜餐后饮用。它是一种以葡萄酒、食用酒精或蒸馏酒为酒基，以各种调香物料配制并经过甜化处理的酒。以下简要介绍利口酒的分类。

（二）按照香料的类型分类

（1）果料利口酒（Liqueurs de Fruits） 由以下三部分组成：以果实及果皮为果料，以糖浆或蜂蜜为糖料，以白兰地等蒸馏酒或食用酒精为酒基。常用浸泡法生产，产品风格独特、口味清新，宜于新鲜时饮用，如君度香橙、马尼尔等。

（2）草料利口酒（Liqueurs de Plants） 以草本植物为香料。其生产工艺颇为复杂、独特，许多产品历史悠久，且原料配比及具体生产过程秘而不宣，带有浓厚的神秘色彩，如修道院酒、修士酒、杜林标等。

（3）种料利口酒（Liqueurs de Grains） 以植物的种子为香料配制而成。通常选用含油高、香味较强的坚果种子，如茴香利口酒、加利安奴酒、咖啡乳酒等。

（三）按照制作方法分类

（1）蒸馏法 把基酒和香料同置于锅中蒸馏而成，香草类利口酒多用此法。

（2）浸渍法 把配料浸入酒中，让香味和成分自然析出，该法使用较多，如梅子酒用此法制成。

（3）滤出法 过滤板上面的圆球内放置香料，下面的圆球内盛酒基，将酒液加热使其在循环往复中不断渗透萃取香料中的成分。

（4）香精法　香料或合成品调入基酒中，法国禁用这种合成法，但是有些国家仍把合成香精与中性酒精配合，这样制成的酒品质比较低劣。

（四）按照所用的香料分类

（1）花果配制酒　花果配制酒是以花类的花、叶、根、茎或果汁、果实发酵原酒为香味来源的配制酒。如花香明显的桂花酒、玫瑰酒等，果香明显的山楂酒等。该类酒的酒度为18%～55%（体积分数），含糖量在30g/100mL以下。

（2）植物类配制酒　植物类配制酒是使用不同酒基，以植物药材为香源的配制酒，要求诸香谐调，如五加皮、莲花白、竹叶青等。

（3）动物类配制酒　动物类配制酒是以白酒或黄酒为酒基，以某些有特殊疗效的动物或它们的皮、角、毛、骨、脏器及其制品为香源或特殊成分源制成的配制酒，允许所用药材有明显的特殊芳香，但要求诸香谐调、口味醇正柔和，如鹿茸酒。

（五）按酒基的不同分类

（1）以黄酒为酒基的配制酒，如浙江省江山市的白毛乌骨鸡补酒。

（2）以葡萄酒、果酒为酒基的配制酒，如吉林通化葡萄酒厂的人参葡萄酒。

（3）以蒸馏酒或食用酒精为酒基的配制酒，如五加皮酒、竹叶青、莲花白、十全大补酒、园林青酒等。

第二节　配制酒基酒生产

一、基酒的选择

生产配制酒所用的基础酒简称基酒，或谓酒基，是配制酒的酒精之源，所以就广义而言，食用酒精也属于酒基的范畴。但为叙述得更清楚起见，将食用酒精及其处理方法予以单独介绍。

原则上凡是白酒、黄酒、果酒、葡萄酒及啤酒乃至奶酒等饮料酒均可作为配制酒的基酒，这些基酒也是配制酒香味的来源之一，会直接影响配制酒的质量。因此，基酒必须符合国家规定的无异香、无邪杂味，以及符合各项理化和卫生指标。

若采用白酒为基酒，以清香型白酒较为理想，因为只有清香、洁净的基酒才能烘托出所加香材的特性，以达到多种香味融为一体而且和谐的目的。例如，“竹叶青”以汾酒为基酒，使其酒体完整，风格独特，比使用食用酒精效果要好些。通常，凡是酱香型或浓香型的白酒，不宜直接用作配制酒的基酒。因其酱香突出、窖香浓郁，这些酒香往往会破坏配制酒的特有香味和风格，甚至会使成品酒产生欠愉悦的感觉。所以若以浓香型、酱香型或其他香型白酒等为酒基，通常应与一定比例的清香型或米香型或食用酒精并用。有些配制酒可采用米香型白酒为基酒，因其主体香成分是乳酸乙酯和乙酸乙酯。例如，华南等地以米香型白酒为基酒，与花香、中草药等融合后，其风格格外谐调诱人，故这类产品深受广大消费者的青睐。

若以黄酒、果酒、葡萄酒为基酒，则配制的成品酒要有口味协调、纯正感，不能有异香或口味寡淡感。

自 20 世纪 80 年代以来，出现了以啤酒为基酒，加糖调香而成的配制酒，如“啤乐”、“百乐啤”等，但其品质有待于提高。

实践证明，即使是同一类型的基酒，如清香型白酒，因每厂的原料、工艺、水质等不同，其质量也不尽相同。所以，必须根据各地消费者的生活习惯，有目的地通过试验选好配制酒的基酒。

总的说来，配制酒的基酒有单一及复合之分。现举例分述如下。

（一）单一基酒

（1）用白酒为基酒　如四川渝北酒厂的绿豆大曲酒，以大曲浓香型白酒为基酒，与绿豆及鲜边油等动植物香源配制而成。故香气芬芳、口味醇厚，风格独特。

（2）以白兰地、威士忌、老姆酒等蒸馏酒为基酒，与不同香源配制成众多的利口酒。

(3) 以优质精馏酒精为基酒，与香材进行串蒸等制成产品，如金酒等。

(4) 以果酒葡萄酒等酿造型原酒及食用酒精为基酒，与不同香源配制成诸如“北京桂花陈”、各种果子汽酒及“小香槟”等产品。

(二) 复合基酒

(1) 蒸馏酒与蒸馏酒及食用酒精组合　如前所述，可以用两种或两种以上的白酒或食用酒精进行组合，生产各种配制酒。如哈尔滨酒精厂，利用白酒和食用酒精为基酒，采用芳香植物调香，再蒸馏配制成五加白酒；黑龙江三江酒厂以粮食白酒为基酒，浸泡人参、黄芪、刺五加等中草药，配制成酒度较低的人参酒。以不同香型白酒等调配而成的低酒度调香白酒，也属于配制酒的范畴。

(2) 蒸馏酒与酿造酒组合　这种组合方式较为普遍，可与各种香源配制成不同酒度的产品。

(3) 酿造原酒之间相互组合　如将不同色泽、质量的红葡萄酒、白葡萄酒、桃红葡萄酒进行组合；或家葡萄酒与山葡萄酒、黑加仑酒等果酒相结合；或将元红、加饭、善酿、香雪等黄酒组合成不同的基酒，用以生产颇具特色的配制酒。

二、食用酒精及其处理法

生产配制酒所用的酒精，必须起码达到食用级的标准，该标准可参见 GB 10343—2008。但是，这个标准与先进国家的食用酒精标准相比，水平还是较低的。例如，欧美早就采用五塔蒸馏等技术，制取优质特级食用酒精；日本采用真空蒸馏法排除丙醇等中沸点杂质，制取优质食用酒精。我国有些厂生产的所谓食用酒精，仍允许有一定量的杂质，若加水稀释后，有一股令人不愉快的气味，用以调配成配制酒而未经储存时，有时会呈现通常所说的“酒精味”。而国外一些特级食用酒精用水稀释后，呈微香微甜感。实践证明，有些食用酒精中的许多杂质的“感知阈”是很低的，将其稀释后不易尝出怪味，采用一般的常规分析方法也不易检出。因此，有些酒厂在使用生产配制酒的食用酒精时，还需进行必要的处理。现将有关方法介绍如下。

（一）吸附法

1. 活性炭吸附脱臭法

该法对有害成分的处理不够彻底。活性炭是将木质碎屑经高温灼烧而成的多孔结构的炭，活性炭的总表面积为500～1000m^2，故具有较强的吸附作用。活性炭有棒状、颗粒状及粉末状之分。若将颗粒状活性炭装入几个串联的柱形塔中，酒精以一定的流速通过各塔，就得以处理；也可将颗粒状或粉末状活性炭与酒精在容器中搅拌、吸附一定时间后，再进行过滤。活性炭的用量为酒精质量的0.05%～0.3%。具体用量可通过小试验确定。例如，用 7 个容量为 500mL 的具塞量筒，加入相同量经稀释为40%～65%（酒精体积分数）的待处理酒精。其中第一个量筒内不添加活性炭，作为空白的对照试样；其余 6 个量筒中依次分别加入酒精质量 0.05%、0.1%、0.15%、0.2%、0.25%、0.3%的活性炭，并加塞充分摇匀后静置、计时、定时取样分析及品尝、对比，从中求知活性炭的恰当用量及脱臭时间。若试样中因含有活性炭而浑浊，则须用滤纸过滤后再分析、品尝。要求经活性炭处理后合格的酒精，用水稀释1～2 倍时，须澄清透明，无不愉快的异杂气味，但允许有极微弱的炭气味。事实证明，由于生产食用酒精及活性炭的原料、设备及工艺等千差万别，所以各厂出产的食用酒精及活性炭的实际质量也均有差异，因此，作上述小试验是完全必要的。具体实例如下。

(1) 小型厂实例　将 100L 浓度为 40%～65%的食用酒精与应加量的粉末状或颗粒状活性炭在大缸中充分搅匀后，加盖放置36h。其间搅拌 6～8 次，每次不少于 5min。再用砂缸或多层布袋过滤，最后将滤液经过滤器过滤一遍即可。

(2) 大、中型厂实例　先将食用酒精泵入 5t、10t、20t 等容量不等的基酒处理罐，加水稀释至浓度比所需酒度高 0.5%～1%。再将应加量的活性炭加入罐中，然后将罐中的物料使用酒泵进行循环，或以压缩空气搅拌 1h。过滤后，再如此搅拌 1h。静置 12～

24h 后，用天津过滤器厂的 101 型过滤器或板框过滤器过滤即可。

2. 桦木炭吸附脱臭法

将桦木（硬木）灼烧，使其充分炭化，直至不冒生烟并全部红透，经自然熄灭后，再打碎、筛除灰及细粒，用清水冲洗、晒干，即为木炭。以白桦木炭为最佳材料。

将桦木炭装入 3 个用管道串联、其底部设有筛板和阀门的立式塔柱中。用蒸馏水或离子处理水稀释酒精至浓度为体积分数 45% 左右。酒精流经新炭柱的时间约为 2h。若时间太短，则不良气味难以脱尽；若时间过长，则酒精呈苦味并有木炭气味。若经一次处理后的酒精，通过检验和品尝还未达到预定要求，则可再循环一次，并严格控制流速，以免处理过头。

3. 活性炭及桦木炭的再生法

活性炭或桦木炭经使用一定时间后，应及时进行再生，即通常所说的“脱附”，除去吸附着的污物，并与适量的新炭混合后再使用，以保证应有的吸附效率。再生方法有如下两种。

（1）蒸汽吹洗、碱液淋洗法　该法适用于处理柱内颗粒活性炭或桦木炭。具体步骤如下。

① 反洗　用清水以 8～10L/（m^2·s)的强度反洗15～20min。

② 蒸汽吹洗　以 0.3MPa 的饱和蒸汽吹洗 15～20min。在高温高压下使有机物“脱附”。

③ NaOH 溶液淋洗　使用炭体积 1.2～1.5 倍、浓度为6%～8%、温度为40℃的 NaOH 溶液淋洗炭层，使污物进一步“脱附”。

④ 正洗　用清水冲洗至排出的水呈中性为止。

（2）酸泡、热处理法　使有机物分解为 CO_2 和水，并得以挥发。具体步骤如下。

① 用水冲洗。

② 用浓度为 4%的 HCl 浸泡 6～12h。

③ 再用水冲洗至排出水呈中性。

④ 将炭置于热处理设备中，在 200～800℃之间逐渐升温，使有机物分解后挥发。

⑤ 再在800～950℃下焙烧1～1.5h，促使有机物充分分解后挥发。

⑥ 冷却后用水漂洗。

⑦ 过筛除去粉末及小粒。

（二）化学精制重蒸法

采用高锰酸钾（$KMnO_4$）及NaOH将稀释后的酒精处理后，再进行蒸馏。

1.原理

$KMnO_4$是一种强氧化剂，可将酒精中的甲醇、甲醛、乙醛等氧化为酸类等成分，并生成二氧化锰（MnO_2）；NaOH可中和甲酸、乙酸等有机酸，生成不挥发的盐类；最后蒸馏时，可将MnO_2等残留于废液中，有些酒厂在酒精中添加一定量的$KMnO_4$后，不经蒸馏就直接使用所谓的“上清液”，这种做法是不可取的。

2.NaOH及$KMnO_4$的用量

若酒精体积分数为65%，则NaOH的用量为酒精质量的0.08%～0.09%，$KMnO_4$的用量为酒精质量的0.01%～0.03%。若高锰酸钾使用过量，则会使酒精也被氧化；若NaOH使用过量，也会影响酒精质量。何况所用的每批酒精的质量也不尽相同。因此，应通过认真测定，以确定NaOH及高锰酸钾的实际适宜添加量。具体测定方法如下。

（1）求NaOH的用量　将100mL待处理的酒精加入容量为200mL带有回流冷凝器的烧瓶中。再加10mL浓度为0.1mol/L的NaOH溶液，加热回流1h。待冷却后加入1～2滴酚酞溶液。再加入10ml浓度为0.1mol/L的H_2SO_4。最后以0.1mol/L的NaOH溶液滴定至粉红色，在0.5min内不消失，即为滴定终点。从滴定所消耗的NaOH溶液体积（mL），即可计算出中和该酒精中的总酸所需加入的NaOH量。

（2）求$KMnO_4$的用量　取待测酒精50mL装于滴定管中。再在容量为100mL的三角瓶中加入浓度为0.0002g/L的$KMnO_4$溶液5mL，以每分钟20～30滴的速度匀速将酒精滴入三角瓶中，直至呈淡红黄色为止。

3. 具体操作

先将待处理的酒精稀释至所需的浓度，再将预先溶解好的 NaOH 溶液应加量的一半加入酒精，充分搅匀后，边搅拌边加入预先用水溶解的应加量的 $KMnO_4$ 溶液，充分搅匀后静置 6h。然后加入另一半 NaOH 溶液，搅拌 10～15min 后，用塔式蒸馏机进行间歇蒸馏，通常摘除酒头 5%～7.5%、酒尾 7.5%～10%，取中馏部分备用。注意高锰酸钾不能以固态状直接加入酒精，以免局部产生大量热而使酒精燃烧。

（三）离子交换法

采用 732 型强酸性阳离子交换树脂和 717 型强碱性阴离子交换树脂，可除去酒精中一部分杂醇油、醛类、挥发酸等杂质，使辛辣味减弱。两种离子交换树脂可单独使用，也可采取混装或将处理柱串联等方式。酒精在处理前，应先用软水稀释至浓度为 60%左右。

（四）食用酒精的保管

纯酒精易燃，密度为 0.7893g/L（20/4℃），熔点为－117.3℃，沸点为 78.3℃，故应准确计算食用酒精储存容器的体积，并注意其保存条件。

第三节　植物性香源物质与配料

植物性香源物质是配制酒中采用最多的一种配料。了解这些植物性香源物质的来源、分类和主要成分有助于更好地将其应用于配制酒中。一般香源植物的种类可分为 7 类，即草类、根及根茎、花、树皮、干燥子实、柑橘类果皮、多汁果。其味道有芳香的或五香的；果实有新鲜的或干燥的。

一、草类

酒用香源植物中的草类主要有以下三种。①唇形花科的主要特征是有二唇形花冠，四棱形的茎，对生的叶和分枝，由 4 个单子组成的坚果。酒用唇形花科草类植物均属茅香类。②菊科的主要特征是有篮状花序，子实有刷毛，含香精油及苦味质。③龙胆科的特征是有苦味无香味。草类原料包括草本植物或半灌木植物的地上部分的茎、叶和花，最佳部位是枝梢。

（1）无香组 典型代表主要有樱草、睡菜、刺草等。

（2）芳香组 典型代表主要有野苜蓿、满天星、千层楼、毛鞘茅香、海索草、甘牛至、滇荆芥、留兰香等。

二、根及根茎

（1）无香组 典型代表主要有龙胆根龙胆科、拳参蓼科等。

（2）芳香组 典型代表主要有菖蒲、当归根、姜、大黄、缬草根、土木香根、甘草等。

三、花

典型代表主要有刺槐、山金车、香石菊、母菊、玫瑰、香橙花、番红花、金银花、桃花等。

四、树皮

典型代表主要有中国桂皮、锡兰桂皮、奎宁树皮、栎树铯花等。

五、干燥子实

典型代表主要有茴香、橡子、芫荽籽、咖啡、苹澄茄、扁桃、肉豆蔻果、肉豆蔻花、黑胡椒等。

六、柑橘类果皮

典型代表主要有甜橙皮、寇拉梭皮、柠檬皮、红橘皮、圆柚、苦橙皮等。

七、多汁果

典型代表主要包括树木，野生或栽培的灌木、半灌木，草本灌木的果实或浆果。采用鲜果时用于制取加酒精果汁；采用干燥品时用于制取干果的酊剂。

第四节　配制酒生产技术

任何酒都应有其特有的色、香、味所组成的风格，配制酒生产从原料到产品与其他酒种相比都很不规范，没有固定的工艺路线，又没有统一的质量标准，原材料来源广泛，因此，对于配制酒来说，色、香、味等感官质量尤其重要，在此类酒质量评比中，曾对酒的色泽、澄清度、香气、滋味等制定过感官品评标准，可概括为：色泽上要有自然感，香气上要有和谐感，口味上要有舒顺感，风格上要有独特感。

一、配制酒生产基本工艺

配制酒生产的基本工艺过程如图6-1所示。

消费市场、原材料供应等调查 → 新品种设计 → 酒基和主料选择及检测 → 辅助材料、容器等准备 → 按照配方要求计算各种主辅料用量 → 按照配方和配酒要求进行配制 → 新酒陈化处理 → 过滤和澄清处理 → 包装 → 成品

图6-1　配制酒生产的基本工艺流程

（一）选好酒基

配制酒的基础酒俗称酒基或基酒。酒基是配制酒的主要成分，直接影响其质量。酒基要求无异香和邪杂味，符合国家规定的卫生指标。选用酒精为酒基时，应是经过脱臭处理的优级食用酒精。国外的利口酒大多以脱臭酒精为酒基，因为它比较纯净，使调入的呈香物质香气较纯正，典型性较强。如果采用白酒作酒基，以选用清香型白酒较为理想。只有清香、洁净的酒基，才能烘托出加入香料或药材的特征，以达到药香、酒香等诸香和谐，融为一体的目的，一般不宜选用浓香型、酱香型或兼香型的白酒作配制酒的酒基。有的配制酒可采用米香型白酒作酒基。若用黄酒或果酒、葡萄酒为酒基，就会使配制酒的成品酒有协调纯正感，不会有异香感或口感寡淡。

（二）调好香气和滋味

香气和滋味是配制酒中所有呈香、呈味物质在整个酒体中的综

合反映。果香型酒要具有浓郁的果香和酒香，口感达到甜而不腻，蜜而爽口，余香悠长。药香型酒，要具有药香和酒香的和谐香气，并不吐露出某种药香。口感应酒体完整，舒顺绵柔，诸味协调，切记此类酒的产品价值是带有滋补和某种疗效作用的保健酒，其食用价值是喝酒，而不是吃药。洋酒类，口感必须柔和甘洌、醇厚、爽口、顺而不淡、劲而不冲。

香源物质可分为：动植物药材、果实或果汁、果皮、鲜花和香精 5 大类。天然原料要讲究成熟度，洁净新鲜，忌用生青、霉烂、污浊的物质。鲜花应在盛开时节采摘。合成香料在使用种类和用量上都应符合国家标准。

二、配制酒的生产方法

配制酒的香源提取方法有：浸提法、蒸馏法、调配法和压榨法等几种。凡利用香源的滋补为主要目的的酒，一般采用浸提法，包括水浸或水煮，或用酒基浸泡法。凡仅利用原料的可挥发性芳香成分的酒，通常采用蒸馏法。若上述两者要兼顾的酒，再可结合调配法达到目的。为了取得汁液丰富的原汁，可采用直接压榨法或稀释榨取法。方法选择根据产品要求而定。

（一）直接浸渍法

将香料或果汁按配方加到预先稀释的酒基中，浸泡到一定天数再过滤即可。或将浸泡液加水稀释，调整酒度，再加糖浆或色素等，经储存后再过滤。

（二）先预制香料，再按比例加到酒基中

（1）浸泡法　将各种香料，准确按与酒基的配比，浸泡一定天数，取滤液作为香料待用。

（2）水煮法　用直接火加水煮各种香料，再除渣、取汁即为香料。

（3）蒸馏法　用鲜花或药材在酒基中密闭浸渍一定天数，再进行蒸馏，馏出液即为香料。

（三）用醇化果汁作配制酒

（1）加食用酒精　在水果破碎后的自流汁或压榨汁中添加食用酒精，使果汁酒度为 16°～20°。并搅拌均匀。

（2）醇化果汁的澄清　苹果、野樱桃之类的果汁，在添加食用酒精后即可析出沉淀。但许多其他果汁沉淀较缓慢，通常须经10～25天。一般果汁澄清应于密闭容器中进行：有的使用高2～2.5m、容积为2～10m^3的橡木桶澄清。为加速澄清，可添加明胶、皂土或果胶酶等澄清剂。经澄清后的醇化果汁，可用管子虹吸入储存容器备用。沉淀酒脚可经过滤、取液并将残渣蒸取酒精。

（四）鸡尾酒配制

鸡尾酒是临饮用时配制的酒，先将各种酒按规定的配方比例倒入调酒壶或调酒杯内，放入冰块，再加入各种调味、调色物料，混匀后滤入酒杯内，有的再加上点缀物。

三、配制酒调配

（一）调配流程

调配（也称勾兑）操作在搪瓷或不锈钢罐中进行。应用果汁时，先加入果汁和部分水，然后依次加入酒精、水、糖浆、柠檬酸、色素（先加总用量的80%，其余在校正时加入），最后再用剩余水补到规定容积。在应用酊剂和香料酒时，则先加入酊剂、香料酒、酒精、部分水，然后加入糖浆、色素和其余水。每加入一种组分搅拌一次，勾兑结束再搅拌15～20min。勾兑用的柠檬酸是水溶液，香精油为1∶10的酒精溶液，色素先用热水溶化，糖色为1∶1的水溶液。无色成品和有色成品应分别在不同的罐中勾兑，勾兑完毕取样分析。如分析结果与配方不符，则需补加组分校正，再次搅匀后分析。苦酒勾兑料用酒精或水校正；甜酒则用酒精、糖和酸校正。

（二）各种配料用量的计算

计算配料时应考虑到半成品和原料中所含有的浸出物、酒精、糖和有机酸的总和。如理化指标中的浸出物含量包括：醇化果汁、酒精浸出汁、糖浆、淀粉糖浆、蜂蜜等所有配料中的浸出物含量总和。理化指标中的酸含量亦为各种半成品带入的有机酸和补加进去的酸的总和。各配料的计算公式如下。

1. 酒精计算公式

$$X=\frac{V\cdot a-V_1\cdot b}{N}$$

式中 X——酒精用量，L；

V——调配后总量，L；

V_1——醇化果汁或原酒量，L；

a——调配后要求的酒度，%；

b——醇化果汁或原酒酒度，%；

N——使用酒精的酒度，%。

2. 砂糖计算公式

$$X_1=\frac{V\cdot a_1-V_1\cdot b_1}{K_1}$$

式中 X_1——砂糖使用量，kg；

V——调配后总量，L；

V_1——醇化果汁或原酒量，L；

a_1——调配后要求的糖度，°Bx；

b_1——醇化果汁或原酒的糖度，°Bx；

K_1——所用砂糖的纯度（一般以100计）。

3. 柠檬酸计算公式

$$X_2=\frac{V\cdot a_2-V_1\cdot b_2}{K_2}$$

式中 X_2——柠檬酸使用量，kg；

V——调配后总量，L；

V_1——醇化果汁或原酒量，L；

a_2——调配后要求的酸度，g/100mL；

b_2——醇化果汁或原酒的酸度，g/100mL；

K_2——所用柠檬酸的纯度（一般以98计）。

四、糖浆与糖色的制备方法

虽然现在有很多品种的糖浆与糖色商品，但是有些情况下可能也需要企业自己生产，现将方法介绍如下。

（一）糖浆的制备

糖浆的制备有冷法和热法两种。其浓度则有65.8%（每升含蔗糖869.3g）和73.28%（每升含蔗糖1000g）两种。配73.28%的糖浆时，先按每千克蔗糖加0.35L计加入软化水，用蒸汽夹套将水加热至50～60℃，并在不断搅拌下往糖化锅中加入已称量好的糖。糖溶解后将糖浆煮沸两次，并用漏勺撇除泡沫。煮糖时间为30～35min。为避免糖浆结晶，可在煮糖时加入糖量0.08%的柠檬酸。热糖浆应迅速过滤，并冷却到15～20℃。如果糖浆带有黄色可用活性炭处理。由于转化糖的甜度大于蔗糖，近年来转化糖浆在酒厂得到广泛应用。蔗糖的转化可用柠檬酸。方法是当热法化糖结束时，加入10%的柠檬酸溶液。继续将糖浆热至95～109℃，并在间歇搅拌下（每隔15min搅拌30min）保持上述温度转化2h。在此条件下，转化率将不低于50%。采用酶法转化是更好的方法，采用蔗糖酶。现在国外已广泛使用淀粉糖浆。

（二）糖色的制备

使用不锈钢带搅拌的电热平底锅，将称量好的蔗糖投入锅中，使蔗糖的体积占锅容积的30%～35%。在间歇搅拌（每隔5～10min搅拌1～2min）下加热。当温度达到100℃时，糖即溶化并变色。当温度达到175～180℃时，在不断搅拌下，进行焦糖化10～20min。停止加热，继续搅拌10～15min，然后用60℃的水稀释，先注入细小水流，当温度降至100～105℃，再注入其余水量。加水量以制成的糖色相对密度达到1.35（20℃）为准（含糖约50%）。当糖色冷至60～65℃时，停止搅拌，用泵送到储罐。

糖色的得率约为投入糖量的105%～108%。每次制备糖色用时3～5h。糖色也可用结晶葡萄糖或淀粉糖浆制取。

第五节　著名配制酒生产工艺与配方

一、人参枸杞酒

（1）原料配方　人参10g，枸杞35g，熟地黄30g，冰糖50g，白酒 1000mL。

(2) 制作用具　玻璃广口瓶，细布。

(3) 制作过程

① 将人参、枸杞、熟地黄等洗净晾干；人参、熟地黄切成薄片备用。

② 将上述备用原料放入玻璃广口瓶中，加入白酒浸泡。

③ 泡至参、杞色淡味薄，用细布滤除沉淀，加入冰糖搅匀，再静置、过滤，澄清即成。

(4) 用法　每次饮用 15mL，一日 2 次。

(5) 风味特点　色泽浅红，口味甜浓，具有大补元气、安神固脱、滋肝明目的功效。

二、八珍酒

(1) 原料配方　当归 25g，炒白芍 20g，生地黄 15g，茯苓 20g，炙甘草 20g，五加皮 25g，红枣 35g，胡桃肉 35g，白术 25g，川芎 10g，人参 15g，白酒 1500mL。

(2) 制作用具　煮锅，纱布袋，酒坛。

(3) 制作过程

① 将所有的药用水洗净后研成粗末。

② 装进用三层纱布缝制的袋中，将口系紧。

③ 与白酒一同浸泡在酒坛中，封口，在火上煮 1h。

④ 药冷却后，埋入净土中，5 日后取出来。

⑤ 再过 3～7 日，开启，去掉药渣包将酒装入瓶中备用。

(4) 用法　每次 10～30mL，每日服 3 次，饭前将酒温热服用。

三、人参五味子酒

(1) 原料配方　人参 45g，鲜人参 10 支，五味子 200g，白酒 1500mL。

(2) 制作用具　研钵，玻璃广口瓶。

（3）制作过程

① 将五味子研碎，人参切片，与五味子混匀。

② 用白酒浸渍 72h。

③ 分装 10 瓶，每瓶放入鲜人参 1 支，密封，浸泡，备用。

（4）用法 每次服 20～30mL，日服 2 次。

（5）风味特点 色泽浅黄，口味微苦，具有补气强心、滋阴致开的功效。

四、干味美思酒

（1）原料配方 苦橘皮 2g，紫菀 2g，胡荽子 0. 5g，土木香 0.5g，龙胆草 0.5g，肉豆蔻 0.5g，鸢尾草根 1g，苦艾 1. 6g，白葡萄酒 500mL 柠檬酸 4g，白砂糖 40g。

（2）制作用具 煮锅，玻璃容器。

（3）制作过程

① 干净煮锅，将苦橘皮、紫菀、胡荽子、土木香、龙胆草、肉豆蔻、鸢尾草根、苦艾放入，加适量沸水，置于火上煮沸，改用文火继续煮 10 分钟，即离火冷却，倒入干净玻璃容器内，密封浸渍 8～10 日后，进行过滤，去渣取液，待用。

② 取干净容器，将白砂糖放入，加少量沸水，使其充分溶解，然后将白葡萄酒加入，搅拌均匀，再将苦橘皮等混合浸出液放入，搅拌至混合均匀，最后将柠檬酸放入，搅拌均匀。

③ 将容器盖盖紧，放在阴凉处储存 1 个月，然后启封进行过滤，去渣取酒液，即可饮用。

（4）用法 口服，每次 25～50mL，日服 2 次。

（5）风味特点 色泽浅黄，口味清爽，润喉开胃。

五、五加皮酒

（1）原料配方 党参 0. 6g，陈皮 0. 7g，木香 0. 8g，五加皮 2g，茯苓 1g，川芎 0. 7g，豆蔻仁 0. 5g，红花 1g，当归 1g，玉竹 2g，白术 1g，栀子 22g，红曲 22g，青皮 0. 7g，焦糖（色素）4g，

白砂糖 500g，肉桂 35g，熟地黄 0.5g，食用脱臭酒精 5000mL。

(2) 制作用具 研钵，玻璃容器。

(3) 制作过程

① 将党参、陈皮、木香、五加皮、茯苓、川芎、豆蔻仁、红花、当归、玉竹、白术、栀子、红曲、青皮、肉桂、熟地黄依次放入研钵内，将其捣碎或碾成粉状，待用。

② 取干净玻璃容器，将白砂糖、焦糖放入，加适量沸水，使其充分溶解，然后将党参等混合物料放入，搅拌均匀，浸泡 4h 后，再将食用脱臭酒精放入，搅拌至混合均匀，继续浸泡 4h。

③ 将容器盖盖紧，放在阴凉处储存 1 个月，然后启封进行过滤，去渣取酒液，即可饮用。

(4) 用法 口服，每次服 10～20mL，日服 2 次。

(5) 风味特点 色泽浅黄，口味微甜，澄清透明，具有祛风湿、壮筋骨的功效。

六、大补中当归酒

(1) 原料配方

当归 40g，续断 40g，肉桂 40g，川芎 40g，干姜 40g，麦冬 40g，芍药 60g，甘草 30g，白芷 30g，黄芪 40g，大枣 20 个，干地黄 100g，吴茱萸 100g，黄酒 2000mL。

(2) 制作用具 研钵，白纱布袋，煮锅，玻璃容器。

(3) 制作过程

① 将上述药材捣成粗末，装入白纱布袋内。

② 将放入干净的玻璃容器中，用黄酒浸泡 24h。

③ 加水 1000mL，上火煮至 1500mL。

④ 冷却后，去掉药袋，过滤备用。

(4) 用法 每次 15～20mL，每天 3 次，饭前将酒温热服用。

(5) 风味特点 色泽浅黄，口味微苦，具有补虚损的功效。

第七章　中国少数民族酒与洋酒

第一节　中国少数民族酒及生产技术

中国堪称“文明酒国”，是世界上最早发明以曲酿酒的国家，生息于这一文化氛围中的我国各个民族，在漫长的历史发展中，经过文化的交流、整合，逐渐形成丰富多姿的各自的民族酒文化；在劳动生活中创造了独特的酿酒工艺，体现了本民族鲜明的民族气质，创造了各自风格迥异的酒类。

一、少数民族风味酒

（一）草原琼浆——马奶酒

马奶酒，又称作七噶、马重酒、渣酪、乳醅、酸马奶、马酪、搁马酒和马酒等。蒙古语称为“额速克”或“忽迷思”，意为“熟马奶子”。

1. 马奶酒的起源

据记载，人类利用马奶可追溯到公元前2000多年前，古代世界各地的草原游牧民族中，中亚和西亚以及东欧人都有饮用马奶的风俗，还以酸马奶的形式饮用马奶。著名的希腊史学家赫罗多特也记载了公元前5世纪西西塔人就曾饮用和制作酸马奶酒。

2. 马奶酒的酿造工艺

马奶酒的酿造盛行于广大牧区，是蒙古族的传统美酒。每年七八月份牛肥马壮，是酿制马奶酒的季节。勤劳的蒙古族妇女将马奶收储于皮囊中，加以搅拌，数日后便乳脂分离，发酵成酒。

（二）雪域佳酿——青稞酒

生活在青藏高原的藏族、裕固族、土族等多个少数民族都擅长酿制青稞酒，酿酒原料的选用、配制、工艺以及酒文化所附带的风俗礼仪都大同小异。

1. 青稞酒的起源与传承

我国酿制青稞酒的起源，与青海、西藏等地少数民族和生活习惯以及汉藏文化的交流有着密切的关系。酿制青稞酒的主要原料——青稞，就是藏族的传统特色美食。

在距今3500年之前新石器时代晚期的贡嘎昌果沟遗址就有古青稞炭化颗粒的出土，根据王兴先主编的以藏族历史为背景的史诗《格萨尔》的描述，就有青稞酒酿造的详细描述。学术界认为《格萨尔王传》的产生年代不早于11世纪或13世纪前后，以后在流传过程中继续增补而成。我们从中可知，那时酿酒原料已是青稞，其酿法亦完全是复式发酵法。

2. 青稞酒的种类与酿造工艺

(1) 发酵青稞酒　这种青稞酒呈淡黄色，味微酸，是一种不经蒸馏、近似于黄酒的水酒，酒精度一般在5%～20%(体积分数)。分头道、二道、三道三种。

具体的酿造方法和过程如下所述。

首先把青稞洗净，注意不能让青稞在水里洗得时间过长。然后倒进锅内煮熟，放入多于青稞容量三分之二的水煮。当锅中的水已被青稞吸收完毕，火即不能烧得过旺，边煮边用木棍将青稞上下翻动，以使锅中的青稞全部熟透，并随时用手指捏青稞粒儿，如仍捏不开，再加上一点水继续煮。等到八成熟时，把锅拿下来，晾20～30min，这时锅中的水已被青稞吸收干。

趁青稞温热时，摊开在已铺好的干净布上降温，然后在上面撒匀酒曲。撒曲时，如果青稞太烫，则会使青稞酒变苦，如果太凉，则青稞发酵不好。

撒完酒曲之后，装入容器密封发酵，一般是把青稞装在锅内，用棉被等包起来保暖。在夏天，两夜之后就发酵，冬天则三天以后才发酵。如果温度适宜，一般只过一夜就会闻到酒味儿。假如一天后还没有闻到酒味儿，则说明发酵温度不够，应在一个瓶子中装上开水，放在保暖的棉被中。

发酵好后要使已经发酵的青稞冷却，这样才能使青稞酒更甜。然后把它装入过滤青稞酒的陶制容器中。酿成醪糟后，加入清水，密封一两天后即可饮用。如果要马上用酒，则加水泡 4h 后即可过滤。如果不急用，则把锅口和滤嘴密封，需要时随时可以加水。头一锅水应加到比发酵青稞高 6～7cm，第二、第三锅水应加到和发酵青稞一样高。

封上锅口的酒，劲儿大，饮之难醉，醉则难醒。埋藏 3～5 年的陈酒，呈蜜状，饮之味浓，香气袭人。

（2）青稞白酒　将醪糟加少量水，进入蒸锅蒸馏，蒸出的液体即是青稞白酒，酒精度可达 60%（体积分数）以上。

还可以用土法蒸馏。即是将醪糟装入陶罐中，加水，罐中架一铜锅，锅沿与罐沿平齐，锅上加一锥形铛，口径略大于罐口。在陶罐底部加温，不断将铛中升温的水换成凉水，使罐中蒸汽凝结为水珠滴到铜锅里，即是青稞白酒。

青海土族人民制作青稞白酒的方法是先将青稞做成醪糟，然后入锅加水蒸馏出酒。酒精度一般在 30%～40%（体积分数），最高可达 60%（体积分数）。

储藏方法较特殊：将酒装入瓷坛中，密封，深埋在羊圈或居室附近的地下，过一年半载挖出来，补充酒液再埋起来，如此反复几次。储藏后的酒色如黄蜜，浓如糖稀，醇香扑鼻，入口绵滑，小酌数杯，即可使人心旷神怡，多饮则沉醉难醒。

（3）青稞干酒　青稞干酒是近年来开发的新型青稞酒，以海拔 2700m 藏区河谷特有的紫红青稞以及欧洲葡萄精华液，配以海拔 6740m 雪域源水精心酿制。酿酒工艺传承自 18 世纪法国勃艮第葡萄园区圣维望教会的传教士，与藏区传统的酿酒秘方相融合，以青稞为原料，经浸泡、蒸煮、糖化、发酵、压榨、澄清、调配及过滤等工艺酿制而成。

青稞加入耐高温 α-淀粉酶搅拌后压扁，发酵温度不超过 30℃，静置 3～4 天后澄清过滤得青稞原酒，制备过程中采用单宁澄清、皂土澄清、冷冻处理以及硅藻土过滤、深层过滤、微孔滤膜过滤处理等技术。

二、少数民族水酒

水酒是发酵酒的一种，按我国最新的饮料酒分类国家标准GB/T 17204—2008规定，属于黄酒的范畴。

（一）大米水酒

典型代表主要有哈尼族紫米酒、布朗族翡翠酒、景颇族水酒、九阡酒、朝鲜族米酒。

（二）其他粮食水酒

典型代表主要有满族糜子酒、彝族辣白酒、彝家老酒、独龙族窖酿酒与竹筒酒、纳西族窨酒与水泡甜酒、怒族杵酒。

三、少数民族烧酒

烧酒指各种透明无色的蒸馏酒，一般又称白酒，随地方不同还有白干、老白干、烧刀酒、烧锅酒、蒸酒、露酒、酒露、露滴酒等别称。

少数民族地区烧酒始于何时，未见确切的记载。最迟在明代中后期，偏僻山区的少数民族也已经熟练地掌握蒸馏酒的技术了。至明末清初，少数民族的烧酒酿制技术已达到了很高的水平，清代以来，烧酒酿制技术在各少数民族中迅速普及。

少数民族烧酒的酿造具有以下共同点：第一，发酵酒曲一般是自行配制的土酒曲，烧酒的风味与品质的不同很大程度上是土酒曲之间的差异造成的。第二，在烧酒酿造进程中，浸泡原粮、蒸烤酒饭所用的水有相当严格的要求，有好水才能酿出好酒是各民族的共识。第三，蒸烤的器具基本相同，酿造的程序大体相似。

（一）大米烧酒

1. 傣族小锅烧酒

2. 阿昌族米烧酒

（二）其他粮食烧酒

1. 哈尼族焖锅酒

2. 怒族烧酒

3. 苗族包谷烧

四、少数民族特制酒

我国各少数民族都有着自己悠久的民族民间医药和富有本民族特色的酿酒工艺，内容丰富的特制酒是其重要构成部分之一，他们利用酒能“行药势、驻容颜、缓衰老”的特性，以药入酒，以酒引药，治病延年。

少数民族的特制酒丰富多样，包括发酵酒、蒸馏酒、配制酒等各种类型。

（一）配制型特制酒

1. 羊油酒

羊油酒为怒江两岸的怒族人民在清苦的生活中创造的其他民族所没有的调制酒习俗。

2. 肉酒和蛋酒

（1）肉酒　也叫做霞拉，是怒语的音译，在怒语里侠是肉的意思，拉是酒的意思，故侠拉即肉酒。

（2）蛋酒　怒族还饮一种叫做巩拉的酒，巩在怒语里是鸡蛋的意思，巩拉即鸡蛋酒的含义。

（二）发酵型特制酒

（1）布依族刺梨酒　布依族主要聚居于贵州省黔南、黔西南两个布依族苗族自治州及贵州、云南、四川省的部分地区。酒在布依族人日常生活中扮演着重要角色，布依族人喜欢饮酒，酒不仅是布依族家庭的日常必备品，更是他们在节日盛宴时、待客时必不可少的佳品。

① 刺梨米酒　每年农历6～8月采集刺梨果，将其晒干或烘干，待到9月造酒。

② 刺梨烧窖酒　布依语叫“闹暴”。用糯米甜酒与浸泡的刺梨汁液均匀混合，装入坛内，然后把坛子放进火塘，坛口上放置一个装入凉水的小蒸钵，用谷壳把坛子盖上，然后点燃火，让烟火慢慢

熏烧，待十天或半月后，从火塘中取出而成。这种酒味美醇香，略带甜味。该酒呈酱油色，饮食该酒既能充饥又能健胃，还是强身健体的保健佳品。

（2）高山族嚼酒 高山族民族来源是多源性的，但主要来自中国大陆东南沿海古越人的一支。高山族人大多分布在中国台湾中央山脉和东南部的岛屿上，少数散居在福建、上海、北京、武汉等地。中国台湾高山族酿酒的历史源远流长，其中嚼酒最具高山族特色。

第二节 洋酒及生产技术

洋酒，通常是指从外国输入中国的酒。除了葡萄酒外，外国输入的酒一般多为蒸馏酒，所以也被称为洋烧酒或国际蒸馏酒，主要有白兰地、威士忌、俄得克、朗姆酒和金酒等。这些酒源于法国、英国、俄罗斯、荷兰和牙买加等国，具有悠久的酿造历史和完整的酿造方法。

本书介绍的中国洋酒，是专指运用国外的酿造技术，在中国组织生产的上述各种酒。

一、白兰地

（一）白兰地的基本概念

白兰地是英文“Brandy”的音译，意译为“生命之水”。泛指水果发酵蒸馏，经橡木桶储藏陈酿而得到的蒸馏酒，如樱桃白兰地、苹果白兰地和李子白兰地等。在GB/T 17204—2008的中国国家分类标准中，白兰地是指以新鲜水果或果汁为原料，经发酵、蒸馏、陈酿、调配而成的蒸馏酒。

（二）白兰地的生产

以葡萄原汁白兰地为例，简单地说，白兰地的生产就是把优质葡萄汁经发酵、蒸馏、陈酿、调配而获得葡萄蒸馏酒的过程。

（1）葡萄品种 一般选用酸度较高、品种香不太突出的白葡萄品种。法国主要品种有白玉霓、白福尔和鸽笼白。我国以白羽葡萄为主，也用白雅、龙眼、佳利酿等品种。

(2) 工艺要求 葡萄取汁与白葡萄酒一样，迅速、简化以减小氧化。原酒要尽量减小浸渍，以防止过多酚类物质进入葡萄汁。

一般情况，白兰地的生产以自然发酵的较多，不加辅加物，工艺操作简便，产品质量较好。当然，也可用人工纯种酵母进行接种。

取汁、发酵及储藏过程中，不得加入二氧化硫，以防延迟酒精发酵的触发和将二氧化硫带入白兰地，产生刺激味和硫化氢臭味。

葡萄原酒保留自然的酒度和酸度，不需要加糖提高酒度。自然酒度一般在7%～10%(体积分数)，总酸在7～10g/L(以酒石酸计)。

原酒往往不分离酒脚，直接进行“混汤”蒸馏，或转桶以除去大颗粒的酒脚。

(3) 白兰地蒸馏 葡萄酒发酵产生的不同沸点的醇类、酯类、醛类、酸类物质，通过蒸馏的方法分离出来，按工艺要求使蒸馏出的馏分达到一定酒度，便是原白兰地。法国的科涅克地区生产白兰地所用设备是夏朗德式铜制壶式蒸馏器，烟台张裕公司也引进了这种蒸馏设备（图7-1）。

(4) 白兰地陈酿 新蒸的原白兰地无色、冲辣，品质粗糙，香味不圆满。经过长期陈酿之后，才能成为金黄、柔和、醇厚、成熟

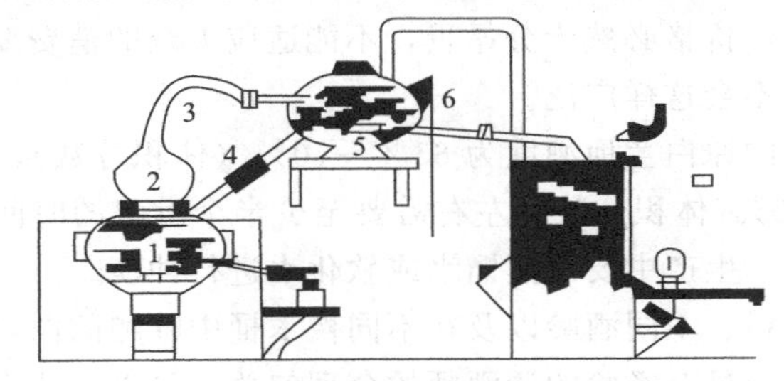

图7-1 夏朗德式壶式蒸馏锅设备示意

1—蒸馏锅；2—锅帽；3—鹅颈管；4—预热器；5—进料管；6—冷凝器

的白兰地。

① 陈酿用木桶的质量要求　用于陈酿白兰地的木桶是用橡木制造的，橡木又称柞木，具有独特的木香味。橡木桶从选料、处理、取材、加工等方面都很考究，好的木桶可以上百年不变形、不渗漏。木桶的容积可大可小，由于小木桶的比表面积大，陈酿效果好，橡木桶陈酿白兰地一般选用容积为300L左右的小橡木桶。

新制的橡木桶必须经过处理之后才能使用，白兰地在新木桶中存放的时间不宜过长，以免引起过重的口味和颜色。在新木桶存放一定时间后，根据口味和颜色情况，要将酒转移到旧一点的木桶中。

② 白兰地储藏中的质量变化　白兰地在长期储藏过程中，不断从木质中吸取一系列的芳香物质和色素物质，品质不断提高。

第一阶段（5年以下），白兰地仍具有新白兰地的香气。由于浸出的单宁还没有发生氧化、缩合，口味较为粗糙，颜色浅黄。

第二阶段（5～10年），单宁浸出量下降，颜色加深成金黄色，酸度继续上升，芳香醛的不断增加，使白兰地逐渐表现出明显的香草香和花香。

第三阶段（10～30年），单宁浸出停止，木质素和半纤维素的酵解加强，形成典型的清香，半纤维素水解引起含糖量升高，口味更加柔和，酒体变稠。白兰地香气变浓，颜色加深到浓茶色。

（5）白兰地调配　单纯依靠原白兰地长期在橡木桶中陈酿来制成的白兰地，价格必然十分昂贵，不能适应大众的消费要求，白兰地的流行也不会这样广泛。

新蒸馏的原白兰地酒度为65%～70%（体积分数），要达到成品的酒度40%(体积分数）左右需要至少半个世纪的时间，这也是不太现实的。生产中要用蒸馏水或软化水进行冲淡。

不同原料、不同酒龄以及在不同橡木桶中陈酿的白兰地，口味各不相同，经过有经验的调酒师的合理勾兑，可以创造出风格全新的产品，这种勾兑对于保持产品风格的稳定也是必要的。

为了使较短酒龄的白兰地更加绵软、醇和，可以适当加一些糖，白兰地一般含有 10g/L 的糖。

为了增强白兰地的陈酿效果，人们尝试了许多人工催陈的技术，对提高白兰地的质量起到了一定作用。但要生产高质量的白兰地，较长时间的橡木桶储藏仍是必不可少的。

二、威士忌

（一）威士忌的基本概念

威士忌是一种以大麦、黑麦、燕麦、玉米等谷物类为原料，经糖化、发酵、蒸馏、陈酿而成的含酒精 38%～48%（体积分数）。在 GB/T 17204—2008 的中国国家分类标准中，威士忌是指以麦芽、谷物为原料，经糖化、发酵、蒸馏、陈酿、调配而成的蒸馏酒。

（二）威士忌的生产

影响最大的典型的苏格兰全麦威士忌的生产流程如图 7-2 所示。

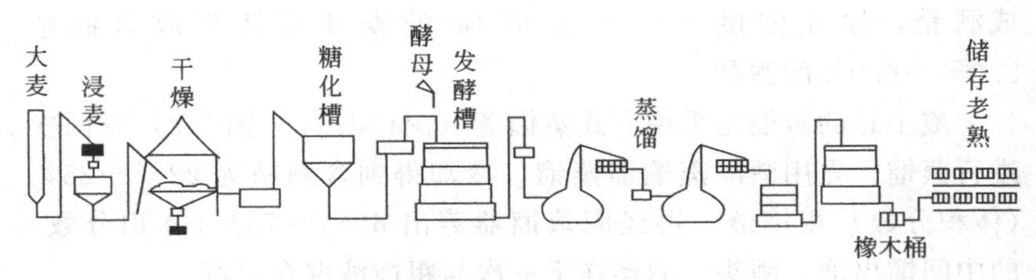

图 7-2　苏格兰全麦威士忌的生产流程

（1）原材料的选用　酿造苏格兰威兰忌选用苏格兰本地出产的酿造专用大麦，属高淀粉、低蛋白质的品系。酿造用水是用硬度低、未经污染的山泉水。在苏格兰采用流过泥炭池的泉水，这样的水会带有泥炭特有芳香物质，赋予威士忌的风味更佳。

（2）制麦芽　选用上等大麦，加温水浸泡两天，中途换 3～4 道水，水温与常温接近。然后将去杂、浸泡后的大麦堆在地板上，在 12～15℃条件下发芽 1 周至 10 天，再用当地泥炭燃烧的热气烘干麦芽。通过泥炭烟熏，增加麦芽的酚类化合物含量。

泥炭带入麦芽的酚类物质多少决定了威士忌的质量，一般每千克麦芽含 5～6mg 的酚类化合物，若达到 20g 以上就达到优级水平。

（3）制麦芽汁　烘干后的干麦芽采用辊式粉碎机粉碎之后，送入圆形的木质糖化槽，加入 87～90℃的热水浸没。采用浸出法糖化，大麦发芽时所产生的淀粉酶、糖化酶 6h 后使淀粉转化为麦芽糖而得到麦汁。

（4）发酵　将过滤后的清亮麦汁冷却至 18～20℃后用泵送至发酵槽（washback）（发酵槽可以是松木制成的，也可以是不锈钢制成的），加入由专业公司生产的压榨酵母（*Saccha-romyce cerevisae*），加入量为 1%～1.5%，发酵时间为 2～3 天。发酵初期温度为 20℃，以利于酵母的迅速生长，发酵顶温控制在 33℃左右。

由于苏格兰长年气温较低的原因，发酵槽一般都不装高效的冷却系统，就足以使发酵温度低于 33℃。

（5）蒸馏　经过 2～3 天的发酵后，随着酵母菌将麦芽糖转变成酒精，原先浓度 1.05～1.06°Bé 的麦汁就转变成含酒精 8.0%～9.0%的酒醪。

威士忌的蒸馏是采用壶式蒸馏釜（pot still）（图 7-3）分两次进行蒸馏。先用酒醪蒸馏器蒸馏，冷却得到含酒精为 22%～25%（体积分数）粗馏液，再经酒蒸馏器蒸出 60%～75%（体积分数）的中间馏出液。酒头、酒尾在下一次与粗馏液混合复蒸。

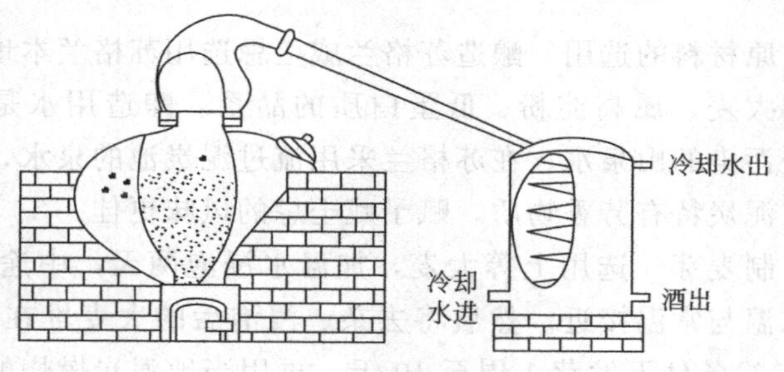

图 7-3　威士忌生产用传统的蒸馏器

(6) 储存 蒸馏完毕后，酒温降至 20℃左右，平均酒度为 65%(体积分数)，然后放入橡木桶储存 3 年以上。在储存过程中，橡木桶的酚类等各种化合物溶出，威士忌酒的颜色也逐步变为金黄色，风味也发生很大变化，而且也发生了氧化、还原、缔合等一系列化学和物理变化。

(7) 调配 储存以后，威士忌还需要经过精心的调配而形成各种品牌的产品。勾调时采用单一麦芽威士忌或粮食威士忌或多种威士忌混合而成型。瓶上所标的酒龄是调整用原酒的酒龄。

三、伏特加

(一) 伏特加的基本概念

伏特加是英文 Vodka 的音译，国内也被译成俄得克或俄斯克。伏特加起源于俄罗斯和波兰，在俄语中的意思是“小水滴”，目前全球都有生产。

伏特加是由高纯度精馏酒精与软水混合后，经活性炭处理和过滤而成，酒度在 38%～40%(体积分数) 的极纯的图 7-3 威士忌生产用传统的蒸馏器冷却水出酒出酒精饮料。在 GB/T 17204—2008 的中国国家分类标准中，伏特加是指以谷物、薯类、糖蜜及其他可食用农作物等为原料，经发酵、蒸馏制成食用酒精，再经过特殊工艺精制加工而成的蒸馏酒。

(二) 伏特加的生产

如果不考虑酒精生产过程，伏特加的生产则与配制酒的生产过程比较近似，酒精和水是生产伏特加的主要原料。

1. 原材料处理

(1) 对酒精的要求 第一，外观透明无色、无杂质颗粒；第二，不同原料的酒精应具有相同特征的口味和香味，不应有杂质的杂味和气味；第三，理化指标要符合优质级的谷物发。

(2) 对水的要求 总硬度 2～8 个德国度以下的饮用软水，硬度过高的水必须经过离子交换来降低其硬度。因为硬度过高，无机盐会形成沉淀。

2. 原酒的配制

精馏的酒精与软水在一个带有搅拌的钢质圆柱容器内混合配制成酒精水溶液（又称为原酒），经2h左右的静置，使无机盐等沉淀至底部。

3. 原酒的活性炭处理

原酒在进入炭塔前，需进入砂滤器过滤掉盐析形成的颗粒。预滤后的原酒以一定的流速经过长4m左右的活性炭塔。由于活性炭有巨大的吸附表面积，它可以吸附原酒中的有机杂质和色素。经过活性炭处理，原酒中造成不良气味的有机杂质含量降低，改善了酒的口味和香味。

4. 精滤

为了保证伏特加完全透明、清亮，活性炭处理后的原酒再经过砂滤器或陶瓷过滤器除去原酒中的活性炭微粒。过滤后的透明伏特加进入钢质或铜质的储存器内。

5. 调配灌装

由于伏特加不需陈酿老熟，在检查其浓度后，用酒精或水调整至标准浓度后即可灌瓶装箱出厂。

如果生产调香伏特加，可在经过活性炭处理和过滤后的酒中加入植物香料。常用的植物香料有樱珞柏果、干丁子香花、姜、肉豆蔻花、桂皮、芫荽、茴香、小豆蔻、香兰素等，有时还加入糖、蜂蜜等。

四、朗姆酒

（一）朗姆酒的基本概念

朗姆酒是英文Rum和法文Rhum的音译，其他中文译名还有老姆、兰姆、罗姆和劳姆。朗姆酒也称火酒，据说过去横行在加勒比海地域的海盗酷爱此酒，又称“海盗之酒”。

朗姆酒是以甘蔗汁或甘蔗糖蜜为原料，经酵母发酵之后，蒸馏、储存、勾兑而成的蒸馏酒，酒精含量45%～55%（体积分数）。在GB/T 17204—2008的中国国家分类标准中，朗姆酒是指以甘蔗汁或糖蜜为原料，经发酵、蒸馏、陈酿、调配而成的蒸馏酒。

（二）朗姆酒的生产

传统的朗姆酒不接种酵母，全靠甘蔗表面附着的天然酵母或上批发酵的酒醪作酒母接到下一批原料中，是在自然条件下进行发酵的。近代大多采用人工培养的纯种酵母。常用的酵母有两种，一种是粟酒裂殖酵母，还有一种是啤酒酵母。

1. 原料调整

生产朗姆酒的原料是甘蔗糖蜜，即制蔗糖时分离出来的不能再结晶制糖的残留物。甘蔗糖蜜是呈黏稠半流动性的胶状物，浓度（含固形物）85～95°Bx。这种高浓度的糖蜜在酿造朗姆酒时，首先需要用水稀释至适宜发酵的浓度 15～17°Bx。适宜发酵的 pH 在 5.5～5.8，需再增加一些氮源和磷源。

2. 发酵

朗姆酒的发酵可分为分批式、流动式和与丁酸菌共酵三种方法。

发酵时间长短也随着酿造不同朗姆酒而有所不同，生产淡香型只需 0.5～2 天，生产浓香型则需 12 天。

3. 蒸馏

朗姆酒的蒸馏也分成两种方式。

生产淡香型的朗姆酒，采用单塔或双塔连续蒸馏装置，蒸馏出成品酒的酒精含量在 80%～85%（体积分数）。

浓香型则是用双釜式间歇蒸馏，第一蒸馏釜得到 40%～60%（体积分数）的初馏酒，第二蒸馏釜则得到 75%～80%（体积分数）的酒液。

刚蒸出的朗姆酒粗糙、冲辣、后苦味重，需用白橡木桶老熟陈酿。普通酒陈酿期为 3～6 个月，优质酒 9～12 个月，也有 3～10 年的朗姆酒。

4. 调配

朗姆酒生产的最后一道工序是勾兑，先将不同批次的朗姆酒调配成型，再用水稀释至所要求的酒精度。装瓶以前，如朗姆酒色度不足，还需要加适当的焦糖色配成不同的色度。

五、金酒

（一）金酒的基本概念

金酒，又名锦酒、琴酒和毡酒，是英文Gin的译音。由于使用了杜松子，又称为杜松子酒。金酒是以粮谷（大麦、黑麦、玉米等）为原料，经过糖化、发酵、蒸馏后，又用杜松子浸泡或串香，酒度在35%～48.5%（体积分数）的蒸馏酒。在GB/T 17204—2008的中国国家分类标准中，金酒是指以粮谷等为原料，经糖化、发酵、蒸馏后，用杜松子浸泡或串香复蒸馏后制成的蒸馏酒。

（二）金酒的生产

以荷式金酒为例。

荷式金酒主要产于荷兰的斯希丹。酿造的谷物原料是大麦麦芽、玉米和黑麦，经糊化、糖化、发酵后，先在一个壶式蒸馏器上蒸馏一次或两次，然后馏出物再蒸馏一次或两次，得到50%～55%的馏出物，称为malt wine。再将malt wine与杜松子一起在另一个壶式蒸馏器上串香重蒸，酒精蒸气通过香料时，带走各种香料的香气成分，冷凝后就得到47%～49%（体积分数）的馏出物，加适量的糖，便制成荷兰金酒。

荷式金酒的酒精度不高，酒体丰满，具有纯正浓郁的麦芽香气和风味。荷式金酒不需老熟，调整到合适的酒度即可装瓶。由于荷式金酒本身的风味会掩盖加入的葡萄酒或其他蒸馏酒的风味，一般不用来做鸡尾酒等混合酒。

荷式金酒酿造时所有的香料除杜松子外，其他香料不论数量或品种与英式金酒不尽相同，各厂家具有各自的配方，且配方高度保密。

参考文献

[1] 侯红萍等编．发酵食品工艺学［M］．太原：山西高校联合出版社，1994.

[2] 李大和．浓香型曲酒生产技术．北京：中国轻工业出版社，1991.

[3] 康明官．白酒工业手册．北京：中国轻工业出版社，1996.

[4] 熊子书．中国名优白酒酿造与研究．北京：中国轻工业出版社，1995.

[5] 上海酿造科学研究所编著．发酵调味品生产技术．北京：中国轻工业出版社，1999.

[6] 高福成．新型发酵食品．北京：中国轻工业出版社，1998.

[7] 王秋芳．葡萄酒业五十年的光辉成就．酿酒：1999(5)：15～23.

[8] 顾国贤．酿造酒工艺学（第二版）．北京：中国轻工业出版社，1996.

[9] 李华．葡萄酒品尝学．北京：中国青年出版社，1992.

[10] 李华．葡萄酒酿造与质量控制．陕西：天则出版社，1999.

[11] 王恭堂．葡萄酒活的酿造与欣赏．北京：中国轻工业出版社，1999.

[12] 吴金鹏．食品微生物学．中国农业出版社，1997.

[13] 上海市粮油工业公司技校等．发酵调味品生产技术．轻工业出版社，1984.

[14] 天津轻工业学院等．氨基酸工业学．轻工业出版社，1984.

[15] 陆寿鹏．果酒工艺学．北京：中国轻工出版社，1999.

[16] 刘玉田．现代葡萄酒酿造技术．济南：山东科学技术出版社．

[17] 周德庆．微生物学教程［M］．第 2 版．北京：高等教育出版社，2002.

[18] 党建京．发酵工艺教程［M］．北京：中国轻工业出版社，2003.

[19] 陈坚．发酵工程实验技术［M］．北京：化学工业出版社，2003.

[20] 诸葛健，李华钟．微生物学［M］．北京：科学出版社，2004.

[21] 杨文博．微生物学实验［M］．北京：化学工业出版社，2004.

[22] 赵树欣．配制酒生产技术［M］．北京：化学工业出版社，2012.

[23] 李祥睿．配制酒配方与工艺［M］．北京：中国纺织出版社，2009.

[24] 康明官．配制酒生产技术指南［M］．北京：化学工业出版社，2001.

[25] 张文学．中国酒概述［M］．北京：化学工业出版社，2011.

[26] 路甬祥．中国传统工艺全集．酿造［M］．大象出版社，2007.7.

参考文献